2023 年天津市普通高等学校本科教学质量与教学改革研究计划项目

高等电子技术

主 编 林 凌 李 刚 乔 文
副主编 乔晓艳 赵 喆 刘玉良
　　　　刘近贞 杨 雪 严文娟

南开大学出版社
NANKAI UNIVERSITY PRESS
天　津

图书在版编目(CIP)数据

高等电子技术 / 林凌,李刚,乔文主编；乔晓艳等副主编. --天津：南开大学出版社，2025.5. -- ISBN 978-7-310-06683-4

Ⅰ. TN

中国国家版本馆 CIP 数据核字第 202531DP59 号

版权所有　侵权必究

高等电子技术
GAODENG DIANZI JISHU

南开大学出版社出版发行

出版人：王　康

地址：天津市南开区卫津路 94 号　邮政编码：300071

营销部电话：(022)23508339　营销部传真：(022)23508542

https://nkup.nankai.edu.cn

天津泰宇印务有限公司印刷　全国各地新华书店经销

2025 年 5 月第 1 版　2025 年 5 月第 1 次印刷

230×170 毫米　16 开本　17.75 印张　289 千字

定价:62.00 元

如遇图书印装质量问题,请与本社营销部联系调换,电话:(022)23508339

前　言

　　有人在的地方就有电子系统，无人的地方也有电子系统。不仅是卫星、导弹、高铁这些尖端科技离不开电子系统，就是工厂、现代农业、家庭也是无处不在。这也是国家建设的"刚需"。换一句毫不夸张的话说：掌握了电子学，不需要找工作，自然有大量的优质工作向你奔来。

　　习近平总书记指出，要培养更多高素质技术技能人才、能工巧匠、大国工匠。党的二十大报告也提出要深入实施人才强国战略。响应总书记和党中央的号召，本教材就是为已经掌握电子学基础的研究生和工程技术人员而编写的，帮助他们成为高素质技术技能人才。

　　但是，掌握电子学，需要大量的时间和精力设计电子系统，必须充分掌握电子元器件的特性与参数，实现各种功能的单元电路，系统的构成、各部分的关系与影响，以及不同的应用场合和使用条件对电子系统的要求。

　　测量也是学习和掌握电子学的一个必要的方面，不仅要测量元器件的性能和参数、功能单元电路的性能与参数，还要测量系统的性能和参数。想掌握这些测量能力，既要充分掌握被测对象的特点，也要充分掌握测量仪器的性能和测量方法。

　　设计一套电子系统，"信号与系统""自动控制原理""传感器技术""测量技术"等缺一不可，不仅如此，还需要将这些知识融会贯通地应用到电子系统中。

　　"现代"电子系统意味着电子计算机在系统中进行控制和信号处理。虽然"数字信号处理"也是必不可少的"设计"内容，限于篇幅将不会在本书中讨论，但实现电子计算机在现代电子系统中进行控制和信号处理的前提是：有模拟—数字转换器（Analog to Digital Converter，ADC）。ADC 的精度和性能是一套现代电子系统的性能与精度的关键之一，选定 ADC 器件也是模拟信号处理电路的设计要素。

　　ADC 曾经是十分昂贵的电子器件且性能很差，经过 30 多年的发展，高精度、高速度、低功耗等各项性能成几何级数地增加，但其价格却仅仅只有几块钱甚至几毛钱，大多数的微控制器（Micro-controller）集成了片上 ADC，高性能、高性价比的 ADC 出现，不仅使数字信号处理（Digital Signal

Processing，DSP）在电子系统发挥越来越重要的作用，也给系统中模拟信号处理电路的设计带来革命性的发展。

上述种种科技进步对我们掌握"电子学"形成巨大的压力，"知识爆炸""科技进步的日新月异"给我们带来了巨大的挑战：一方面，要掌握电子学不可或缺的基础理论、知识与能力；另一方面，对应接不暇的电子学新技术、新成果和新器件同样需要牢牢地掌握。否则，未来不论在企业从事新产品研发，还是在大学、科研院所从事创新研究，都不可能有立身之处。

本教材力求在"电子学"方面助学生和读者一臂之力，但因篇幅有限，只能与其他的教材讲究系统性不同，在兼顾必要的基础之上，将重点放在"理论联系实际""相关知识融会贯通""跟上电子科技发展的步伐"和"形成有战斗力的知识架构和能力架构"上。

2020 年 5 月，教育部印发了《高等学校课程思政建设指导纲要》，该纲要对高等学校课程和教材都提出了更高的要求。以该纲要为指导，本书将专业知识与思政教育相结合，融入了课程思政的内容，旨在培养学生的社会责任感和家国情怀。

乔文教授编写了第 1 章和第 2 章，赵喆副教授编写了第 3 章，刘玉良副教授编写了第 4 章，刘近贞副教授编写了第 5 章，杨雪副教授编写了第 6 章，严文娟副教授编写了第 7 章。全书由李刚教授、林凌教授和乔晓艳教授整理。

由于作者的水平和能力有限，本教材一定或多或少地存在错误，敬请读者批评指正。

作者
2023 年夏
于北洋园

目 录

第1章 现代电子测量系统 1
  1.1 测量与测量系统 1
    1.1.1 测量的概念 1
    1.1.2 测量及方法的分类 2
  1.2 精度、分辨率与误差 4
    1.2.1 精度与分辨率 5
    1.2.2 精度与不确定度 6
    1.2.3 有效数字及其运算规则 7
    1.2.4 误差的合成与分配 9
  1.3 信号、噪声与干扰 14
    1.3.1 信号 15
    1.3.2 噪声 16
    1.3.3 人体内部的噪声与人机界面的噪声 21
    1.3.4 干扰 23
    1.3.5 电子测量系统总误差 27
  1.4 电子测量系统的"两段论"与"信息(精度)空间" 28
    1.4.1 电子测量系统的两个阶段 28
    1.4.2 信道编码与信息(精度)空间 31
  1.5 医学诊断与医学研究中的测量 35
  1.6 电子测量系统的设计 38
    1.6.1 分辨率与精度 38
    1.6.2 带宽 39
    1.6.3 抗干扰 39
    1.6.4 系统各环节的安排 39
    1.6.5 其他 40

第2章 器件参数、电路参数、仪表与测量 41
  2.1 引言 41
  2.2 运算放大器及其参数 41

2.2.1　集成运算放大器的主要直流参数 …………………………… 42
　　　2.2.2　集成运算放大器的主要交流参数 …………………………… 48
　　　2.2.3　若干特色运算放大器 ………………………………………… 52
　　　2.2.4　运算放大器的参数测试举例 ………………………………… 74
　2.3　电路参数与测量 ………………………………………………………… 79
　　　2.3.1　输入参数 ……………………………………………………… 79
　　　2.3.2　输出参数 ……………………………………………………… 85
　　　2.3.3　整体参数 ……………………………………………………… 89

第3章　晶体管与运算放大器及其放大电路 ………………………………………… 95
　3.1　双极结型晶体管电路 …………………………………………………… 95
　　　3.1.1　BJT的微变等效电路与电路分析 …………………………… 96
　　　3.1.2　BJT电路分析举例 …………………………………………… 98
　　　3.1.3　BJT放大器设计举例 ………………………………………… 99
　3.2　场效应管 ………………………………………………………………… 101
　　　3.2.1　结型场效应晶体管 …………………………………………… 101
　　　3.2.2　绝缘栅型场效应管 …………………………………………… 106
　　　3.2.3　场效应管参数 ………………………………………………… 109
　　　3.2.4　效应晶体管电路的分析与设计 ……………………………… 110
　3.3　场效应管与晶体管的比较 ……………………………………………… 115
　3.4　运算放大器的电路设计 ………………………………………………… 115
　　　3.4.1　同相放大器 …………………………………………………… 116
　　　3.4.2　反相放大器 …………………………………………………… 119
　　　3.4.3　高共模输入电压差动放大器 ………………………………… 122
　3.5　线性功率放大电路的设计 ……………………………………………… 123
　　　3.5.1　基本功率放大器 ……………………………………………… 124
　　　3.5.2　高压运算放大器原理与选用 ………………………………… 126
　　　3.5.3　电压功率放大器原理 ………………………………………… 127
　　　3.5.4　电流功率放大器 ……………………………………………… 128
　　　3.5.5　漂移及振荡 …………………………………………………… 131
　　　3.5.6　电路调试 ……………………………………………………… 131

第4章　传感器与接口电路 …………………………………………………………… 133
　4.1　引言 ……………………………………………………………………… 133
　4.2　无源阻抗型传感器 ……………………………………………………… 134

  4.2.1 伏安法阻抗测量 ································· 134
  4.2.2 半桥测量电路 ··································· 135
  4.2.3 桥式测量电路 ··································· 137
  4.2.4 四线制阻抗（电阻）型传感器测量电路 ············ 139
 4.3 阻抗型传感器的集成接口电路 ························· 140
  4.3.1 热敏电阻及其数字转换接口电路 ·················· 141
  4.3.2 12 位阻抗转换器网络分析仪（IC）AD5934 ········ 147
 4.4 有源传感器的接口电路 ······························· 153
  4.4.1 光电二极管的接口电路 ·························· 153
  4.4.2 压电晶体（传感器）的接口电路 ·················· 158
  4.4.3 pH 电极的接口电路 ···························· 161
  4.4.4 热电（热释电型与热电堆型）红外传感器的接口电路 ···· 165
  4.4.5 电化学与生物传感器的接口电路 ·················· 172
  4.4.6 近红外气体传感器接口电路 ······················ 176
 4.5 直接数字化与过采样 ································· 180
  4.5.1 直接数字化 ····································· 180
  4.5.2 过采样 ··· 180
  4.5.3 ADC 等效分辨率 ······························ 181
  4.5.4 等效分辨率的应用 ······························· 183
 4.6 系统比例法激励和采样 ······························· 184
  4.6.1 系统比例法的理论分析 ·························· 185
  4.6.2 基于系统比例法的传感信号检测系统 ·············· 186
  4.6.3 比例法测量系统的误差分析 ······················ 187
 4.7 工程上采样定律的准确应用 ··························· 188

第 5 章 传感与检测中的调制与解调 ························· 193
 5.1 引言 ··· 193
 5.2 正弦波幅度调制与解调 ······························· 195
  5.2.1 正弦波调制与解调的基本理论 ···················· 195
  5.2.2 高速数字相解调算法 ···························· 202
 5.3 方波的编码调制与数字解调 ··························· 209
  5.3.1 方波幅度调制信号（时域） ······················ 209
  5.3.2 多路方波频分调制的数字编码载波与数字解调（时域）··· 211
  5.3.3 码分多址 CDMA 多路复用 ······················ 212

5.3.4　小结与讨论 ·· 217
　5.4　传感与传感器中的调制与解调 ·································· 222
　　5.4.1　被测对象的调制 ·· 223
　　5.4.2　传感器的调制 ·· 226
　5.5　锁相解调中的精度问题 ·· 228

第 6 章　电阻（阻抗） ·· 231
　6.1　欧姆定律 ·· 231
　6.2　正负反馈电路的阻抗变换 ·· 232
　　6.2.1　负反馈电路 ·· 232
　　6.2.2　正反馈电路 ·· 234
　6.3　密勒定律的等效阻抗 ·· 240
　　6.3.1　阻抗值大小互变 ·· 241
　　6.3.2　阻抗值正负互变 ·· 246
　6.4　回转器的等效阻抗 ·· 248
　6.5　同相放大器输入电阻的测量 ······································ 250
　　6.5.1　经典的放大器输入电阻测量方法 ····························· 251
　　6.5.2　高输入电阻测量方法 ·· 252
　　6.5.3　考虑偏置电流的影响 ·· 253

第 7 章　采样、抗混叠滤波器与重建滤波器 ························ 255
　7.1　采样定理分析 ·· 255
　7.2　非理想低通滤波器与采样频率 ···································· 256
　　7.2.1　解决问题之道 ·· 257
　　7.2.2　过采样的应用 ·· 257
　7.3　过采样与采集数据精度的关系 ···································· 259
　7.4　抗混叠滤波器的潜在要求 ·· 260
　　7.4.1　驱动采样保持器中的采样电容 ······························· 260
　　7.4.2　抗混叠滤波器的直流输出电阻和 ADC 的直流输入电阻 ···· 262
　　7.4.3　有源抗混叠滤波器中运算放大器的性能要求 ··············· 263
　7.5　DAC 的采样率与重建滤波器 ···································· 265
　7.6　高精度与高速度测量 ·· 268
　　7.6.1　ADC 的选择原则 ·· 268
　　7.6.2　ADC 的等效分辨率 ·· 270

第 1 章　现代电子测量系统

电子测量系统是种类众多的电子系统中的一种，作为测量系统，必然有比其他电子系统高得多的"精度"要求，更能体现对设计、制造和测试上的更高要求，也能充分展现"电子学"上的理论的科学性和工程上的"工程思维"。

由于生物医学信号的基本特征是信号微弱、干扰复杂且远远强于信号、信号幅值低、本身频率低但往往要采用高频"载波"信号进行调制或激励，因此，电子医学测量系统的设计更具挑战性和代表性，体现"电子学"的"高级"所在。因此，本教材主要以电子医学测量系统中的电路和信号作为解说的载体。

"电子学"的两条主线，即设计和测试，缺一不可，且相辅相成：

第一，设计要按照需求的电路性能和参数，选择一定性能和参数的器件设计电路和系统，设计和制作（生产）的电路和系统同样需要测试（测量）来判断是否达到预期的设计目标，以及是否为合格的产品。

第二，测试要依据被测对象或参数拟定"测试方法"，选定测量仪器和必要的辅助设备或装置，正确地对测试结果和数据进行处理和判读。

不谋全局者不能谋一隅，设计一个单元电路也要从"电子测量系统"的全局、应用场合和条件等去考虑。因此，本章主要从系统的角度去讨论，涉及精度、分辨率、噪声与干扰等概念，从而在系统设计时明确着手之处。

1.1　测量与测量系统

1.1.1　测量的概念

（1）测量的物理含义

测量是用实验的方法把被测量与同类标准量进行比较以确定被测量大小的过程。

（2）被测量

被测量是一个广泛概念，包括：

①物理量，光、声、热、压力、流量、速度、温度、生物电等。

②化学量，化学成分、血气、代谢产物、呼吸气体、血液和尿液等的成分、体液中的电解质等。

③生物量，酶活性、免疫、标志物、蛋白质等。

④生理量，各种感觉（听觉、视觉、嗅觉、触觉、痛觉、味觉）和生理活动信息等。

⑤医学图像，B 超、X 光图像、电子计算机断层成像（Computer Tomography，CT）、正电子发射断层-X 线计算机断层组合成像（positron emission tomography，PET-CT）、核磁共振成像（Nuclear Magnetic Resonance，NMR）等。

（3）测量过程

一个测量过程通常包括以下几个阶段：

①准备阶段；

②测量阶段；

③数据处理阶段。

（4）测量手段

按照层次和复杂程度，测量手段通常分为以下几类。

①量具：体现计量单位的器具。

②仪器：泛指一切参与测量工作的设备。

③测量装置：由几台测量仪器及有关设备所组成的整体，用以完成某种测量任务。

④测量系统：由若干不同用途的测量仪器及有关辅助设备所组成，用以多种参量的综合测试。测量系统是用来对被测特性定量测量或定性评价的仪器、量具、标准、操作、方法、夹具、软件、人员、环境和假设的集合。

（5）测量结果的表示

测量结果由两部分组成，即测量单位和与此测量单位相适应的数字值，一般表示成

$$X = A_x X_0 \qquad (1\text{-}1)$$

式中，X 表示测量结果；A_x 表示测量所得的数字值；X_0 表示测量单位。

1.1.2 测量及方法的分类

测量及方法可以有以下几种分类。

（1）被测量变化的速度分类

①静态测量

在测量过程中被测量保持稳定不变，如人的身高在测量过程中几乎不变，又如骨密度、颅内压，等等。

某些在测量过程中变化缓慢的医学信息的测量也可以认为是静态测量，如体温、绝大多数血液成分。

②动态测量

在测量过程中被测量一直处于变化状态，如脉搏波、心电（ECG）和脑电（EEG）等。

（2）按比较的方式分类

①直接测量

直接比较测量法：将被测量直接与已知其值的同类量相比较的测量方法。

替代测量法：用选定的且已知其值的量替代被测的量，使得在指示装置上有相同的效应，从而确定被测量值。

微差测量法：将被测量与同它的量值只有微小差别的同类已知量相比较并测出这两个被测量间的差值的测量方法。

零位测量法：通过调整一个或几个与被测量有已知平衡关系的量，用平衡的方法确定出被测量的值。

符合测量法：由对某些标记或信号的观察来测定被测量值与作比较用的同类已知被测量间的微小差值。

②间接测量

间接测量是通过对与被测量有函数关系的其他量的测量并通过计算得到被测量值的测量方法。

为保证测量精度和可靠性，一般情况下应尽量采用直接测量，只有在下列情况才选择间接测量：

第一，被测量不便于直接读出；

第二，直接测量的条件不具备，如直接测量该被测量的仪器不够准确或没有直接测量的仪表；

第三，间接测量的结果比直接测量更准确。

③组合测量

在测量过程中，在测量两个或两个以上相关的未知数时，需要改变测量条件进行多次测量，根据直接测量和间接测量的结果，解联立方程组求出被测量，称为组合测量。

④软测量

软测量是把生产过程中的知识有机地结合起来，对难以测量或暂时不能测量的重要变量，应用计算机技术选择另外一些容易测量的变量，通过构成某种数学关系来推断或估计，以软件来替代硬件的功能。应用软测量技术实现元素组分含量的在线检测不但经济可靠，而且动态响应迅速，可连续给出萃取过程中元素组分含量，易于达到对产品质量的控制。

在医学上，利用人体生理、生化参量的某些关联实现某种医学信息的检测。如血糖的无创测量，有学者提出一种基于血糖无创检测的代谢率测量方法，通过温度传感器、湿度传感器、辐射传感器分别测得人体局部体表与环境之间通过对流、蒸发、辐射三种传热方式所散发的热量。利用热力学第一定律建立的人体热平衡方程，选择相关参数并建立数学模型，求得人体局部组织代谢率和血糖。

⑤建模测量

所谓"模型"就是"关系"，即被测量与系统输出量（观察量）之间的关系。还可以是多被测量，也可以有多被测量与多输出量（观察量）之间的动态关系。

建模测量的步骤如下：

第一，基于物理原理、化学原理和生物原理寻找一组与被测量有稳定确切、单调关系的观察量；

第二，在此基础上建立测量系统；

第三，采集足够多的样本数据，样品的分布覆盖所有被测量的动态范围和可能状态；

第四，对所采集的数据建模，这些模型可以是数学表达式、人工神经网络的权系数、表格等；

第五，将模型嵌入测量系统中，对新的被测量测量时系统可以直接输出结果。

建模测量不仅适用于难以用其他方式测量的多被测量，所建立的"模型"也是对客观事物运动规律的一种认识，其意义不可小觑。

1.2　精度、分辨率与误差

追逐电子测量系统达到最高精度，是科学和工程应有之义，但电子测量系统的精度的取得，却是从抑制"误差"着手的，并且，电子测量系统的精度也是用误差来表达的。

1.2.1 精度与分辨率

（1）精度

在测试测量过程中，测量误差是不可避免的。误差主要有系统误差和随机误差这两种。

引起系统误差的原因有测量原理及算法固有的误差、仪表标定不准确、环境温度影响、材料缺陷等，可以用准确度来反映系统误差的影响程度。

引起随机误差的原因有传动部件间隙、电子元件老化等，可以用精密度来反映随机误差的影响程度。

精度则是一种反映系统误差和随机误差的综合指标（图1-1），精度高意味着准确度和精密度都高。一种较为常用的评定测量系统精度方法是用线性度γ_L、迟滞γ_H和重复性γ_R三项误差值的方和根来表示的。

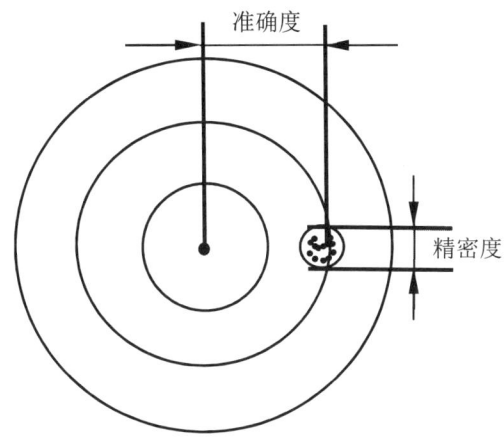

$$\gamma = \sqrt{\gamma_L^2 + \gamma_H^2 + \gamma_R^2} \qquad (1\text{-}2)$$

图 1-1 测量系统的准确度、精密度与精度的关系

（2）分辨率

测量系统的分辨率代表它能探测到的输入量变化的最小值。比如一把直尺，它的最小刻度为1mm，那么它是无法分辨出两个长度相差小于1mm的物体的区别的。

有些采用离散计数方式工作的测量系统，例如光栅尺、旋转编码器等，它们的工作原理决定了其分辨率的大小。有些采用模拟量变化原理工作的测量系统，例如热电偶、倾角传感器等，它们在内部集成了 A/D 功能，可以直接输出数字信号，因此其 A/D 的分辨率也就限制了测量系统的分辨率。

1.2.2 精度与不确定度

反映测量结果与真实值接近程度的量，称为精度（也称精确度），它与误差大小相对应，测量的精度越高，其测量误差就越小。"精度"包括精密度和准确度两层含义：精密度，测量中所测得量值重现性的程度，称为精密度。它反映偶然误差的影响程度，精密度高就表示偶然误差小。准确度测量值与真值的偏移程度，称为准确度。它反映系统误差的影响精度，准确度高就表示系统误差小。精确度（精度）反映测量中所有系统误差和偶然误差综合的影响程度。在一组测量中，精密度高的准确度不一定高，准确度高的精密度也不一定高，但精确度高，则精密度和准确度都高。

不确定度是由于测量误差的存在而对被测量值不能肯定的程度。表达方式有系统不确定度、随机不确定度和总不确定度。

系统不确定度实质上就是系统误差限，常用未定系统误差可能不超过的界限或半区间宽度 e 来表示。随机不确定度实质上就是随机误差对应于置信概率（1-a）时的置信[-ka, +ka]（a 为显著性水平）。当置信因子 k=1 时，标准误差就是随机不确定度，此时的置信概率（按正态分布）为 68.27%，总不确定度是由系统不确定度与随机不确定度按方差合成的方法合成而得的。

为了说明精密度与准确度的区别，以及精确度的意义，可用打靶子例子来说明，如图 1-2 所示。

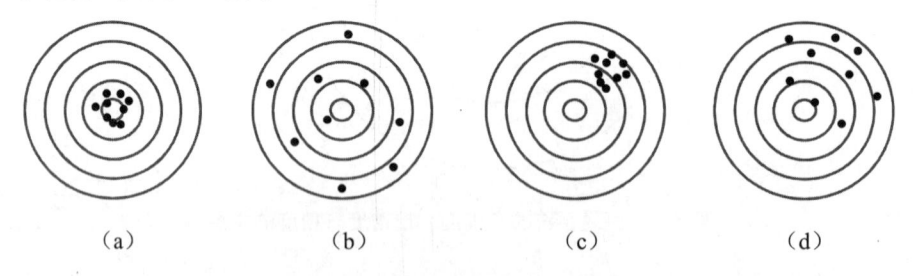

(a)　　　　(b)　　　　(c)　　　　(d)

图 1-2　精密度和准确度的关系

图 1-2（a）中表示精密度和准确度都很好，则精确度高；图 1-2（b）表示准确度很好，但精密度却不高；图 1-2（c）表示精密度很好，但准确度却不高；图 1-2（d）表示精密度与准确度都不好。在实际测量中没有像靶心那

样明确的真值，而是要设法去测定这个未知的真值。

在实验过程中，往往满足于实验数据的重现性，而忽略了数据测量值的准确程度。绝对真值是不可知的，人们只能制定一些国际标准作为测量仪表准确性的参考标准。随着人类认识运动的推移和发展，可以逐步逼近绝对真值。

1.2.3 有效数字及其运算规则

在科学与工程中，测量或计算结果总是以一定位数的有效数字来表示。不是说一个数值中小数点后面位数越多越准确。实验中从测量仪表上所读数值的位数是有限的，取决于测量仪表的精度。模拟仪表的最后一位数字往往是仪表精度所决定的估计数字，即一般应读到测量仪表最小刻度的十分之一位。数值准确度大小由有效数字位数来决定。

（1）有效数字

含有误差的任何近似数。如果其绝对误差界是最末位数的半个单位，那么从这个近似数左方起的第一个非零的数字，称为第一位有效数字，从第一位有效数字起到最末一位数字止的所有数字，不论是零或非零的数字，都叫有效数字。若具有 n 个有效数字，就说是 n 位有效位数，例如 314，第一位有效数字为 3，共有 3 位有效位数；又如 00027，第一位有效数字为 2，共有 2 位有效位数；而 000270，则有 3 位有效位数。

要注意有效数字不一定都是可靠数字。如用直尺测量某个长度，最小刻度是 1mm，但我们可以读到 0.1mm，如 42.4 mm。又如体温计最小刻度为 0.1℃，我们可以读到 0.01℃，如 37.16℃。此时有效数字为 4 位，而可靠数字只有三位，最后一位是不可靠的，称为可疑数字。记录测量数值时只保留 1 位可疑数字。

为了清楚地表示数值的精度，明确给出有效数字位数，常用指数的形式表示，即写成一个小数与相应 10 的整数幂的重积。这种以 10 的整数幂来记数的方法称为科学记数法。

如 75200 有效数字为 4 位时，记为 7520×10；有效数字为 3 位时，记为 752×10^2；有效数字为 2 位时，记为 7.5×10^4。

0.00478 有效数字为 4 位时，记为 4.780×10^{-3}；有效数字为 3 位时，记为 4.78×10^{-3}；有效数字为 2 位时，记为 4.8×10^{-3}。

（2）有效数字运算规则

①记录测量数值时，只（需）保留一位可疑数字。

②当有效数字位数确定后，其余数字一律舍弃。舍弃办法是四舍六入五凑偶，即末位有效数字后边第一位小于 5，舍弃不计，大于 5 则在前一位数上增 1；等于 5 时，前一位为奇效数则进 1 为偶数，前一位为偶数则舍弃不计。这种舍入原则可简述为"小则舍，大则入，正好等于奇变偶"。如，保留 4 位有效数字 3.71729→3.717；5.14285→5.143；7.6235→7.624；9.37656→9.376

③在加减计算中，各数所保留的位数，应与各数中小数点后位数最少的相同，例如将 24.65、0.0082 和 1.632 三个数字相加时，应写为 24.65+0.01+1.63=26.29。

④在乘除运算中，各数所保留的位数，以各数中有效数字位数最少的那个数为准，其结果的有效数字位数亦应与原来各数中有效数字最少的那个数相同。例如，0.0121×25.64×1.05782 应写成 0.0121×25.6×1.06=0.328。上例说明，虽然这三个数的乘积为 0.3281823，但只应取其积为 0.328。

⑤在近似数平方或开方运算时，平方相当于乘法运算，开方是平方的逆运算，故可按乘除运算处理。

⑥在对数运算时，n 位有效数字的数据应该用 n 位时效表，或用 (n+1) 位对数表，以免损失精度。

⑦三角函数运算中，所取函数值的位数应随角度误差的减小而增多，其对应关系如表 1-1 所示。

表 1-1　三角函数函数值的位数与角度误差的关系

角度误差	10"	1"	0.1"	0.01"
函数值位数	5	6	7	8

（3）测量数据的计算机处理

大批量测量数据的处理采用计算机几乎是唯一的方式，而且现代的医学仪器和科学仪器，以及各种测控系统都是采用计算机进行控制和完成数据处理后输出最终结果。在这样的情况下，尤其要注意测量数据的有效位数的问题。

①在进行复杂数据处理时，需要仔细考虑所有的数据来源及其精度、所有的中间计算过程。处理前的测量值和其他参加运算的数值的有效位数决定了最后结果的有效数字位数。过多位数导致对结果的误解，过少则损失测量的精度。

②用计算机进行数据处理几乎无一例外地、有意或无意地使用浮点数，

IEEE754 标准中规定 float 单精度浮点数在机器中表示用 1 位表示数字的符号，用 8 位来表示指数，用 23 位来表示尾数，即小数部分。对于 double 双精度浮点数，用 1 位表示符号，用 11 位表示指数，用 52 位表示尾数，其中指数域称为阶码。IEEE 浮点值的格式如图 1-3 所示。

S	exponent	mantissa
1 bit	8 bits	23 bits

s：符号位；exponent：指数（阶码）；mantissa：尾数（小数）

（a）IEEE 单精度浮点数

S	exponent	mantissa
1 bit	11 bits	52 bits

s：符号位；exponent：指数（阶码）；mantissa：尾数（小数）

（b）IEEE 双精度浮点数

图 1-3　IEEE754 标准中规定浮点数（float & double）

因单精度浮点数的计算速度快，占用内存小，通常认为 23 位的精度足够高！其实不然，比如，对 18 位的 A/DC（模拟数字转换器）得到的 4096 个时序数字信号进行傅里叶变换，相量表采用单精度的 23 位有效数字，总共是 4096 个乘加计算（可增加 6 位有效数字），实际得到最后结果的有效位数应该为 18 位+6 位=24 位，已经超过了单精度浮点数的表达范围，这还不计计算过程中因浮点数进行加减法运算时需要对位等造成的精度损失。由此可见，采用计算机进行数据处理时也需要考虑其可能带来的精度损失。在高精度测量时尤为重要！

1.2.4　误差的合成与分配

任何测量结果都包含有一定的测量误差，这是测量或系统过程中各个环节一系列误差因素共同作用的结果。如何正确地分析和综合这些误差因素，并正确地表述这些误差的综合影响，达到：

第一，提高测量的精度，消除或减少其占比较大的误差来源。

第二，设计和优化测量方法或系统。

A. 使测量可以达到最高精度。

B. 满足测量精度要求的经济的测量方法或测量系统。

本节简介了误差合成与分配的基本规律和基本方法，这些规律和方法不仅应用于测量数据处理中给出测量结果的精度，而且还适用于测量方法和仪器装置的精度分析计算，以及解决测量方法的拟订和仪器设计中的误差分配、微小误差取舍与最佳测量方案确定等问题。

现代测量系统或复杂测量几乎全部都是间接测量或组合测量、建模测量。为了讨论问题方便起见，这里把所有测量类别均归纳为间接测量。

间接测量是通过直接测量与被测量之间有一定函数关系的其他量，按照已知的函数关系式计算出被测量。因此间接测量的量是直接测量所得到的各个测量值的函数，而间接测量误差则是各个直接测得值误差的函数，故称这种误差为函数误差。研究函数误差的内容，实质上就是研究误差的传递问题，而对于这种具有确定关系的误差计算也被称为误差合成。

下面分别介绍函数系统误差和函数随机误差的计算问题。

① 函数系统误差计算

在间接测量中，不失一般性，假定函数的形式为初等函数，且为多元函数，其表达式为：

$$y = f(x_1, x_2, \cdots, x_n) \qquad (1-3)$$

式中，$x_1, x_2, \cdots, x_n$ 为各个直接测量值，y 为间接测量值。

由多元偏微分可知：

$$dy = \frac{\partial f}{\partial x_1} dx_1 + \frac{\partial f}{\partial x_2} dx_2 + \cdots + \frac{\partial f}{\partial x_n} dx_n \qquad (1-4)$$

若已知各个直接测量值的系统误差 $\Delta x_1, \Delta x_2, \cdots, \Delta x_n$，由于这些误差值均比较小，可以用来替代式（1-4）中的 $dx_1, dx_2, \cdots, dx_n$，从而可近似得到函数的系统误差为

$$dy = \frac{\partial f}{\partial x_1} dx_1 + \frac{\partial f}{\partial x_2} dx_2 + \cdots + \frac{\partial f}{\partial x_n} dx_n \qquad (1-5)$$

式（1-5）为函数系统误差公式，而 $\frac{\partial f}{\partial x_1}, \frac{\partial f}{\partial x_2}, \cdots, \frac{\partial f}{\partial x_n}$ 为各个直接测量值的误差传递系数。

例 1-1　用直流电桥测量未知电阻，如图 1-4 所示，当电桥平衡时，已知 $R_1=200\Omega$，$R_2=100\Omega$，$R_3=50\Omega$，其对应的系统误差分别为 $\Delta R_1=0.2\Omega$，$\Delta R_2=0.1\Omega$，$\Delta R_3=0.1\Omega$。求电阻 R_x 的测量结果。

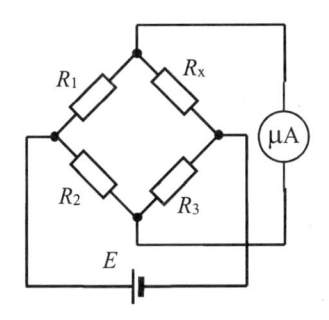

图 1-4 惠斯登电桥法测量电阻

由惠斯登电桥平衡条件可得：

$$R_{x0} = \frac{R_1}{R_2}R_3 = 100\Omega$$

根据式（1-5）可得电阻 R_x 的系统误差

$$R_x = \frac{\partial f}{\partial R_1}\Delta R_1 + \frac{\partial f}{\partial R_2}\Delta R_2 + \frac{\partial f}{\partial R_3}\Delta R_3 \quad (1-6)$$

式（1-6）中各个误差传递系数分别为

$$\frac{\partial f}{\partial R_1} = \frac{R_3}{R_2} = \frac{50}{100} = 0.5$$

$$\frac{\partial f}{\partial R_2} = \frac{R_1 R_3}{R_2^2} = \frac{200 \cdot 50}{100^2} = -1$$

$$\frac{\partial f}{\partial R_3} = \frac{R_1}{R_2} = \frac{200}{100} = 2$$

由式（1-6）可得

$$\Delta R_x = 0.5 \times 0.2\Omega - 1 \times 0.1\Omega + 2 \times 0.1\Omega = 0.2\Omega$$

将测量结果修正后可得

$$R_x = R_{x0} - \Delta R_x = 100\Omega - 0.2\Omega = 99.8\Omega$$

对于一个复杂的测量系统，也可以采用类似的方法分析其误差。

例 1-2 对图 1-5 所示的测量系统，不失一般性，不管其量纲，假设：$x=0.20$，$k_1=10$，$\Delta k_1=0.1$；$k_2=50$，$\Delta k_2=-1$；$k_3=4096/2.5=16.38$，$\Delta k_3=2/2.5=0.8$（这里给出的是 12 位 ADC，一般做到系统误差为最低有效位 LSB）。求该系统的测量结果 D。

由系统构成可计算得：

$$D_0 = k_1 k_2 k_3 x = 10 \times 50 \times 16.38 \times 0.20 = 1638$$

根据式（1-5）可得 D 的系统误差

$$D = \left(\frac{\partial f}{\partial k_1} \Delta k_1 + \frac{\partial f}{\partial k_2} \Delta k_2 + \frac{\partial f}{\partial k_3} \Delta k_3 \right) x \qquad （1-7）$$

式（1-7）中各个误差传递系数分别为

$$\frac{\partial f}{\partial k_1} = k_2 k_3 x = 50 \times 16.38 \times 0.20 = 163.8$$

$$\frac{\partial f}{\partial k_2} = k_1 k_3 x = 10 \times 16.38 \times 0.20 = 32.76$$

$$\frac{\partial f}{\partial k_3} = k_1 k_2 x = 10 \times 50 \times 0.20 = 100$$

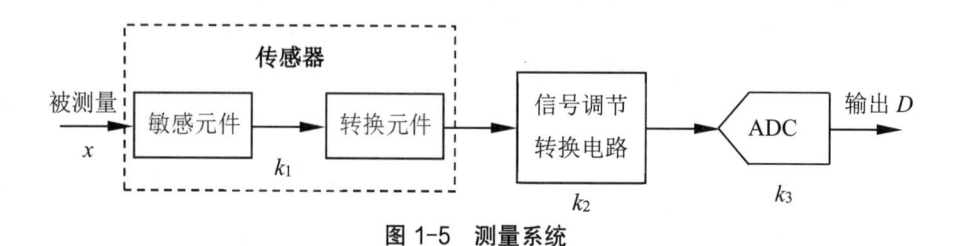

图 1-5 测量系统

由式（1-6）可得

$$\Delta D = [163.8 \times 0.1 + 32.76 \times (-1) + 100 \times 0.8] \times 0.2 = 63.62$$

将测量结果修正后可得

$$D = D_0 - \Delta D = 1638 - 63.62 = 1574.38$$

换算成被测量 Δx：
因为

$$x = D / k_1 k_2 k_3 \qquad （1-8）$$

所以

$$\Delta x = \frac{\Delta D}{k_1 k_2 k_3} = \frac{63.62}{10 \times 50 \times 16.38} = 0.076 \approx 0.08$$

此例的提示：

A. 本例是为了说明如何计算一个测量系统的系统误差而假定的一些数据，实际中的值可以由高一等精度的仪器进行标定得到。

B. 被测量的相对系统误差为

$$\frac{\Delta x}{x} \times 100\% = \frac{0.08}{0.2} \times 100\% = 40\%$$

说明该系统的测量精度是很低的，而各个环节的相对精度

$$\frac{\Delta k_1}{k_1} \times 100\% = \frac{0.1}{10} \times 100\% = 1\%$$

$$\frac{\Delta k_2}{k_2} \times 100\% = \frac{-1}{50} \times 100\% = -2\%$$

$$\frac{\Delta k_3}{k_3} \times 100\% = \frac{0.8}{16.38} \times 100\% = 0.00049\%$$

其最低值也在-2%，由此可知，一个高精度的测量系统必须保证每个环节的精度足够高！

②函数随机误差计算

随机误差是用表征其取值分散程度的标准差来评定的，对于函数的随机误差，也是用函数的标准差来进行评定。因此，函数随机误差计算，就是研究函数 y 的标准差与各测量值 $x_1, x_2, \cdots, x_n$ 的标准差之间的关系。但在式（1-4）中，若以各测量值的随机误差 $\delta x_1, \delta x_2, \cdots, \delta x_n$ 代替各微分量 $dx_1, dx_2, \cdots, dx_n$，只能得到函数的随机误差 δy 而得不到函数的标准差 σy。因此，必须进行下列运算，以求得函数的标准差。

函数的一般形式为

$$y = f(x_1, x_2, \cdots, x_n) \tag{1-9}$$

为了求得用各个测量值的标准差表示函数的标准差公式，设对各个测量进行了 N 次等精度测量，其相应的随机误差为

$$对 x_1： \delta x_{11}, \delta x_{12}, \cdots, \delta x_{1n}$$

$$对 x_2： \delta x_{21}, \delta x_{n2}, \cdots, \delta x_{nn}$$

$$\vdots$$

$$对 x_n： \delta x_{n1}, \delta x_{n2}, \cdots, \delta x_{nn}$$

根据式（1-4），可得函数 y 的随机误差为

$$\left. \begin{aligned} \delta y_1 &= \frac{\partial f}{\partial x_1} \delta x_{11} + \frac{\partial f}{\partial x_2} \delta x_{21} + \cdots + \frac{\partial f}{\partial x_n} \delta x_{n1} \\ \delta y_2 &= \frac{\partial f}{\partial x_2} \delta x_{12} + \frac{\partial f}{\partial x_2} \delta x_{22} + \cdots + \frac{\partial f}{\partial x_n} \delta x_{n2} \\ &\vdots \\ \delta y_n &= \frac{\partial f}{\partial x_1} \delta x_{1n} + \frac{\partial f}{\partial x_2} \delta x_{2n} + \cdots + \frac{\partial f}{\partial x_n} \delta x_{nn} \end{aligned} \right\} \tag{1-10}$$

将方程组中每个方程平方后相加，再除以 N，可得

$$\sigma_y^2 = \left(\frac{\partial f}{\partial x_1}\right)^2 \sigma_{x1}^2 + \left(\frac{\partial f}{\partial x_2}\right)^2 \sigma_{x2}^2 + \cdots + \left(\frac{\partial f}{\partial x_n}\right)^2 \sigma_{xn}^2 + 2\sum_{1\leq i<j}^{n}\left(\frac{\partial f}{\partial x_i}\frac{\partial f}{\partial x_j}\frac{\sum_{m=1}^{N}\delta x_{im}\delta x_{jm}}{N}\right)$$

(1-11)

若定义

$$K_{ij} = \frac{\sum_{m=1}^{N}\delta x_{im}\delta x_{jm}}{N} \qquad (1\text{-}12)$$

$$\rho_{ij} = \frac{K_{ij}}{\sigma_{xi}\sigma_{xj}} \qquad (1\text{-}13)$$

或

$$K_{ij} = \rho_{ij}\sigma_{xi}\sigma_{xj} \qquad (1\text{-}14)$$

则式可以改写为

$$\sigma_y^2 = \left(\frac{\partial f}{\partial x_1}\right)^2 \sigma_{x1}^2 + \left(\frac{\partial f}{\partial x_2}\right)^2 \sigma_{x2}^2 + \cdots + \left(\frac{\partial f}{\partial x_n}\right)^2 \sigma_{xn}^2 + 2\sum_{1\leq i<j}^{n}\left(\frac{\partial f}{\partial x_i}\frac{\partial f}{\partial x_j}\rho_{ij}\sigma_{xi}\sigma_{xj}\right)$$

(1-15)

若各个测量值的随机误差是相互独立的，且当 N 适当大时（比如 $N>10$），

$$K_{ij} = \frac{\sum_{m=1}^{N}\delta x_{im}\delta x_{jm}}{N} \approx 0$$

则式可以简化为

$$\sigma_y^2 = \left(\frac{\partial f}{\partial x_1}\right)^2 \sigma_{x1}^2 + \left(\frac{\partial f}{\partial x_2}\right)^2 \sigma_{x2}^2 + \cdots + \left(\frac{\partial f}{\partial x_n}\right)^2 \sigma_{xn}^2 \qquad (1\text{-}16)$$

或

$$\sigma_y = \sqrt{\left(\frac{\partial f}{\partial x_1}\right)^2 \sigma_{x1}^2 + \left(\frac{\partial f}{\partial x_2}\right)^2 \sigma_{x2}^2 + \cdots + \left(\frac{\partial f}{\partial x_n}\right)^2 \sigma_{xn}^2} \qquad (1\text{-}17)$$

1.3 信号、噪声与干扰

信号是表示消息的物理量，如电信号可以通过幅度、频率、相位及其变化来表示不同的消息（信息）。从广义上讲，它包含光信号、声信号和电信号等。但目前相对于其他物理信号，电信号在放大、滤波、处理等具有无法比拟的优势，因而本书涉及的信号均指电信号。

1.3.1 信号

信号是运载消息的工具，是消息（信息）的载体。按照实际用途区分，信号包括电视信号、广播信号、雷达信号、通信信号等；按照所具有的时间特性区分，则有确定性信号和随机性信号等。

但在不同的场合、不同的信号处理阶段信号的含义有所不同。如图 1-6 所示光电容积脉搏波（photoplethysmographic，PPG）信号的检测电路，LED 发出的直流光束①经过被试者的手指后，直流光束的幅值（强度）携带了光电容积脉搏波的容积变化信息②，对于光敏管的接收而言，得到的信号是被脉搏波容积变化所调制的直流光"信号"，经过光敏管 PD 和 A1 组成的跨阻放大器得到电压信号③，再通过 C3 和 R4 组成的高通滤波器，得到从直流信号中分离出来交流 PPG 信号④，此时，可以认为 PPG 波形才是信号，而直流却被视为噪声，需要被除去。最后得到经同相放大器 A2 放大后的 PPG 信号。

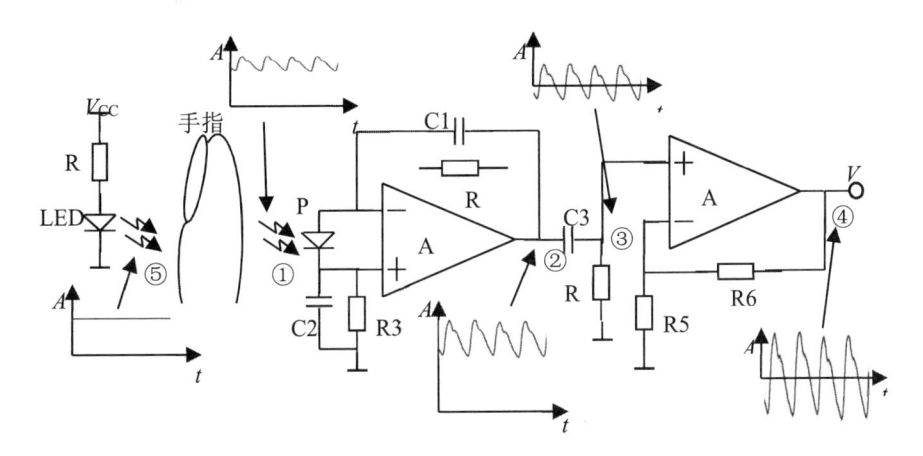

图 1-6 直流激励 LED 的 PPG 测量电路

从这个实例中，可以看到，"信号"在不同的阶段、不同的场合所指都在发生变化。实际上，信号是包含被测"信息"的一个载体，有时也用"有用信号"来表示需要获取的信号，而不需要的则称之为"噪声"。需要注意的是：包含在光（电）信号的直流分量被认为是"有用信号"或"载波"，在分离后把它作为"无用信号"或"噪声"予以丢弃。

信号也可以表达在频率、相位及它们的组合上，如调频信号、调相信号。

调频信号由于其极强的抗干扰性能，以及相应的调制电路和解调电路可以分别等效 ADC（Analog to Digital Converter，模数转换器）或 DAC（Digital to Analog Converter，数模转换器），在信号检测和处理系统中发挥独特的作用。

现代信号检测与处理系统中，微处理器发挥了不可或缺的作用：不仅可以控制测量系统处于最佳状态，如改变增益以适应信号幅值的变化，或改变滤波器的参数以适合信号中的噪声变化和外界干扰的变化，还可以进行"数字信号处理"。因而，信号又可以分为模拟信号和数字信号。

1.3.2 噪声

噪声是电子学中的概念，基本上等同于测量中的"误差"，是应该去除的成分。

狭义的"噪声"主要是指电阻（包括任何具有电阻的器件）的热噪声和晶体管（包括所有半导体集成电路中的晶体管）等有源器件所产生的噪声。电路噪声是永远存在的，电路噪声设计的目的是尽可能地降低电路噪声。

1.3.2.1 电路噪声的来源

仪器内部电路的噪声有前置放大器输入电阻的热噪声与晶体管等有源器件所产生的噪声。

（1）电阻热噪声

众所周知，导体是由于金属内自由电子的运动而导电的，导体内的自由电子在一定温度下，由于受到热激发在导体内部作大小与方向都无规律的变化（热运动），这样就在导体内部形成了无规律的电流，在一个足够长的时间内，其平均值等于零，而瞬时值就在平均值的上下跳动，这种现象被称为"起伏"。由于这样的起伏是无规则的，因此，在电路中常称之为起伏噪声或热噪声。起伏电流流经电阻时，电阻两端就会产生噪声电压。由于噪声电压是一个无规律的变化，无法用数学解析式来表达，但是在一个较长的时间内自由电子热运动的平均能量总和是一定的，因此就可以用表征噪声功率的噪声电压均方值来表征噪声的大小。由热运动理论和实践证明，噪声电压的均方值为

$$\overline{V_n^2} = 4kTBR \qquad (1-18)$$

式中，k 为波耳兹曼常数（1.372×10^{-23}J / K）；

T 为导体的热力学温度[T(K)=t(℃)+273(℃)]；

R 为电阻值；

B 为与电阻 R 相联的电路带宽。

晶体管（包括运算放大器）等有源器件是仪器（或电子电路）本身噪声的主要噪声来源之一。晶体管的噪声包括晶体管电阻的热噪声、分配噪声、散粒噪声和 1/f 噪声。在半导体中电子无规律的热运动同样会产生热噪声，在晶体二极管的等效电阻 R_{eq} 和三极管基极电阻 $r_{bb'}$ 上的热噪声电压均方根值分别为

$$\begin{cases} \sqrt{\overline{V_n^2}} = \sqrt{4kTBR_{eq}} \\ \sqrt{\overline{V_n^2}} = \sqrt{4kTB\gamma_{bb'}} \end{cases} \quad (1\text{-}19)$$

由于热噪声的功率频谱密度为 $P(f)=V_n^2/\overline{B} = 4kTR$，所以电阻及晶体管的热噪声功率频谱密度是一个与频率无关的常数，也就是说，在一个极宽的领带上，热噪声具有均匀的功率谱，这种噪声通常被称为"白噪声"。

仅就电阻的热噪声而言，由式（1-18）可以给出，降低电路的工作温度，减小电阻阻值和限制电路的带宽可以降低电阻的热噪声。但是，降低电路的工作温度在绝大多数的情况下是困难的、难以接受的。减少电阻阻值受电路设计的限制，唯一可接受的办法是把电路的带宽限制在一定的范围内，即工作在信号的有效带宽。这样既可以降低电阻的热噪声，又可以抑制带外的干扰信号。

假定有一个 1kΩ 的电阻，在常温 20℃工作，带宽为 1kHz，由式（1-18）可计算得到电阻的热噪声为 0.127μV，这样小的值只有经过高增益放大才有可能在普通的示波器上观察到。但在许多医学测量仪器中，前置放大器的输入阻抗常常在 10MΩ以上（由于信号源的输入阻抗也接近，甚至超过这个数量级左右），这时计算得到的热噪声为 12.7μV。

实际上，任何一个器件（除超导器件外）不仅有电阻热噪声，还有其他的噪声，这些噪声与器件的材料和工艺有关，往往这些噪声有可能比热噪声更大，因而在电路的噪声设计时，选择合适的器件也是十分重要的。如精密金属膜电阻的噪声就比普通碳膜电阻小得多。

（2）晶体管的噪声

晶体管中不仅有电阻热噪声，还存在分配噪声、散粒噪声和 1/f 噪声。这些噪声也同样存在于各种以 PN 结构成的半导体器件中，如运算放大器中。

在晶体管中，由于发射极注入基区的载流子在与基区本身的载流子复合时，载流子的数量时多时少；因而引起基区载流子复合率有起伏，导致集电极电流与基极电流的分配有起伏，最后造成集电极电流的起伏，这种噪声称为分配噪声，分配噪声不是白噪声，它与频率有关：频率越高，噪声也越大。

在晶体管中，电流是由无数载流子（空穴或电子）的迁移形成的，但是各个载流子的迁移速度不会相同，致使在单位时间内通过 PN 结空间电荷区的载流子数目有起伏，因而引起通过 PN 结的电流在某一电平上有一个微小的起伏，这种起伏就是所谓散粒噪声。散粒噪声与流过 PN 结的直流电流成正比。散粒噪声也是白噪声，它的频谱范围很宽，但在低频段占主要地位。

晶体管的 $1/f$ 噪声主要是由半导体材料本身和表面处理等因素引起的。其噪声功率与工作频率 f 近似成反比关系，故称 $1/f$ 噪声。频率越低，$1/f$ 噪声越大，故 $1/f$ 噪声亦称为"低频噪声"。

通常用线性网络输入端的信号噪声功率比（S_i/N_i）与输出端信号噪声功率比（S_o/N_o）之比值，来衡量网络内部噪声的大小，并定义该比值为噪声系数 NF，即

$$NF = (S_i/N_i) / (S_o/N_o) \tag{1-20}$$

噪声系数 NF 表示信号通过线性网络后，信噪比变坏的程度。噪声系数也以分贝作单位，用分贝作单位时表示为

$$NF = 10\lg[(S_i/N_i) / (S_o/N_o)] \tag{1-21}$$

显然，若网络是理想的无噪声线性网络，那么网络输入端的信号与噪声得到同样的放大，即 $(S_i/N_i)=(S_o/N_o)$，噪声系数 $NF=1$（0dB）。若网络本身有噪声，则网络的输出噪声功率是放大了的输入噪声功率与网络本身产生的噪声功率之和，故有 $(S_i/N_i)>(S_o/N_o)$。噪声系数 $NF>1$。

应该指出：网络的输入功率（S_i 和 N_i）还取决于信号源内阻和网络的输入电阻 R_i 之间的关系。为计算和测量方便起见，通常采用所谓资用功率的概念。资用功率是指信号源最大可能供给的功率。为了使信号源有最大功率输出，必须使 $R_i=R_s$，即网络的输入电阻 R_i 和信号源内阻 R_s 相匹配。这时网络的资用信号功率为

$$S_i = V_i^2/4R_s \tag{1-22}$$

资用噪声功率为

$$N_i = V_n^2/4R_s = 4kTBR_s/4R_s = 4kTB \tag{1-23}$$

由此可以看出，资用信号功率 S_i 与资用噪声功率 N_i 仅是信号源的一个特性，它仅仅取决于信号源本身的内阻和电动势，与网络的输入电阻 R_i 无关，故噪声系数可写作

$$NF = (S_i/N_i)/(S_o/N_o) = (N_o/N_i) / (S_o/S_i) = N_o/N_i A_P \tag{1-24}$$

式中，A_P 为资用功率增益。

根据网络理论，任何四端网络内的电过程均可等效地用连接在输入端的

一对电压电流发生器来表示。因而,一个放大器的内部噪声可以用一个具有零阻抗的电压发生器 E_n 和一个并联在输入端具有无穷大阻抗的电流发生器 I_n 来表示,两者的相关系数为 r_0。这个模型称为放大器的 E_n-I_n 噪声模型,如图 1-7 所示。其中:

V_s 为信号源电压;

R_s 为信号源内阻;

E_{ns} 为信号源内阻上的热噪声电压;

Z_i 为放大器输入阻抗;

A_v 为放大器电压增益;

S_{so}、E_{no} 分别为总的输出信号和噪声。

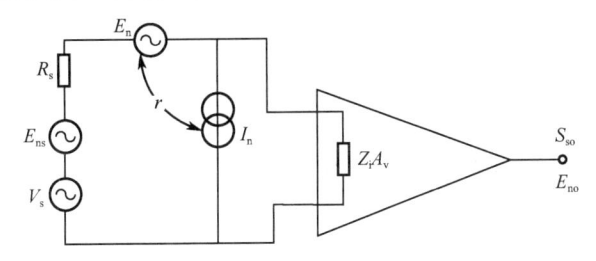

图 1-7 放大器的 E_n-I_n 噪声模型

有了放大器的 E_n-I_n 噪声模型,放大器便可以看作无噪声的了,因而对放大器噪声道研究可归结为分析 E_n、I_n 在整个电路中所起的作用,这就大大地简化了对整个电路仪器的噪声的设计过程。通常情况下,器件的数据手册都会给出 E_n、I_n 这两个参数。用时,可以通过简单的实验粗略地测量这两个参数。

1.3.2.2 级联放大器的噪声

设有一个级联放大器,由图 1-8 所示的三级放大器组成,其中各级的功率增益分别为 K_{p1}、K_{p2}、K_{p3},各级放大器本身的噪声功率分别为 P_{n1}、P_{n2}、P_{n3},各级本身的噪声系数分别为 F_1、F_2、F_3,P_{ni} 为信号源的噪声功率,则总的输出噪声功率为:

$$P_{n0} = K_{P1}K_{P2}K_{P3}P_{ni} + K_{P2}K_{P3}P_{n1} + K_{P3}P_{n2} + P_{n3} \quad (1-25)$$

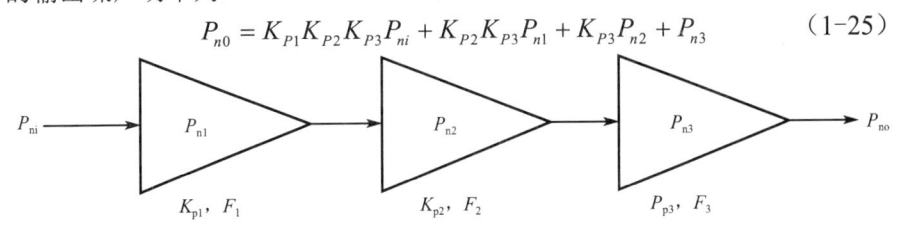

图 1-8 级联放大器简图

根据式（1-25），总的噪声系数 NF 为

$$NF = \frac{P_{no}}{K_p P_{ni}}$$

$$= \frac{P_{no}}{K_{p1} K_{p2} K_{p3} P_{ni}} \tag{1-26}$$

$$= 1 + \frac{P_{n1}}{K_{p1} P_{ni}} + \frac{P_{n2}}{K_{p1} K_{p2} P_{ni}} + \frac{P_{n3}}{K_{p1} K_{p2} K_{p3} P_{ni}}$$

另一方面，第一级输出的噪声功率 P_{n1o} 为

$$P_{n1o} = K_{p1} P_{ni} + P_{n1} \tag{1-27}$$

则第一级的噪声系数

$$NF_1 = \frac{P_{n1o}}{K_{p1} P_{ni}}$$

$$= 1 + \frac{P_{n1}}{K_{p1} P_{ni}} \tag{1-28}$$

同样，若分别考虑各级，则可得各级本身的噪声系数分别为

$$NF_2 = 1 + \frac{P_{n2}}{K_{p2} P_{ni}} \tag{1-29}$$

$$NF_3 = 1 + \frac{P_{n3}}{K_{p3} P_{ni}} \tag{1-30}$$

将式（1-28）至式（1-30）代入式（1-26），则总的噪声系数

$$NF = NF_1 + \frac{NF_2 - 1}{K_{p1}} + \frac{NF_3 - 1}{K_{p1} K_{p2}} \tag{1-31}$$

上式就是三级放大器噪声系数的一般表达式。同理可以推得 n 级放大器的噪声系数为

$$NF = NF_1 + \frac{NF_2 - 1}{K_{p1}} + \frac{NF_3 - 1}{K_{p1} K_{p2}} + \cdots + \frac{NF_n - 1}{K_{p1} K_{p2} \cdots K_{p(n-1)}} \tag{1-32}$$

由式（1-32）可以看出，如果第一级的功率增益 K_{p1} 很大，那么第二项及其以后各项则很小而可以忽略。于是，总的噪声系数 NF 主要由第一级的噪声系数 NF_1 决定，因而在这种情况下，影响级联放大器噪声性能的主要是第一级的噪声，所以在设计中应尽量提高第一级的功率增益，尽量降低第一

级的噪声。但如果第一级的功率增益不是很大时，例如第一级是跟随器，这时式（1-32）中的第二项不是很小，于是第二级的噪声也有较大影响而不能忽视。广义上，如果认为耦合网络（传感器或传感器接口电路）也可以看作一级的话，那么位于信号源与输入级之间的耦合网络由于其功率增益小于1，使得式（1-32）中的第二项变得很大，因此 NF_2 成为主要噪声贡献者，NF_2 即输入级的噪声系数，此时它的大小就决定了整个 NF 的大小。所以，对于级前接有耦合网络的级联放大器来说，减小噪声系数的关键在于使本级具有高增益和低噪声。

1.3.3 人体内部的噪声与人机界面的噪声

医学仪器的测量对象主要是人体，体内各个系统之间，如呼吸系统与循环系统之间相互作用会产生噪声。而仪器与人体之间也会产生影响，这些影响对测量而言就是噪声。

1.3.3.1 人体内部的噪声

人体是一个复杂的系统，不仅表现在其结构复杂上，更表现在其各个系统之间、器官之间的相互影响上。

人体内部相互之间的干扰可以分为三种类型：精神与机体之间、同类型生理或生化量之间和不同类型的生理或生化量之间。

（1）精神与机体之间的相互干扰

最典型的是测量血压时的"白大褂"效应：测量血压时，经常有人看见医生就会紧张，导致血压升高。这是大脑（神经系统）对心血管系统的作用，给血压测量带来干扰。还有人在贴上心电电极时，心跳立即加速。

（2）同类型生理或生化量之间相互干扰

最典型的是生物电测量时体内不同的生物电之间相互干扰，如测量脑电时，由于眨眼和眼珠运动而产生干扰，这种干扰常称为眼动干扰。

（3）不同类型生理或生化量之间相互干扰

测量心电时，由于呼吸使得心脏与胸腔之间相对运动，会产生基线漂移干扰。

这些干扰往往难以直接消除，只能尽可能地降低，如采取使受试者安静，或者暂时屏住呼吸等措施。更多的是采用数字信号处理的方法来消除。

1.3.3.2 人机界面的噪声

这类噪声主要是传感器与受试者之间产生的噪声，如在测量血氧饱和度时传感器与受试者手指之间有相对运动。更常见也更需要重视的是生理电测量，如心电、脑电和肌电等测量时存在极化电压和运动伪迹等噪声，而且这些噪声的幅值往往大于被测信号几个量级，因而在设计相应的测量电路或系统时必须考虑这些噪声的去除。由于在电路上涉及滤除这些噪声的内容太多，在本书的后续章节中还会有大量篇幅进行详细的讨论，在此就不再赘述。

1.3.3.3 人体感应的噪声

人体是一个相对而言的良导体，而现代社会中处处都存在各种频率的电磁波，特别是在医院和居民住宅，不仅存在无线广播、通信产生的高频无线电波，也难以避免地存在日常使用的各种电器所产生的工频（50Hz）电磁场，还有各种频谱很宽的杂散电磁波，如现已广泛使用的开关电源所产生的宽带干扰电磁波。当这些电磁波被人体所接收时，就会对连接在人体上的医学仪器产生干扰。

1.3.3.4 体表生理电检测中的噪声

临床上经常检测的体表生理电主要有心电、脑电、肌电等。由于生理电本身就是电信号，而这些电信号又具有特别重要的意义，在检测这些生理电信号时受到的干扰又特别严重，因此专门给予介绍。

极化电压：由于测量生物电信号必须要使用电极，而电极与人体皮肤表面之间又存在导电膏等液体介质，它们三者就构成了电化学中的"半电池"（相当于半个电池）。半电池的存在在电极上就会出现所谓的"极化电压"。极化电压的幅值与电极的材料、导电膏的成分等密切相关。有关国家标准中规定：心电图机等生物电检测仪器必须能够承受最大300mV的极化电压。这包含两个含义：一是在心电图机等生物电检测仪器的输入端施加300mV的直流电压（极化电压为直流电）时，心电图机等生物电检测仪器能够正常工作。二是生物电检测仪器的输入端有可能出现高达300mV的极化电压的干扰。

工频干扰：所谓的工频是指我们日常生活和工作所用的交流电源的频率为50Hz。现代生活可以说已经完全离不开交流电源，各种各样的设备、仪器、计算机和家电等上使用工频交流电源供电。这些使用交流电源供电的设备以及它们的电源线（包括建筑物墙体上或墙体中的电源线）无时无刻不向外辐射电磁场（包括工频电场和工频磁场）。工频电磁场作用在人体、人机接口中和仪器时就成为工频干扰。工频干扰大多为50Hz频率，包括50Hz的各次谐波，其幅值往往大于被测生物电信号3个数量级以上。

1.3.4 干扰

1.3.4.1 干扰与噪声的异同

干扰与噪声一样，都是影响测量系统精度的主要因素，经常会把干扰和噪声混为一谈，统称为噪声。但它们确实是不同的"误差"因素，准确地区别它们有助于我们在设计和调试测量系统时采取恰当有效的方法抑制噪声。以下用对比的方法讨论干扰和噪声的区别，以及与误差（精度）的关系：

（1）来源

干扰：来自外部且对系统工作产生影响的因素。

噪声：来自内部且对系统工作产生影响的因素。

如设计一套测量系统，系统内部的影响因素是噪声，评估的主要方法是等效输入噪声，也可以使用多次测量某一固定输入量时得到的均方误差。而外部干扰则需要分析其来源、途径和测量系统受影响的部位，通过移除干扰源、切断干扰途径和增强受影响部位的抗干扰能力降低干扰对测量系统的影响。又如测量系统内部的电源对前置放大器的干扰，也可以采用同样的方式。电源是测量系统的内部，但对前置放大器而言就是外部了。

（2）数量、种类与量纲

干扰：干扰源有很多，表现为包括电学量在内的物理量、化学量的种类很多。

噪声：永恒地存在任何元器件和电路环节中，基本上表现为"电压"和"电流"形式。

（3）存在的必然性

干扰：虽然难以避免，但有时某个或某几个干扰源有可能不存在。

噪声：永恒地存在，但可以通过器件选择、电路形式和系统架构等精心设计予以降低。

（4）描述参数

干扰：系统的抗干扰能力只能针对具体的一项干扰而言。

噪声：系统的噪声可以用单项参数来描述，如系统的等效输入噪声。

（5）抑制性能

干扰：测量系统的抗某一干扰能力可以有两项指标，即极限指标（超过此强度系统不能正常工作）和灵敏度指标（某项干扰影响系统输出的程度）。

噪声：可以测量元器件和电路环节、系统的噪声指标（性能）。

（6）前后级电路的影响

干扰：越是前级电路，越容易受干扰，而且干扰对系统的影响越大。

噪声：越是前级电路，其器件本身的噪声和电路形式对系统的总噪声占比越大，通常情况下可以占到90%以上。

1.3.4.2 干扰的抑制方法

任何一个电子电路或电子系统都不可避免地受到干扰，轻者影响性能和精度，重者可使电路或系统崩溃。因此，电路与系统的抗干扰设计是一项必不可少的重要内容。优秀的抗干扰设计必须以掌握干扰的来源、途径、性质和抗干扰的基本技术手段，以及干扰信号和抗干扰能力参数的测量为前提。

抑制"干扰"和降低"噪声"是电路或系统设计的核心、永恒的目标。区别"干扰"和"噪声"的目的在于评估电路与系统"抗干扰"能力与"噪声"性能的方法是不同的，看问题的角度也有所不同，着眼点也有所不同。

知己知彼，百战不殆！欲有效抑制"干扰"需要充分了解其来源、途径、类型与性质，还要掌握抑制"干扰"的"十八般武艺"和"杀敌效果的评估"。

①干扰模型

图1-9给出了干扰模型，包括干扰源、干扰途径和受干扰体。从普遍意义来说，避免和降低干扰对电子电路或系统的影响有以下3个方法：移除干扰源；切断干扰途径；加强受干扰体（电子电路或系统）自身的抗干扰能力。

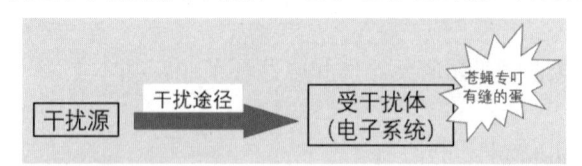

图 1-9　干扰模型

②干扰来源

常见的干扰来源以下种类。

系统外部干扰：温度干扰、电磁干扰、化学干扰、机械振动干扰、湿度干扰、射线辐射干扰和光干扰，等等。

系统内部相互干扰：元件干扰、电源回路干扰、信号通道干扰、负载回路干扰、大功率元件和回路干扰、数字电路干扰，等等。

③干扰途径

干扰途径通常可以分为两类，即"场"和"路"，如图1-10所示。

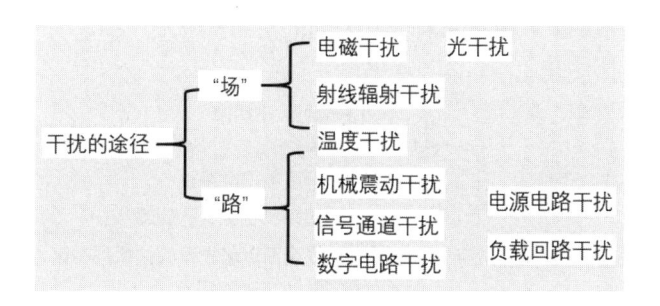

图 1-10 干扰途径

在图 1-10 中,"温度干扰"同时有两类干扰途径:

"场",温度辐射场。

"路",热传导。

④电磁干扰的类型与性质

电磁干扰是一种最常见的干扰,按干扰的原理和波形特征的分类分别如图 1-11 和图 1-12 所示,按干扰的频谱和途径的分类分别如图 1-13 和图 1-14 所示。

图 1-11 按电磁干扰的原理分类

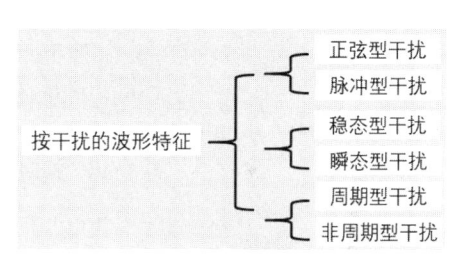

图 1-12 按电磁干扰的波形特征分类

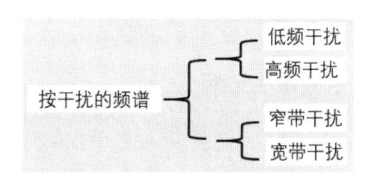

图 1-13 按电磁干扰的频谱分类

图 1-14 按电磁干扰的途径分类

⑤工频 50Hz 干扰的抑制

工频 50Hz 干扰的特点:除野外,基本上做不到去除或远离干扰源;不仅在于 50Hz 本身,还在于有谐波;"场"和"路"的多种形式,如电场、磁场、电磁场和电源线路等。

抑制工频 50Hz 干扰有多种手段，如图 1-15 所示，但必须"具体问题、具体分析、具体应用"。

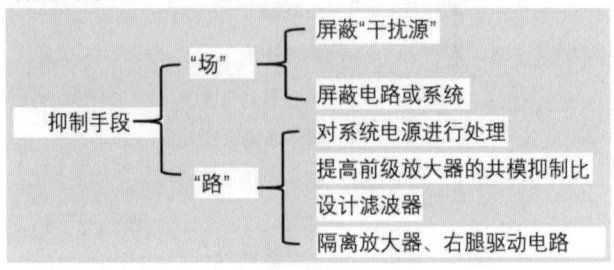

图 1-15 抑制工频 50Hz 干扰的手段

⑥机械干扰的抑制

机械干扰的特点是：基本上通过"路"；干扰源有机械运动或为电磁（变压器）装置；大多为低频。

图 1-16 给出了常用抑制机械干扰的手段，图 1-17 给出了常用抑制机械干扰的弹性元件。

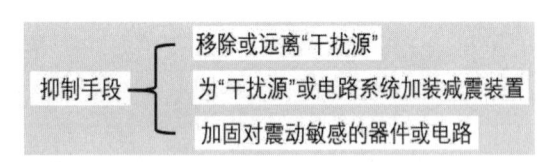

图 1-16 抑制机械干扰的手段

图 1-17 常用抑制机械干扰的弹性元件

⑦抗干扰性能的评估

所谓抗干扰性能，包含两个含义：

对一般的电子系统，使得系统不能正常工作的临界点的干扰强度；

对电子测量系统，系统的输出与干扰强度的比值。

因此，必须准确地测量干扰的强度值才能得到系统的抗干扰性能。如：温度干扰，有意控制（系统）环境的温度并测量系统相应的输出；施加一定强度的电（磁）场并测量系统相应的输出。

由于对电子系统的特殊性，对抗电磁场干扰的能力评估有专门的指标：

电磁兼容性（Electromagnetic Compatibility，EMC）是指设备或系统在其电磁环境中符合要求运行并不对其环境中的任何设备产生无法忍受的电磁骚扰的能力。因此，EMC 包括两个方面的要求：一方面是指设备在正常运行过程中对所在环境产生的电磁骚扰（Electromagnetic Disturbance）不能超过一定的限值；另一方面是指设备对所在环境中存在的电磁骚扰具有一定程度的抗扰度，即电磁敏感性（Electromagnetic Susceptibility，EMS）。

1.3.5 电子测量系统总误差

设计一套电子测量系统的最大挑战和终极目标之一是高精度（或灵敏度），而达到高精度（或灵敏度）的唯一途径是消除或降低误差。

对于任何一套自动控制系统，如果"测"不准，就一定控制不"准"。

电子测控系统的误差来源除"干扰"和"噪声"外，还有增益误差、负载效应导致的误差、测量原理误差、线性近似（非线性）误差……

（1）增益误差：由带宽、漂移、器件容差等导致的"次生"增益误差容易被忽视。

（2）负载效应导致的误差：级与级之间、传感器与接口电路之间和驱动级与负载之间或大或小地存在误差。

（3）测量原理误差：如测温的热（敏）电阻、热敏二极管、热电偶，或多或少都会有非线性误差，热电偶还有"冷端"误差。

（4）线性近似（非线性）误差：线性是理想的，非线性是实际的；线性是短暂局部的，非线性是永恒的。

$$系统的总误差 = \sum 各种干扰的影响换算到输出 + \sum 各种噪声换算到输出 + \sum 各种增益误差 \qquad (1\text{-}33)$$

式中，$\sum$ 代表"综合"或"合成"，并不是简单的代数和。

实际上，理论上按之前的数学方法计算总误差几乎不可能：一是真实的各项误差很难得到其"准确"值；二是各项误差与总误差的"函数"关系也难以确定。

这么说来，误差的合成（综合）与分解（分析）就没有意义了？不！

（1）设计系统时，根据"先验"知识，对若干重要的误差及其对输出的影响可以作出"粗略"的估计，预估系统的精度，判断能否满足需求要求。

（2）更可行、更实际的方法是实际"检定"系统样机的精度并确定若干最大误差项（大于各项误差均值的 3 倍以上），着重抑制这些误差。

(3)"1.3.2 噪声"一节中告诉我们：最前 1、2 级的电路噪声影响重大，需要选择高精度器件，并且精心设计。

这里再一次地表现出理论与实践的关系。

1.4 电子测量系统的"两段论"与"信息（精度）空间"

任一现代电子测量系统，均可以划分为两个阶段：信息获取阶段和信息挖掘阶段。理解这两个阶段目标和重点的微妙不同，恰如其分地综合应用对应的技术手段，才能保证整体电子测量系统的精度、性能和可靠性。

现代电子测量系统也可以看作"通信系统"，香农定理同样适用，依据香农定理，我们可以从顶层和一个新的视野审视电子测量系统，结合误差理论与数据处理，可以设计和制造出高性能的电子测量系统。

1.4.1 电子测量系统的两个阶段

在电子测量系统中，基本上不可缺少的是 A/DC，以其作为分界线，之前是模拟信号处理电路，之后是数字信号处理（部分）。

模拟信号处理电路：这是信息获取阶段。之所以换一个术语，是更明确这一阶段的任务：

（1）这一阶段决定了电子测量系统能够达到的最高精度和性能。按照"信息论"的观点，每一级电路都不可能获得比前级更多的"信息"，只可能减少信息。但可以提高信噪比，也可以抑制噪声。

（2）确保信号不能出现明显的非线性失真。一旦出现非线性数字，在后一阶段将无回天之力，不可能恢复信息，更别指望具有"信噪比"。

数字信号处理（部分）：这一阶段发挥数字信号处理的优势，即抑制噪声、提取特征、分离信号、数据挖掘、通信和与网络连接，等等。

1.4.1.1 第一阶段：信息获取阶段

信息获取是指围绕一定的目标，在一定范围内通过一定的技术手段或方法获得原始信号的活动和过程。因此，在信息获取阶段要尽可能多地获取所需信息的全部，即获取的信息要全面，为后续信息的挖掘提供足够的信息。信息获取阶段要明确信息获取的三要素，即：明确所获取信息的要求（什么信息？信息的特征是什么？）；确定信息获取的范围方向（可以通过哪些途径获取该信息？）；确定采用的技术手段和方法（采用哪种途径能够获取最优的效果？）。

因此，以动态光谱数据采集与分析系统为例（图 1-18），高质量的光谱 PPG 信号的检测是动态光谱无创血液成分检测的关键，其信噪比决定基于动态光谱的人体血液成分无创检测的成败与精度的高低。动态光谱的核心是在同一足够小的区域对同一部分血液采用同一光谱测量系统测得的光谱 PPG 信号提取同一部分血液的吸收光谱，有效地抑制个体差异和测量条件的差异带来的影响（误差），在不计散射的情况下利用"平均"效应大幅度提高动态光谱的信噪比。图 1-18 所示是基于光谱仪的动态光谱采集装置示意图，主要由可编程式稳压电源、光源、光谱仪、光纤和计算机端组成。光源的光照射手指，透过手指的光通过光纤传输到光谱仪，光谱仪在数据采集过程中先将采集到的数据存放在光谱仪的内部缓存器中，等到数据采集结束之后再将光谱仪中的数据通过 USB 传输至计算机。

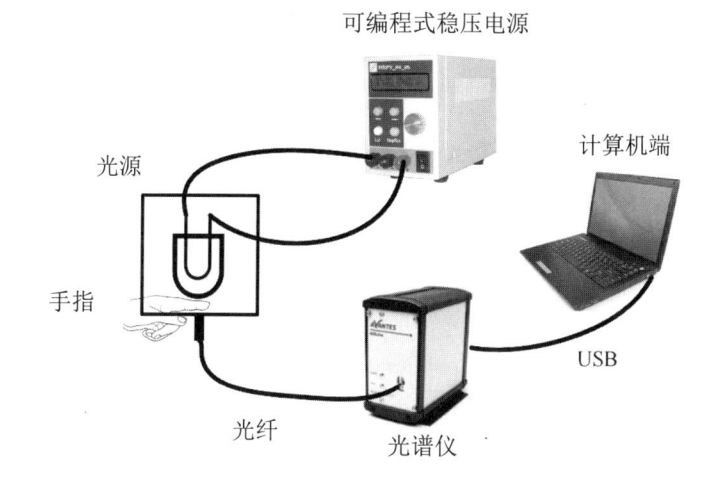

图 1-18　动态光谱采集系统

然而，在现实的技术条件下需要在很多影响因素中作出平衡：

（1）提高入射光强有助于提高信噪比，但人体的耐受性及生物组织的光热效应极大地限制了入射光强；

（2）增加入射光照射面积有利于提高入射光强，但由于人体组织的非均匀性又将带来原理性误差；

（3）PPG 信号的幅值提高有助于带来信噪比的提高，但显而易见的是散射作用将明显增加非线性的影响；

（4）所用波长（波段）受到光源、人体组织和光电（光谱）检测器件（灵敏度与信噪比等）的严重制约；

（5）增加检测光谱 PPG 的数据量有助于提高信噪比，但受到系统的采样速度和采集时长的限制，系统的采样速度主要受到现今的技术水平和经济因素的限制，过长的采集时间也将引入其他误差。

为了抑制这些不利因素的影响，研究团队进行了许多相关的研究。对于入射光照射面积的影响，课题组研究了窄平圆光束、宽平圆光束和宽光纤光束三种光照条件对动态光谱的影响。结果显示，细光纤的透射光路径比较一致，获取的 PPG 信号相似程度更高，有利于提高动态光谱的信噪比。为了提高部分强吸收波段或光源过弱波段的信噪比，课题组提出了一种双采样时间的采集方式，通过改变不同波段的积分时间，使得所有波长下的信号均不饱和，且信号最强波段达到光谱仪的最佳线性输入范围。针对人体无创血液成分检测中散射造成的吸光度与血液成分之间不再是线性关系，依据"M+N"理论，将这种非线性归类为第三类信息，针对非线性光谱信息提出"多维多模式多位置"的建模和测量方法，利用这种非线性所携带的光谱信息，进一步提高测量精度。通过从手指不同的方向透射手指，以获得不同光程的透射光谱，利用光谱的非线性，增加非线性测量方程与被测对象光谱信息量，提高测量精度。

此外，还需要考虑入射手指的光束大小与方向、探测面积与光纤的入射孔径，以及光源与探测光纤的相对位置等问题。PPG 信号的检测方法通常决定了所得信号的有效信息的多少，后续的处理分析的目的是尽量充分地提取利用有效信息，因此保证信号检测环节的信噪比至关重要。

1.4.1.2 第二阶段：信息挖掘阶段

信息挖掘是通过对大量的数据进行处理和分析，滤除样本信息中与检测无关的干扰信息并发现和提取隐含在其中的具有价值的信息的过程。在获得足够高信噪比的光谱 PPG 信号之后，按照信息论的原理，提高信噪比的途径只有抑制噪声而不可能增加"有用信息"（实际上能够做的只有尽可能降低"有用信息"的损失），该问题包括：

A. 确定"有用信号"，这是一个看似容易却是十分困难而又不可回避的问题；

B. 找准"敌人"，即影响信噪比的噪声种类、强度与性质；

C. 在抑制某种噪声时是否损失了"有用信号"和引入新的噪声；

D. 对信号（光谱）预处理与提取方法进行统筹考虑以取得更高的信噪比；

E. 提取动态光谱的质量评估，没有评估（测量与标准）的结果（产品是没有意义的，而动态光谱的质量评估的困难在于标准和方式。

1.4.2 信道编码与信息（精度）空间

电子测量系统也是电子信息系统，对于信号、信息、编码、信噪比等电子信息系统的概念和术语可以直接对应到电子测量系统中。

根据香农"有噪信道编码定律"，在高斯白噪声背景下的连续信道的容量

$$C = B\log_2\left(1+\frac{S}{N}\right) = B\log_2\left(1+\frac{S}{n_0 B}\right) \quad (1-34)$$

其中，B 为信道带宽（Hz）；S 为信号功率（W）；n_0 为噪声功率谱密度（W/Hz）；N 为噪声功率（W）。

由香农公式得到的重要结论：

（1）信道容量受三要素 B、S、n_0 的限制。

（2）提高信噪比 S/N 可增大信道容量。

（3）若 $n_0 \to 0$，则 $C \to \infty$，表明无噪声信道的容量为无穷大。

（4）若 $S \to \infty$，则 $C \to \infty$，表明当信号功率不受限制时，信道容量为无穷大。

（5）C 随着 B 的增大而增大，但不能无限制地增大，即当 $B \to \infty$ 时，$C \to 1.44 S/n_0$。

（6）C 一定时，B 与 S/N 可以互换。

（7）若信源的信息速率 $R_b \leqslant C$，则理论上可实现无误差传输。

1.4.2.1 一维信号测量系统

对一维信号测量系统，不论是传感器、模拟信号处理电路还是 A/DC，最小信息容量 C_{i_min} 处也是整个系统最大 C_{totalt_max}，也即 $C_{totalt\_max} < C_{i\_min}$。

在系统设计时，一定是依据传感器和模拟信号处理电路的最小容量 C_{i_min}（即精度）选择 A/DC 的精度并给出一定的裕量。其推论也是我们所熟悉的：从应用一个电子测量系统的角度，评价一个系统的精度可以用其 A/DC 的精度来粗略估计，而且系统的精度必定低于 A/DC 的精度。

注意式（1-35）有两个重要的"提示"：

（1）C 随着 B 的增大而增大，但随机噪声也会成比例增加（S/N 隐含着这点）。因此，在系统设计时的最佳平衡为能够保证覆盖有用信号的带宽即可。

（2）S/N 并不局限于有用信号 S 对某一项噪声 N_i 的比值，而是有用信号

S 对所有噪声的总和 N_{total} 的比值。N_{total} 的合成可以参考式（1-17）。可以用式（1-35）计算。

$$S/N_{total} = S / \sqrt{\left(\frac{\partial f}{\partial x_1}\right)^2 \sigma_{x1}^2 + \left(\frac{\partial f}{\partial x_2}\right)^2 \sigma_{x2}^2 + \cdots + \left(\frac{\partial f}{\partial x_n}\right)^2 \sigma_{xn}^2} \qquad (1-35)$$

式（1-35）说明一个测量系统的精度受所有可能的误差（噪声）的影响。在实际应用时，小于最大误差项 1/3 或以下时，可以不计该误差的影响。

A. 在系统设计时，重点放在最大的前几项误差上，可以保证系统的总精度。

B. 对精度影响不大的器件和环节，可以降低其性能要求。

C. 对于有多级模拟放大环节的系统设计，参照式（1-9）给出的结论，可以降低后级放大器和器件的噪声性能要求。

式（1-36）是以 2 为底的对数表达，为了有一个具体的印象，我们计算 $S/N=1000$ 时，$C=9.967≈10$，大约为 $n=10$ 位 A/DC 的精度。所以，这里的信息容量就是精度（信噪比）。

1.4.2.2 下抽样与插值

下抽样与插值改变的是"抽样（采样）率"，并没有改变信息容量。下抽样与插值（算法）既没有增加信息（容量），也没有减少信息（容量），但改变了"数据"通过率。

设计电子信息测量系统中的 A/DC 时，香农定律的意义在于：

（1）在满足奈奎斯特（香农，采样）定理的前提条件下，选择越高分辨率的 A/DC，可获得的信息容量（精度空间）越高。

（2）一定分辨率 n 的 A/DC，通过下抽样可以将采样率降到满足奈奎斯特定理的程度，即信号带宽而达到对信号更高的分辨力。

1.4.2.3 MIOIMS 系统

对一维信号的电子测量系统［图 1-19（a）］而言，对信息容量与精度之间的关系容易理解，但对"空间"的概念似乎有点牵强。实际上，一维是"空间"的特例，但在"多输入、多输出和多干扰测量系统（Multiple Input, Multiple output and Multiple Interference Measurement System，MIOIMS）"中，"空间"就成为自然而然的事情。

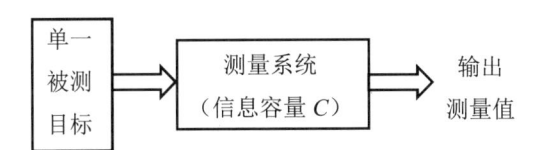

（a）一维信号的单模式电子测量系统

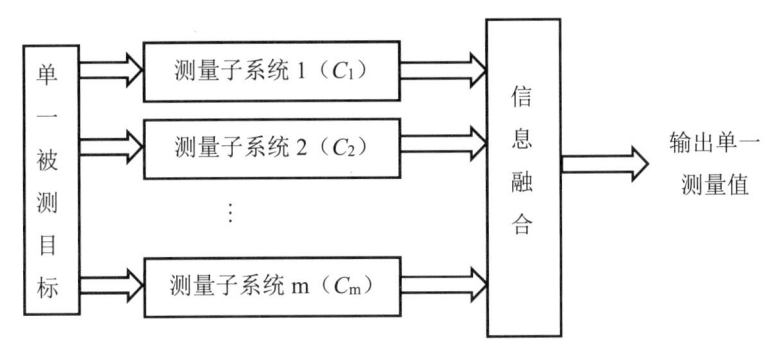

（b）一维信号的多模式电子测量系统

（c）多维（个）信号的电子测量系统

图 1-19　电子测量（数据采集）系统

（1）一维信号的电子测量系统的信息空间

由式（1-34）和（1-35）可以计算一维信号的电子测量系统的信息空间，也就是可以评估系统的测量精度。

（2）一维信号的多模式电子测量系统的信息空间

图 1-19（b）所示的测量系统：

①测量子系统的信息容量基本相等，则总的信息空间 C 为

$$C = B\log_2 m(1 + S/N) \tag{1-36}$$

式中，为子系统的数量，每一个子系统的信息空间为

$$C_1 = C_2 = \cdots = C_m = B\log_2(1 + S/N) \tag{1-37}$$

式（1-37）可以改写为

$$C = B\log_2 m(1 + S/N)$$
$$= B[\log_2 m + \log_2(1 + S/N)] \qquad (1-38)$$

当 $m = 1, 2, 4$（个等精度子系统并联）时，相应的 $\log_2 1 = 0$，意味着一个子系统没有增加任何信息空间，图 1-19（a）所示的测量系统等同；$\log_2 2 = 1$，意味着 2 个并联的子系统增加了信息空间，$\log_2 4 = 2$，意味着个 4 个子系统的并联增加 1 倍的信息空间。这些结果与"平均"的效果相同。

②测量子系统的信息容量不相等，则总的信息空间 C

$$C_{\text{total}} = \sqrt{\sum_{i=1}^{m} C_i^2} \qquad (1-39)$$

(3) 多维（个）信号的电子测量系统

图 1-19（c）所示的测量系统的信息空间为 C，但需要在多个被测目标中分配。

如果 m 个被测目标平均分配，假定为：

$$C_1 = C_2 = \cdots = C_m = C/m \qquad (1-40)$$

但实际情况并没有这么简单，因此，这里的讨论仅仅给出方向性的概貌结果。

(4) 实际系统中的随机误差和系统误差的影响

任何一个电子测量系统均难以避免地存在随机误差，但香农定律本身把随机误差放在核心位置。换言之，应用香农定律分析问题时，必须对系统中的随机误差有比较明确的掌握。但香农定律并没有考虑系统误差的影响。

如果把系统误差的"来源"也作为"被测目标"，那么，系统误差的来源也要"瓜分"系统的信息容量。

①如果通过固定的方式消除系统误差对信息容量的占用，或者说提高了信息容量，这是提高电子测量系统精度的最有力的方法。

②通过补偿和修正的方法抑制系统误差，虽然也可以提高测量精度，但这要以损失部分信息容量为代价，也是一种"不得已"的办法。

③控制系统误差的来源，在不同系统误差的来源的幅值或状态下进行测量，可以最大限度地消除系统误差且使得系统的信息容量不受损失。

④增加不同维度、模式的测量子系统，既增加了信息容量，又利用各个子系统对某些系统误差的不相关性，最大限度地抑制系统误差。

1.5 医学诊断与医学研究中的测量

通过前面的讨论，我们可以认为"测量就是科学"！同样，在医学上可以认为"测量就是诊断"！

测量可以为临床诊断提供各种医学信息：心电图、血压和体温等各种生理信息，血液成分、尿液成分、呼吸气体成分等化学信息，X 光图像、B 超、MRI（磁共振成像）和 PET-CT 图像等图像信息，各种微生物和病毒的存在与否和数量多少的信息，以及基因等生物信息。

同样，医学基础研究也必须依靠这些信息。

在家庭健康、慢病管理、个人健康管理、运动保健等同样需要这些信息。

获取这些信息只能依靠传感器及由其构成的测量装置、仪器或系统。

设计医学测量电子仪器，首先是了解被测信号的频率、幅值、信号源内阻及信号的特点，以便确定信号检测所需的增益和频带及其他对测量系统的要求。

然后是了解检测时所存在的干扰，即频率、幅值、来源与干扰方式及其他特点。在设计医学测量电子仪器时了解该测量可能存在的干扰的重要性一点儿也不亚于对被测信号的了解。可以说，不了解被测信号或其测量过程可能伴随的干扰就不可能设计出具有实用价值的医学测量电子仪器。

有了对被测信号或其测量过程可能伴随的干扰的充分了解，在设计相应的电路时要最先打击最大的敌人——幅值最大的干扰。

抑制干扰有各种各样的方法：纯电路的方法，如滤波、提高共模抑制比等；也有一些非电路的方法，如屏蔽；还有一些结合电路与非电路的方法，如隔离、光电耦合和屏蔽驱动；再有一些比较特殊的方法，如调制/解调、斩波/稳零。此外还有数字滤波的方法。

各种抑制干扰的技术（电路）措施都有其优势的地方，但也会有其短处。

不能孤立地应用一种抑制干扰的方法，而是要与多种方法相配合；也不能走向另外一个极端——仅仅考虑抑制干扰的方法，也需要从整体上考虑。

生物医学信号处理包含两种类型：

第一，模拟信号处理。

在生物医学信息（信号）测量系统（图 1-20）中，模拟/数字转换器之前的电路部分均属于模拟信号处理。模拟信号处理的作用：

保证获得足够高精度的数字信号（模拟/数字转换器的输出）；

保证获得足够高采样率的数字信号，也就是满足动态信号的采集要求和足够高的信息量（由香农定律所确定）。

一般情况下，不得有非线性失真。

获取高质量数字信号是实现高精度、高质量生物医学信号测量的必要前提，模拟信号处理（包括信息传感）的重要性就在于此！

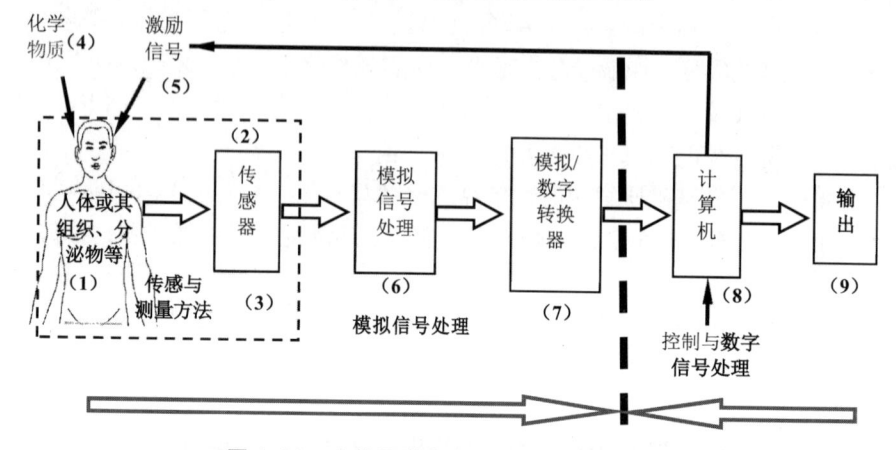

图 1-20 生物医学信息（信号）测量系统

在图 1-20 中，各个部分的作用与功能简述如下（序号与图中的序号相对应）：

（1）人体或其组织、成分、分泌物、基因、携带的微生物等都是生物医学信息（信号）测量系统的测量对象。

（2）除少数医学信息（信号），如身高和心电等生物电外，均需要合适的传感器把被测信号转换电信号，如体温、血压等。还有一些信号需要通过一次或多次转换和计算才能得到目标参数，如血氧饱和度。动脉血液中含氧血红蛋白和还原血红蛋白的含量不同影响透射光的吸光度，进而影响两个或以上波长的光电容积脉搏波（PPG）的幅度，通过两个或以上波长的 PPG 的交直流分量可计算得到被测者的血氧饱和度值。

（3）被测对象与传感器总是要结合起来进行统筹考虑与设计，这就是"传感与测量方法"。其中要点如下：

A. 针对被测对象选取合适的传感器，如体温测量可以选择热敏电阻、热电偶、红外测温等；

B. 选择传感方法或传感器要尽可能做到对人体无伤害或少伤害；

C. 在保证一定的精度和可靠性的条件下，也要注意使用的舒适性和便

捷性;

　　D. 测量方法最能体现创新性,如测量到以往所测量不到的信息,比以往的测量精度更高,同样精度情况下比以往更快、成本更低、更方便。

　　(4) 有些测量需要向人体注射一些化学物质,特别是一些图像的获取需要注射显影剂、增强剂以得到更清晰的图像。

　　(5) 需要向人体注入某种能量的生物医学信息(信号)测量系统更为常见:医用诊断 x 光机和 CT 机需要 X 光源,生物阻抗成像需要施加恒流电流、PPG 需要激励光……激励信号的施加要尽可能做到对人体无伤害或少伤害,避免或降低被测试者的不适。

　　(6) 除前面已经说明"模拟信号处理"的功能和作用外,从系统来看,模拟信号处理电路还需要完成与传感器的接口和驱动模拟/数字转换器,这两点也是模拟信号处理电路中极其重要的环节。

　　(7) 由于现代生物医学信息(信号)测量系统无一不采用计算机(微控制器或嵌入式系统)来控制核心和完成数字信号处理,因此需要把模拟信号转变为数字信号,完成这一功能的就是模拟/数字转换器(Analog to digital converter,ADC)。选择 ADC 的主要参数为:

　　A. 转换位数 n(动态范围 2^n)。注意,不是精度,但是依据精度来选择 ADC 的转换位数。

　　B. 精度,通常用最低有效位(Least Significant Bit,LSB)来表示。

　　C.(最高)采样速度,采用单位是 SPS(Sample Per Second),或 kSPS(kilo SPS)、MSPS(mega SPS)、GSPS(giga SPS)。依据奈奎斯特定律和信号与可能混入的噪声的最大频率来选择。

　　(8) 计算机是生物医学信息(信号)测量系统的核心,完成控制和数字信号处理等功能,一般选用微控制器或嵌入式系统。其选择依据主要是计算(数字信号处理)能力和控制能力。很多情况下还要考虑其功耗、片上外设(如搭载 ADC 等)性能。

　　(9) 输出功能包括通信、显示等。

　　第二,数字信号处理。

　　数字信号处理具有很多模拟信号处理难以比拟的优越性:

　　A. 精度高。在模拟系统的电路中,元器件精度要达到 10^{-3} 以上已经不容易了,而数字系统 17 位字长可以达到 10^{-5} 的精度,这是很平常的。

　　B. 灵活性强。数字信号处理系统的性能取决于运算程序和设计好的参数,这些均存储在数字系统中,只要改变运算程序或参数,即可改变系统的特性，比改变模拟系统方便得多。

C. 可以实现模拟系统很难达到的指标或特性。例如，数字滤波可以实现严格的线性相位；数据压缩方法可以大大地减少信息传输中的信道容量。

D. 可以进行自适应处理，这是模拟信号处理难以实现的。

E. 可以进行十分复杂的计算和特征提取，这也是模拟信号处理不能实现的。

早期数字信号处理存在一些缺点：增加了系统的复杂性，它需要模拟接口及比较复杂的数字系统；应用的频率范围受到限制，主要受 ADC 的采样频率的限制；系统的功率消耗比较大。但这些缺点基本上都已被克服或降到可以忽略的地步。

1.6 电子测量系统的设计

设计电子测量系统需要从以下几个方面考虑，经常需要反复"迭代"，不可能一蹴而就地完成设计。越是高性能系统的设计，越需要反复迭代、反复验证。

1.6.1 分辨率与精度

精度是电子测量系统最重要的性能指标，根据应用需求确定系统的精度，并给予足够的"裕量"，视系统的重要性、难易程度等确定预期的设计精度。

分辨率不够高，肯定做不到预定的精度，因此，系统的设计分辨率应该高于精度的 3~5 倍，甚至更高。

现代的电子测量系统无一例外地采用 ADC，因此，可根据分辨率和精度要求（通常用十进制数给出）转换成对 ADC 的要求（通常为二进制，用二进制位数 n 表示）并向上圆整。

由 ADC 的模拟输入范围确定模拟信号处理电路的输出，需注意：

（1）靠近 ADC 的最大和最小输入范围容易出现非线性失真。

（2）输入模拟信号比较大的值的精度高。

（3）如果输入模拟信号最大不超过 ADC 满量程输入范围，将会损失 1 位的精度。

（4）对可靠性而言，接近 ADC 满量程输入范围有可能因干扰或信号突变而超出 ADC 的输入范围，因而产生严重的、不可补救的非线性失真。

1.6.2 带宽

因白噪声（电阻热噪声）具有无限带宽，而信号一定是有限带宽的，保证模拟信号处理电路的合适带宽可获得最高信噪比（SNR，信号对白噪声）。更复杂的是：

（1）常常需要仔细平衡。信号并没有确定无疑的"带宽"，如心电（ECG）信号中的低频的信号会影响 ST 段（诊断心肌缺血与否及程度）和 QRS 波（判断切迹、心室晚电位的波形，心室晚电位可能高达 1000Hz 或以上）。又如脑电（EEG），诱发电位（Evoked Potentials, Eps）的测量可能高达上千赫兹。

（2）在采用"过采样"技术时，白噪声为"好"的噪声，没有白噪声时"过采样"技术不会有预期的结果。

1.6.3 抗干扰

抗干扰的设计分为两个方面：

系统内部，各个电路、部件之间的干扰。

系统外部，应用场合可能存在的干扰源。

1.6.4 系统各环节的安排

系统通常由放大、滤波和某些变换环节构成。

放大环节：一般每级放大器的电压增益为几倍到几十倍，极少有超过 100 倍的情况，其原因是要保证放大器有足够的"深度负反馈"。电压增益太大也容易导致：

①增益不准；

②系统稳定性差；

③在有干扰的情况下放大器容易进入"非线性"。

滤波环节：滤波环节的最关键的作用是在保证系统足够增益的情况下避免电路进入非线性。

①电路一旦进入非线性，就不可能恢复正常的信号；

②在数字化的时代，并不要求在模拟信号处理电路里将噪声（干扰）抑制"干净"，数字滤波比模拟滤波有很多的优势，前提是采集到的信号没有非线性失真。

其他环节主要有：

①如电平平移电路，通常放在电路后级；

②过压保护电路，幅值过大的信号损坏电路通常放在前置放大级或 ADC 前；

③ADC 驱动电路，通常放在最后、ADC 前面。

1.6.5 其他

电子测量系统的设计需要缜密地考虑方方面面，缺一不可。主要方面如下。

供电：直流 vs 交流，线下电源 vs 开关电源，大功率、小功率或微功率，系统内部的供电有几种电压，等等。

成本：科研探索用电子测量系统可能"不计成本"，大批量民用产品就得"斤斤计较"地讲究成本。

体积：台式、便携式或穿戴式，体积的大小往往决定了系统的设计理念和设计方式。

可靠性：这也是一个设计必须考虑清楚的地方，可能决定了设计的成败和有无巨大损失的风险。

伦理和法律：这也是必不可少考虑的地方，限于篇幅不在此展开。

关于课程思政的思考：

习近平总书记指出："质量是人类生产生活的重要保障。人类社会发展历程中，每一次质量领域变革创新都促进了生产技术进步、增进了人民生活品质。"

第 2 章 器件参数、电路参数、仪表与测量

2.1 引言

设计电路，首当其冲的是选择元器件，因此，需要掌握元器件的性能。介绍元器件性能的书籍有不少，很多厂商也会提供丰富、充分的器件参数，然而本教材的篇幅有限，只能选择运算放大器及其少数几个关键的参数，从设计和测试的角度说明其意义和价值。

模拟信号处理电路的参数测量也是掌握电子学的重要能力之一，一方面需要通过参数测量来证明电路的性能和所需要的改进；另一方面，掌握参数测量是进一步理解电子学的必要前提。

现实的仪器，如万用表、示波器等也不像仿真软件中的"仪器"那样具有理想的性能：近乎于无限的精度和速度（带宽），没有任何负载效应和近乎无穷大的驱动能力。一台实际仪器的性能局限包括：精度有限、一定的响应频率、测量较极端的电路时还有明显的负载效应，以及信号发生器的输出能力很有限，等等。实际仪器的有限性能并不意味我们不能作为，而恰恰相反，设计巧妙的测试方法，可以避开实际仪器的不足，实现所需要的测量。可以说，测量是体现"创新"的一种最重要的形式，在科学史上是最常见、体现科学标志性成果的"形式"。通过揣摩巧妙的测量方法并举一反三，可以极大地提高创新能力。

2.2 运算放大器及其参数

放大器是任何一台现代测量仪器不可缺少的基本电路。越灵敏的仪器，越需要高增益、高性能的放大器。根据实际仪器的功能和要求的不同，对放大器也有这样或那样的性能要求，如增益的高低、频带的宽窄、输入阻抗的高低，等等。放大器的种类很多，如非线性放大器、程控放大器、差动放大器、微功耗放大器、轨—轨放大器……所以，放大器的种类不胜举。往常，

通用运算放大器是设计工程师们的"万金油"。不管什么样的放大器都用通用运算放大器来设计。虽然通用运算放大器具有高性能、低价位、应用面宽的特点，但可以说，最适合应用于某种场合的放大器一般都不是通用运算放大器，而是某些有特色的运算放大器或专门设计的放大器芯片。

即使是运算放大器，也有很多种类可供选择使用：低噪声放大器；高速放大器；高频放大器；高输入阻抗放大器；精密放大器；低功耗与微功耗放大器；大功率放大器；低电流噪声、低偏置电流放大器；电源正负限输入输出放大器；双运算放大器；四运算放大器，等等。

要选用合适的放大器，应对放大器的主要参数有所了解。因此，在介绍放大器之前，先讨论集成运算放大器的主要参数，只有掌握了运算放大器的参数，才有可能根据实际应用的具体要求，设计出合理可行的放大器。

集成运算放大器的参数名目繁多，各生产厂商所给出的参数种类也可能有所不同，但其中包括了一些最基本的参数。下面我们仅就这些基本参数作一介绍，其中包括直流特性参数和交流特性参数。

2.2.1 集成运算放大器的主要直流参数

2.2.1.1 输入失调电压 V_{IO}

集成运算放大器输出直流电压为零时，在输入端所加的补偿电压被称为输入失调电压。

输入失调电压一般是 mV 数量级。采用双极型晶体管作为输入级的运算放大器，其 V_{IO} 为±（1～10）mV。采用场效应管作为输入级的运放，其 V_{IO} 大得多；而对于高精度、低漂移类型的运算放大器，V_{IO} 一般低至±0.5mV。最新型的高精度、低漂移运放，V_{IO} 只有几微伏，甚至更低。

对某一型号的运放，参数手册给出该型号运放的最大输入失调电压 V_{IO} 值；而对该型号的某枚器件而言，其 V_{IO} 必定小于手册给定值，且为某个相对固定的值。在设计直流信号前置放大器时，V_{IO} 就是可能的误差。在设计高精度前置放大器时，应该选择低 V_{IO} 的运算放大器和设计相应调零电路。调零电路可利用运算放大器本身的调零端来实现，在某些场合，也可以与传感器的调零一并考虑。图 2-1 给出了上述两种调零电路的实例。

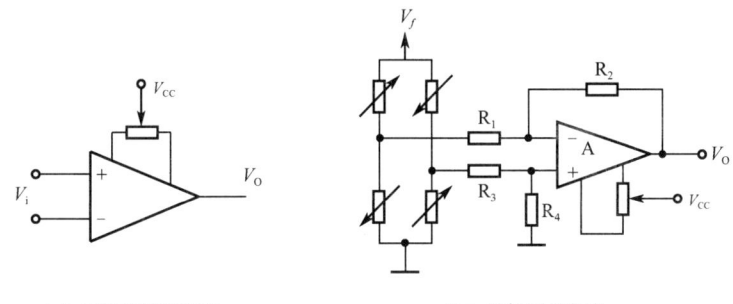

(a)运放的调零电路　　　　　　(b)整体调零电路

图 2-1　两种调零电路的实例

2.2.1.2　输入失调电压的温度系数 αV_{IO}

在一确定的温度变化范围内，失调电压的变化与温度变化的比值定义为输入失调电压的温度系数。一般可采用下式来表示：

$$aV_{IO} = \frac{\Delta V_{IO}}{\Delta T} = \frac{V_{IO}(T_2) - V_{IO}(T_1)}{\Delta T} \qquad (2-1)$$

式中，$V_{IO}(T_1)$ 为 T_1 温度时的输入失调电压；$V_{IO}(T_2)$ 为 T_2 温度时的输入失调电压。

有时输入失调电压随温度变化并非呈现单调性，因此，可采用下式来计算平均温度系数：

$$aV_{IO} = \frac{V_{IOMAX} - V_{IOMIN}}{\Delta T} \qquad (2-2)$$

式中，V_{IOMAX} 为 $T_1 \sim T_2$ 温度范围内最大的输入失调电压；

V_{IOMIN} 为 $T_1 \sim T_2$ 温度范围内最小的输入失调电压。

一般运算放大器的输入失调电压的温度系数约为±（10—20）μV/℃；而高精度、低漂移运算放大器的温度系数在±1μV/℃以下。

一般说来，输入失调电压 V_{IO} 大的器件，其输入失调电压的温度系数 αV_{IO} 也大。但输入失调电压的温度系数 αV_{IO} 与输入失调电压 V_{IO} 不同，输入失调电压 V_{IO} 通过使用调零电路可以基本消除，而输入失调电压的温度系数 αV_{IO} 对电路精度的影响是简单的电路设计难以消除的，或者代价太大。

由上述可知，由于输入失调电压、输入失调电流及输入偏流均为温度的函数，所以产品手册中均应注明这些参数的测试温度。此外，需要指出的是，上述各参数均与电源电压及运算放大器输入端所加的共模电压值有关。手册中的参数一般是指在标准电源电压值及零共模输入电压条件下的测试值。因而在设计高精度直流或缓变信号前置放大器时,必须选择输入失调电压的温度系数αV_{IO}在工作范围内对精度的影响小于应用要求的器件,或者是采用斩波稳零等形式的电路。

2.2.1.3 输入偏置电流 I_{IB}

当运算放大器(简称运放)的输出直流电压为零时,其两输入端偏置电流的平均值定义为输入偏置电流。两输入端的偏置电流分别记为 I_{IB1} 与 I_{IB2},而 I_{IB} 表示为

$$I_{IB} = \frac{I_{IB1} + I_{IB2}}{2} \tag{2-3}$$

对于双极型晶体管输入的运算放大器,其 I_{IB} 为 10nA~1μA;对于场效应晶体管输入的运算放大器,I_{IB} 一般小于 1nA。

值得指出的是:

(1)运放的输入偏置电流 I_{IB} 是不可消除的,即使是同相放大器或跟随器的输入端也必须有提供输入偏置电流 I_{IB} 的通路(如图 2-2)。

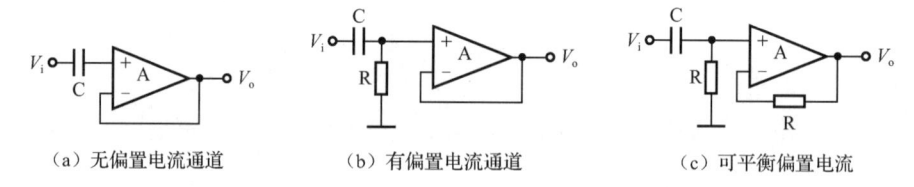

(a) 无偏置电流通道　　(b) 有偏置电流通道　　(c) 可平衡偏置电流

图 2-2　设计放大器时对输入偏置电流 I_{IB} 的考虑

(2)在设计高精度直流放大器或选用具有较大的输入偏置电流 I_{IB} 的运放时,必须使运放两输入端的直流通道电阻相等。

关于图 2-2 的说明:(a)由于运放正输入端没有直流通道,不能为运放提供偏置电流,所以电路不能正常工作。(b)由于电阻 R 能够为运放提供偏置电流,所以电路能够工作,但由于输入偏置电流在电阻 R 上产生明显的压降,从而影响电路的精度。(c)在运放的负输入端加上一个平衡电阻,可以使运放两个输入端由偏置电流在两电阻上产生的压降相等,从而消除偏置电流的影响。

2.2.1.4 输入失调电流 I_{IO}

输入失调电流 I_{IO} 是指,当运算=-放大器输出直流电压为零时,两输入端偏置电流的差值,即

$$I_{IO} = I_{IO1} - I_{IO2} \tag{2-4}$$

一般说来,运算放大器的偏置电流越大,其输入失调电流也越大。

输入失调电流 I_{IO} 与输入失调电压 V_{IO} 都是由运放两差动输入级的不均匀所引起的。输入失调电流 I_{IO} 所产生的误差是通过两输入端来实现的，但与输入失调电压 V_{IO} 一样，大部分可以通过调零电路来消除。实际上，可采用一个调零电路来消除输入失调电流 I_{IO} 和输入失调电压 V_{IO} 的影响。对直流前置放大器和高精度传感器，可采用同一调零电路消除输入失调电流 I_{IO} 与输入失调电压 V_{IO} 及传感器的零点误差。

输入偏置电流和输入失调电流的温度系数，分别用 αI_{IB} 和 αI_{IO} 来表示。

由上述介绍可知，由于输入失调电压、输入失调电流及输入偏流均为温度的函数，所以产品手册中均应注明这些参数的测试温度。此外，需要指出的是，上述各参数均与电源电压及运算放大器输入端所加的共模电压值有关。手册中的参数一般是指在标准电源电压值及零共模输入电压条件下的测试值。因而在设计高精度直流或缓变信号前置放大器时，必须选择输入失调电压的温度系数 αV_{IO}、输入偏置电流的温度系数 αI_{IB} 和输入失调电流的温度系数 αI_{IO} 在工作范围内对精度的影响小于应用要求的器件，或者是采用斩波稳零等形式的电路。

2.2.1.5 差模开环直流电压增益 A_{VD}

当运算放大器工作于线性区域时，在差模电压输入后，其输出电压变化量 ΔV_O 与差模输入电压变化 ΔV_I 的比值，称为差模开环电压增益，即

$$A_{VD} = \frac{\Delta V_O}{\Delta V_I} \tag{2-5}$$

若差模开环电压增益以分贝（dB）为单位，则可用下式表示：

$$A_{VD} = 20 \lg \frac{\Delta V_O}{\Delta V_I} (\text{dB}) \tag{2-6}$$

实际运算放大器的差模开环电压增益是频率的函数，所以手册中的差模开环增益均指直流（或低频）开环电压增益。目前，大多数集成运算放大器的直流差模开环电压增益均大于 10^4 倍以上。

要注意一枚实际的运算放大器的开环增益是十分有限的，不可能是"理想的"。在设计高精度电路时千万不要忽视这一点。为给读者一个具体的印象，我们计算一个同相放大器的增益。假设 $R_1=1k$，$R_2=99k$，则按照理想的运算放大器来计算该同相放大器的增益，得出 $A_f=100$。但实际上，考虑运算放大器不是理想的，其增益为有限值，假定选用的运放的增益 A 为 80dB，电路的反馈深度 $F=1/100$。根据负反馈放大器的增益计算公式可以得到该同相放大器的实际增益为：

$$A_f = A/(1+AF)$$
$$= 10^4/(1+10^4/100)$$
$$= 99.01$$

由此可见：

（1）一枚实际运算放大器不可能是"理想的"，设计高精度放大器时必须考虑其有限的参数值对电路精度的影响；采用准确的参数和精确的公式来计算并经过实验来确定或设计适当的调整环节。

（2）所谓高精度运放，其开环增益必定要高。所以，设计高精度放大器，应该选用高精度运放。

2.2.1.6 共模抑制比 K_{CMR}

运算放大器工作于线性区时，其差模电压增益 A_{VD} 与共模电压增益 A_{VC} 之比称为共模抑制比，即

$$K_{CMR} = \frac{A_{VD}}{A_{VC}} \qquad (2-7)$$

此处的共模电压增益是输入共模信号（运算放大器两输入端所加的共有信号）输入时，运算放大器输出电压的变化与输入电压变化的比值。

若以分贝为单位时，K_{CMR} 由下式表示：

$$K_{CMR} = 20 \lg \frac{A_{VD}}{A_{VC}} \text{(dB)} \qquad (2-8)$$

与差模开环电压增益相类似，K_{CMR} 也是频率的函数。手册中给出的参数均指直流（或低频）时的 K_{CMR}。大多数集成运算放大器的 K_{CMR} 值在 80dB 以上。

同样，理想运放的 K_{CMR} 值也应该是无穷大的，但一枚实际的普通运放的 K_{CMR} 值却十分有限。假定某一枚运放的 K_{CMR} 值和开环差模电压增益 A_{VD} 都是 80dB，则由式（2-7）可计算得到其共模电压增益 $A_{VC}=1$，同样以同相放大器为例，假设 $R_1=1k$，$R_2=99k$，$V_i=1mV$，则采用理想运放构成的同相放大器的计算公式来计算电路的输出，得出 $V_o=100mV$。但是，如果考虑运放的 K_{CMR} 值为有限值，其对输出的影响（误差）计算如下：

对运放不难得出：$V_- \approx V_+ = V_i = 1mV$

所以，运放的共模输入：$V_{iC} = (V_- + V_+)/2 = 1mV$

运放输出中的共模分量：$V_{oC} = A_{VC} \times V_{iC} = 1mV$

因此，输出信号中有 1% 的误差。

由此可见，在设计高精度电路时应选用高共模抑制比的运放。

2.2.1.7 电源电压抑制比 K_{SVR}

运算放大器工作于线性区时,输入失调电压随电源电压改变的变化率称为电源电压抑制比。用公式表示时为

$$K_{SVR} = \frac{\frac{\Delta V_S}{A_{VD}}}{\Delta V_S} = \frac{\Delta V_O}{A_{VD} \cdot \Delta V_S} \tag{2-9}$$

式中,A_{VD} 为运算放大器开环差模电压增益;ΔV_O 为电源电压变化时对应的输出电压变化;ΔV_S 为电源电压的变化。

有时也可以用下式表示电源电压抑制比(以 dB 为单位),即

$$K_{SVR} = 20 \lg \frac{\Delta V_O}{A_{VD} \cdot \Delta V_S} \tag{2-10}$$

一般来说,提高运算放大器的共模抑制特性也有利于提高它的电源电压抑制比。需要说明的是,对于有些运算放大器,其正负电源电压抑制比并不相同,使用时应注意。

2.2.1.8 输出峰—峰电压 V_{OPP}

它是指在特定的负载条件下,运算放大器能输出的最大电压幅度。正、负向的电压摆幅往往并不相同。目前大多数运算放大器的正、负电压摆幅均大于 10V。

应该特别指出的是,在低电源电压工作的运放输出范围不仅要低于手册中给出的输出峰—峰电压 V_{OPP},也要比电源电压低很多。对双极性的器件,在无负载的情况下,运放的输出范围在 V_{ss}+0.1V 至 V_{cc}-1.4V 之间。比如,四运放 LM324 在+5V 的单电源工作时,其最大输出范围(无负载的情况下)仅为 0.1V~3.6V。如果有较重的负载(较小的负载电阻),其输出范围还会显著减小。

新型的轨—轨运算放大器的输出摆幅能接近电源电压。

2.2.1.9 最大共模输入电压 V_{ICM}

当运算放大器的共模抑制特性显著变坏时的共模输入电压即为最大电压幅度。有时将共模抑制比(在规定的共模输入电压下)下降 6dB 时所加的共模输入电压值,作为最大共模输入电压。

2.2.1.10 最大差模输入电压 V_{IDM}

它是运算放大器两输入端所允许加的最大电压差。当差模输入电压超过此电压值时,运算放大器输入级的输入晶体管对应的结(如双极性晶体管的发射结)将被反向击穿,损坏运放。

与最大共模输入电压 V_{ICM} 不同,最大差模输入电压 V_{IDM} 是一个极限指标,一旦运放输入端接收到的信号超出最大差模输入电压 V_{IDM},将导致器件的损坏。因此,必须在设计中保证运放不会承受超出最大差模输入电压,或者采取适当的保护措施。

2.2.2 集成运算放大器的主要交流参数

2.2.2.1 开环带宽 SW

运算放大器的开环电压增益值从直流增益下降 3dB(或直流增益的 0.707 倍)所对应的信号频率称为开环带宽。

普通运放的开环带宽 SW 只有几千赫兹至几十千赫兹,如果要处理较高频率的信号,一定要选用开环带宽 SW 值较大的运放。

2.2.2.2 单位增益带宽 GB

它是指运算放大器在闭环增益为 1 的状态下,使用正弦小信号驱动时,其闭环增益下降至 0.707 时的频率。

在运算放大器应用中,上述两个频率参数中的单位增益带宽参数显得更为重要。当运算放大器的频率特性具有单极点响应时,其单位增益带宽可表示为

$$GB = A_{VD} \cdot f \qquad (2\text{-}11)$$

式中,A_{VD} 为当信号频率为 f 时的实际差模开环电压增益值。

当运算放大器具有多极点的频率响应时,其单位增益带宽与开环带宽没有直接关系,此时采用增益带宽乘积参数表示。运算放大器闭环工作时的频率响应主要取决于单位增益带宽。

还应注意的是,这两个频率参数均指向运算放大器小信号工作。如果工作在大信号时,其输入级将工作于非线性区,这时运算放大器的频率特性将会发生明显变化。下面三个参数均用来描述运算放大器大信号工作的频率特性。

2.2.2.3 转换速率(有时也称为压摆率)SR

在额定的负载条件下,当输入阶跃大信号时,运算放大器输出电压的最大变化率为转换速率。此参数的含义如图 2-3 所示。

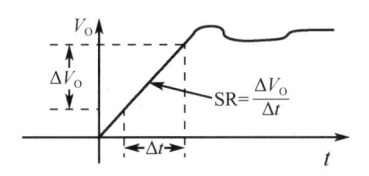

图 2-3 压摆率 SR 的定义

通常，产品手册中所给出的转换速率均指闭环增益为 1 时的值。实际上，在转换期内，运算放大器的输入级是处于开关工作状态，所以运算放大器的反馈回路不起作用，即运算放大器的转换速率与其闭环作用无关。运算放大器反相运用与同相运用时的转换速率一般是不一样的，其输出波形的前沿及后沿的转换速率也不相同。普通运算放大器的转换速率约在 1V/μS。

在设计后级、具有阶跃形式的信号放大、驱动电路时，必须考虑运放的压摆率。

2.2.2.4 全功率带宽 BW_P

在额定负载条件下，运算放大器闭环增益为 1 时，输入正弦信号，使运算放大器输出电压幅度达到最大（在一定的失真度条件下）的信号频率，即为功率带宽。此频率将受到运算放大器转换速率的限制。一般可用下述的近似公式估计 SR 与 BW_P 之间的关系：

$$BW_P = \frac{SR}{2\pi V_{OP}} \qquad (2-12)$$

式中，V_{OP} 为运算放大器输出的峰值电压。

该指标也是用于设计后级或驱动电路时选择运放的关键指标。

2.2.2.5 建立时间 t_s

运算放大器闭环增益为 1 时，在一定的负载条件下当输入阶跃信号后，运算放大器输出电压达到某一特定范围内所需要的时间 t_s 为建立时间。此处所指的特定值范围与稳定值之间的误差区，称为误差带，用 2ε 表示，如图 2-4 所示。此误差带可用误差电压相对于稳定值的百分数（也称为精度）表示。建立时间的长短与精度要求直接相关，精度要求越高，建立时间越长。在 0.1% 精度要求下，高速运算放大器的建立时间约为数百毫微秒。

在设计大信号或阶跃信号的放大、处理电路时，选择运放应该考虑其建立时间。

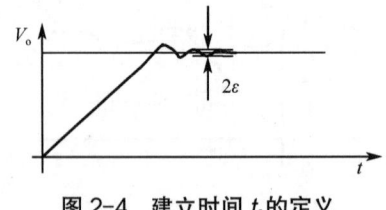

图 2-4　建立时间 t_s 的定义

2.2.2.6　等效输入噪声电压 E_N

屏蔽良好的、无信号输入的运算放大器，在其输出端产生的任何交流无规则的干扰电压，称为电路的输出噪声电压。此噪声电压换算到输入端时就被称为输入噪声电压（有时也以噪声电流来表示）。就宽带噪声来讲，普通运算放大器的输入噪声电压有效值为 10～20μV。

常规的放大器所能检测的信号不可能小于其等效输入噪声电压 E_N。因此，如果要检测微弱的信号，要么选用等效输入噪声电压 E_N 显著小于欲检测的最小信号的运放，要么采用锁相放大等特殊的电路设计方法和数字信号处理的方法。

2.2.2.7　差模输入阻抗 R_{ID}

它有时也被称为输入阻抗，是指运算放大器工作在线性区时，两输入端的电压变化量与对应的输入端电流变化量之比。输入阻抗包括输入电阻和输入电容，在低频时仅指输入电阻 R_{ID}。一般产品参数表中给出的数据均指输入电阻。

采用双极型晶体管作输入级的运算放大器，其输入电阻在几十千欧至几兆欧范围内变化；而场效应晶体管输入级的运算放大器，其输入电阻通常大于 $10^9\Omega$。运算放大器若为单端输入时，单端输入阻抗记为 Z_{IS}。

应该注意区别差模输入阻抗 Z_{ID} 与输入偏置电流 I_{IB} 这两个参数。比如，对于一枚输入偏置电流为 1μA、差模输入电阻为 1MΩ 和开环增益为 10^4 的运放构成的跟随器，根据理论计算，跟随器的闭环输入电阻可达 $10^{10}\Omega$。该跟随器用于与具有 100MΩ 内阻的信号源接口似乎没有什么问题（见图 2-5），因为跟随器的闭环输入电阻（$10^{10}\Omega$）远大于信号源内阻（$10^8\Omega$），但实际上，由于运放的输入偏置电流为 1μA，理论上该电流在信号源内阻上产生的电压高达 100V。显然，该电路是不可能正常工作的。

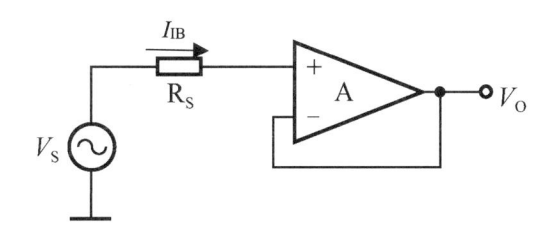

图 2-5 差模输入阻抗 Z_{ID} 与输入偏置电流 I_{IB} 的区别

2.2.2.8 共模输入阻抗 Z_{IC}

当运算放大器工作于共模信号时（即运算放大器两输入端输入同一信号），共模输入电压的变化量与对应的输入电流变化量之比，称为共模输入阻抗。在低频情况下，它表现为共模输入电阻 R_{IC}。

通常，运算放大器的共模输入电阻比差模输入电阻高得多，其典型值在 $10^8\Omega$ 以上。

2.2.2.9 输出阻抗 Z_O

当运算放大器工作于非线性区时，在其输出端加信号电压后，此电压变化量与对应的电流变化量之比，称为输出阻抗。在低频时，即为运算放大器的输出电阻。单端输出阻抗记为 Z_{OS}，双端输出阻抗记为 Z_{OD}。

通常，普通的运放输出电流小于 10mA 时处于线性工作状态，此时的输出阻抗极低，完全可以忽略其对负载的影响。但是，如果工作在非线性状态，运放的输出阻抗将对电路性能产生很大的影响。

运算放大器的参数有很多，但放大器类型的选择取决于最关键指标。例如，如果要为交流应用选择一种高输入阻抗的放大器，那么电压失调和漂移可能比偏置电流的重要性小得多，而它们与带宽相比，可能都不重要了。

运算放大器的两个极端性能是最高速度和最高精度。

高速运算放大器以转换速率高、建立时间短和频带宽为特征。快速建立时间对缓冲器、DAC 和多路转换器中的快速变化或切换模拟信号等应用是特别重要的。宽小信号频带在前置放大和处理宽频带交流小信号应用中是很重要的。高转换速率与快速建立时间相关，所以它对处理大幅度失真交流信号也是很重要的，因为大信号带宽与转换速率紧密相关。

最精密单片运算放大器具有如下特性：

（1）具有极低非调整失调电压、极低偏置电流、极低漂移、极高开环增益（作为积分器和高增益放大器具有的最高精度）和极高共模抑制比。

（2）低偏置电流和高输入阻抗。这类放大器使用具有高输入阻抗和低漏电电流的结型场效应晶体管（JFET）来处理测量小电流或高内阻的电路，其应用范围从通用的高阻抗电路到积分器、电流电压转换器和对数函数发生器，以及高输出阻抗传感器的测量电路，例如光电倍增管、火焰检测器、pH 计和辐射检测器等。

（3）高精度。由于低失调和漂移电压、低电压噪声、高开环增益和高共模抑制（CMR）而获高精度。此类放大器用于高精度仪器、低电平传感器接口电路、精密电压比较和阻抗变换等。

在许多应用中，要求运算放大器具有非常低的功耗或由单电源供电，主要包括：极低的功耗、高速度/功耗比、单电源和低偏置电流、电源正负限输入输出运算放大器。

放大器的基本形式有同相放大器、反相放大器和基本差动放大器。除此之外，本章还要介绍一种在仪器电路中经常用到的放大器，即具有高输入阻抗和高共模抑制比的差动放大器——仪器放大器。具有增益控制的放大器和隔离放大器也将在本章介绍。

2.2.3 若干特色运算放大器

运算放大器的种类繁多，因此，其参数也就千差万别，在应用选型时，不可能做到样样参数都是最好的，那样不仅价格昂贵，且不一定为设计所必需。但针对特定的应用需求，一定需要选择若干项参数，保证设计的电路或系统的主要性能。

本小节将介绍目前在一个或若干性能参数上具有最高水平的运算放大器。

2.2.3.1 精密、超低噪声、零点漂移单通道运算放大器 ADA4528-1/2

ADA4528-1/2 是超低噪声、零漂移运算放大器，具有轨对轨输入和输出摆动功能。由于偏移电压为 2.5 μV，偏移电压漂移为 0.015μV/°C，典型噪声为 97 nV$_{p-p}$（0.1 Hz 至 10 Hz，AV=+100），ADA4528-12 非常适合不能容忍误差源的应用。

ADA4528-12 具有 2.2 V 至 5.5 V 的宽工作电源范围、高增益及出色的 CMRR 和 PSRR 规格，非常适合需要精确放大低电平信号的应用，如位置和压力传感器、应变计和医疗仪器。

ADA4528-1/2 适用于扩展的工业温度范围为−40°C 至 125°C。ADA4528-1 和 ADA4528-2 有 8 引脚 MSOP 和 8 引脚 LFCSP 封装。

综上所述，ADA4528-1 主要特性如下：
- 超低失调电压和漂移；
- 无 $1/f$ 电压噪声；
- 超低电压噪声密度；
- 高共模抑制；
- 高电源抑制；
- 轨到轨输入和输出。

设计架构专门面向在直流或低频带宽中要求精确稳定性能的高增益精密信号调理应用。

（1）ADA4528-1 的斩波原理

一直以来，斩波放大器的基带噪声相当大，斩波频率较低，致使它只能用在 DC 和频率低于 100 Hz 的应用。针对具有更大可用带宽的斩波放大器的应用要求，ADA4528-1 是新近推出的斩波放大器，这是目前噪声最低的斩波放大器。ADA4528-1 运用了创新的斩波技术（采用自动校正反馈环路）且斩波频率比传统斩波放大器的斩波频率高 5 至 10 倍。

凭借 200 Hz 斩波频率和 5.6 nV/$\sqrt{Hz}$ 超低电压噪声密度，此突破性设计让 ADA4528-1 在无法使用传统斩波放大器的更宽带宽应用中赢得一席之地。此外，ADA4528-1 还具有 0.3 μV 失调电压、0.002 μV/°C 失调电压漂移、158 dB 共模抑制和 150 dB 电源抑制。这些规格适用于要求高增益放大低水平信号的应用和低噪声精密应用。此类应用包括精密电子秤、传感器前端、称重传感器和桥式传感器、热电偶传感器接口和医疗仪器。

（2）ADA4528-1 斩波器架构

ADA4528-1 内置创新专利技术，可抑制斩波放大器内的失调相关纹波。与在交流域对纹波进行滤波的其他斩波技术不同，这种技术在直流域消除放大器的初始失调。ADA4528-1 利用一个称为自动校正反馈（ACFB）的本地反馈环路来消除失调，从而防止总输出中出现纹波。图 2-6 所示为 ADA4528-1 放大器的功能框图。它由一条带自动校正反馈（ACFB）功能的高直流增益路径和一条高频前馈路径并联而成。高直流增益路径包括输入斩波开关网络（CHOP1）、第一跨导放大器（Gm1）、输出斩波开关网络（CHOP2）、第二和第三跨导放大器（Gm2 和 Gm3）。ACFB 环路包含第四跨导放大器（Gm4）、斩波开关网络（CHOP3）和开关电容陷波滤波器（NF）。最后高频前馈路径由第五跨导放大器（Gm5）所组成。所有斩波开关网络的斩波频率 f_{CHOP} 设计为在 200 kHz 下工作。

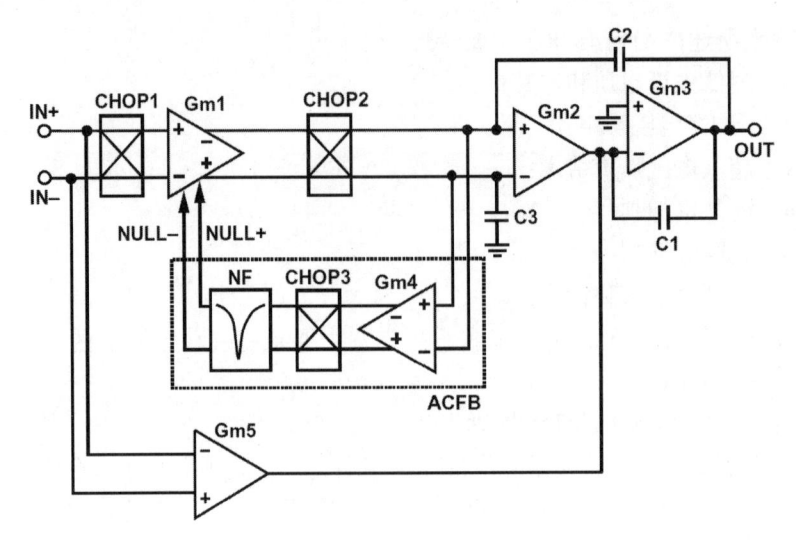

图 2-6 放大器功能框图

输入基带信号最初由 CHOP1 调制。接下来，CHOP2 解调输入信号并将 Gm1 的初始失调和 $1/f$ 噪声调制到斩波频率。

在 ACFB 环路内的 Gm4 检测 CHOP2 输出端的调制纹波。纹波由 CHOP3 解调至直流域，经过陷波滤波器后馈入 Gm1 的调零输入端（NULL+和 NULL−）。Gm1 继续消除初始失调和 $1/f$ 噪声，否则，它会作为调制纹波出现在总输出中。这样连续 ACFB 环路就抑制了调制波纹。

此外，CHOP3 在 CHOP2 的输出端调制所需基带信号至斩波频率。陷波滤波器和时钟频率同步，滤除斩波频率下的信号，因而也滤除了调制分量。因此，ACFB 环路有选择性地抑制不需要的失调电压和 $1/f$ 噪声，同时又不会干扰所需的输入基带信号。

高频前馈路径的作用是放大接近或高于斩波频率的任何高频输入信号，它还能旁路 ACFB 环路造成的相移。由此，ADA4528-1 具有标准−20 dB/10 倍增益滚降和 4 MHz 单位增益带宽（见图 2-7）。此高带宽允许高增益配置 ADA4528-1，以足够环路增益降低增益误差。

（3）噪声特性（$1/f$ 噪声）

$1/f$ 噪声（亦称为粉红噪声或闪烁噪声）是半导体器件的固有特性，随频率降低而提高。因此，它是直流或低频时的主要噪声。放大器的 $1/f$ 转折频率是指闪烁噪声与宽带噪声相等时的频率。图 2-8 所示为未采用零漂移技术的放大器示例，$1/f$ 转折频率为 800 Hz。对于直流或低频应用，$1/f$ 噪声是主要的噪声源，如果被电路噪声增益放大，它会产生显著的输出电压失调。

图 2-7 开环增益和相位与频率的关系

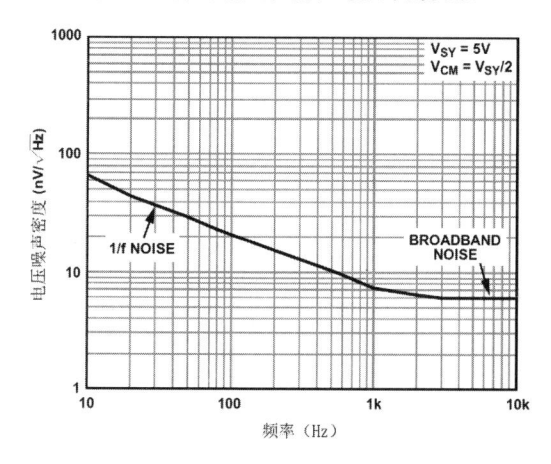

图 2-8 非零漂移放大器：电压噪声密度与频率的关系

但零漂移放大器不会出现 1/f 噪声。它们对电压噪声进行整形以消除 1/f 噪声。由于 1/f 噪声表现为缓慢变化的失调量，因此能被斩波技术有效消除。当噪声频率接近 DC 时，校正变得更加有效，噪声随着频率降低而指数式提高的倾向得以消除。图 2-9 所示为不具有 1/f 电压噪声的 ADA4528-1 的电压噪声密度。斩波技术导致 ADA4528-1 在电源电压 2.5 V 时 0.1 Hz 至 10 Hz 范围内电压噪声仅为 97 nV p-p，低频噪声低于易受 1/f 噪声影响的普通低噪声放大器。

宽带噪声和外部源电阻考虑因素 ADA4528-1 在 1 kHz（VSY = 2.5 V，AV = 100）时电压噪声密度为 $5.6\,nV/\sqrt{Hz}$，是目前业内噪声最低的零失调放大器。因此，必须考虑外部输入源电阻以保持系统的总体低噪声性能。在任何放大器设计中必须考虑的总等效输入噪声主要是三种噪声的函数：输入电压噪声、输入电流噪声及外部电阻的热（约翰逊）噪声。输入电压噪声和输入电流噪声通常在数据手册的电气规格部分说明。外部源电阻的热噪声可采用下列公式计算：

$$V_{RS} = \sqrt{4kTR_S} \qquad (2-13)$$

其中，k 为玻尔兹曼常数（$1.38 \times 10-23$ J/K）；T 为绝对温度（K）；R_S 为总输入源电阻（Ω）。

三个不相关噪声源可采用下列公式以和方根（r_{SS}）方式加总：

$$e_n \text{ total} = \sqrt{e_n^2 + 4kTR_S + (i_n \times R_S)^2} \qquad (2-14)$$

其中，e_n 为放大器的输入电压噪声（V/$\sqrt{Hz}$）；i_n 为放大器的输入电流噪声（A/$\sqrt{Hz}$）。特定带宽上的等效总均方根噪声表示为：

$$e_{n,RMS} = e_n \text{ total} \sqrt{BW} \qquad (2-15)$$

其中，BW 为带宽（单位 Hz）。

此分析适用于平带噪声计算。如果相关带宽包括斩波频率，则必须进行更复杂的计算，包括计算在斩波频率下的噪声频谱效应。

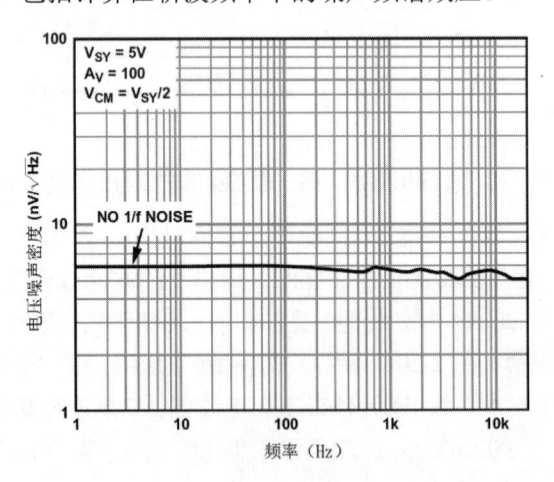

图 2-9 电压噪声密度与频率的关系

电压噪声密度有时取决于放大器增益配置。图 2-10 所示为重要竞争对手的零漂移放大器的电压噪声密度和闭环增益关系。放大器的电压噪声密度随着闭环增益从 1000 减少至 1，而从 11 nV/$\sqrt{Hz}$ 增加至 21 nV/$\sqrt{Hz}$。图 2-11 所示为三种不同增益配置 A_V 等于 1、10 和 100 时 ADA4528-1 的电压噪声密度和频率关系。不论增益配置如何，ADA4528-1 均提供 6 nV/$\sqrt{Hz}$ 至 7 nV/$\sqrt{Hz}$ 的恒定电压噪声密度。

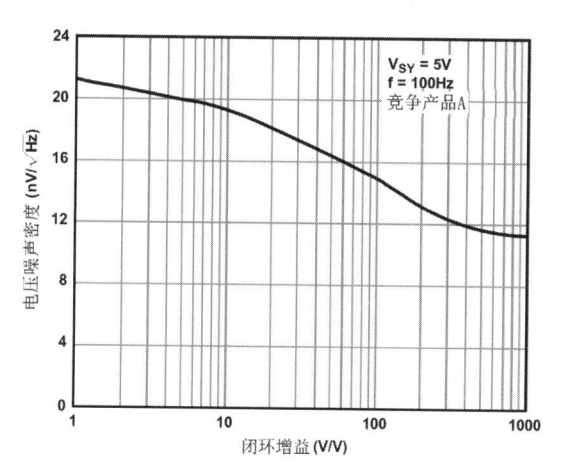

图 2-10 竞争产品 A：电压噪声密度和闭环增益关系

（4）等效输出噪声计算

图 2-12 所示为同相配置的 ADA4528-1。外部电阻、放大器电压噪声和电流等效输出噪声（RTO）计算公式如下：

$$噪声增益 = 1 + R_F/R_S \tag{2-16}$$

$$V_{RS} = \sqrt{4\,kTR_S}, \quad V_{RF} = \sqrt{4\,kTR_F} \tag{2-17}$$

$$R_S\,热噪声所引起的误差 = V_{RS} \times R_F/R_S \tag{2-18}$$

$$R_F\,热噪声所引起的误差 = V_{RF} \tag{2-19}$$

$$放大器电压噪声所引起的误差 = e_n \times (1 + R_F/R_S) \tag{2-20}$$

$$放大器电流噪声所引起的误差 = i_n \times R_F \tag{2-21}$$

具体计算值参见表 2-1。

表 2-1　输出噪声计算值（$V_{SY}=5V$）

噪声源	数值 （f = 1 kHz）	热噪声 （$nV/\sqrt{Hz}$）	总噪声 RTO （$nV/\sqrt{Hz}$）	输出噪声贡献 （%）
R_S	100 Ω	1.283	128.3	4.43
R_F	10 kΩ	12.83	12.83	0.04
电压噪声	5.9 $nV/\sqrt{Hz}$	N/A	595.9	95.52
电流噪声	0.5 $pA/\sqrt{Hz}$	N/A	5	0.01

注：N/A 表示不适用。

图 2-11　电压噪声密度与频率关系

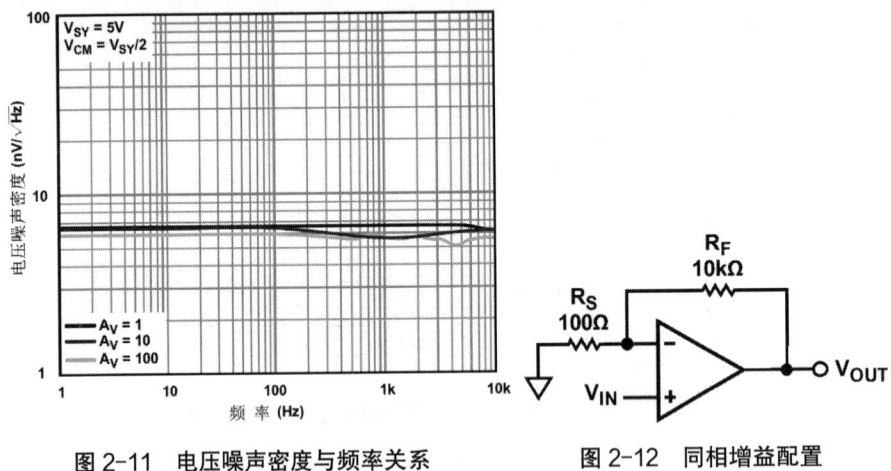

图 2-12　同相增益配置

（5）电压纹波

尽管斩波放大器消除了初始失调电压，但电压纹波仍会继续存在。这些电压纹波主要有两个来源。

首先，电压纹波是初始失调 Gm1 相关联残余纹波的组成部分（见图 2-6）。此纹波在斩波频率（200 kHz）及其谐波下产生更高噪声频谱。图 2-13 所示为在三种不同增益配置下 ADA4528-1 电压噪声密度和频率的关系。在单位增益配置下放大器噪声频谱在 200 kHz 时为 50 $nV/\sqrt{Hz}$。当运算放大器闭环带宽大于斩波频率时此噪声频谱更明显。但是，在更高增益时，噪声频谱因放大器的自然增益滚降特性而变得明显更小。因此，凭借超低噪声、失调电压和漂移能力，ADA4528-1 非常适用于直流高增益配置。

为了抑制输出端噪声，在放大器电源引脚放置退耦电容。

图 2-14 及图 2-15 所示为该配置和对应的电压噪声密度与频率关系图。反馈电容减少了放大器带宽以尽量降低噪声。

电压纹波的第二来源是斩波频率（f_{CHOP}）和输入信号频率（f_{IN}）的交调结果。交调失真（IMD）是输入信号频率的函数，随着输入信号频率接近斩波频率而引入更大的误差。此交调在 $f_{CHOP} \pm f_{IN}$ 下的二阶 IMD 产物、$2f_{IN} \pm f_{CHOP}$ 和 $2f_{CHOP} \pm f_{IN}$ 的三阶 IMD 产物等处产生噪声频率。ADA4528-1 产生远低于其他零漂移放大器的交调失真。在 180 kHz 下的 500 mV_{p-p} 电压输入信号会在 20 kHz 产生 14.6 μV_{rms} 的失真。此外，所有零漂移放大器容易受初始失调和交调失真的残余纹波影响。

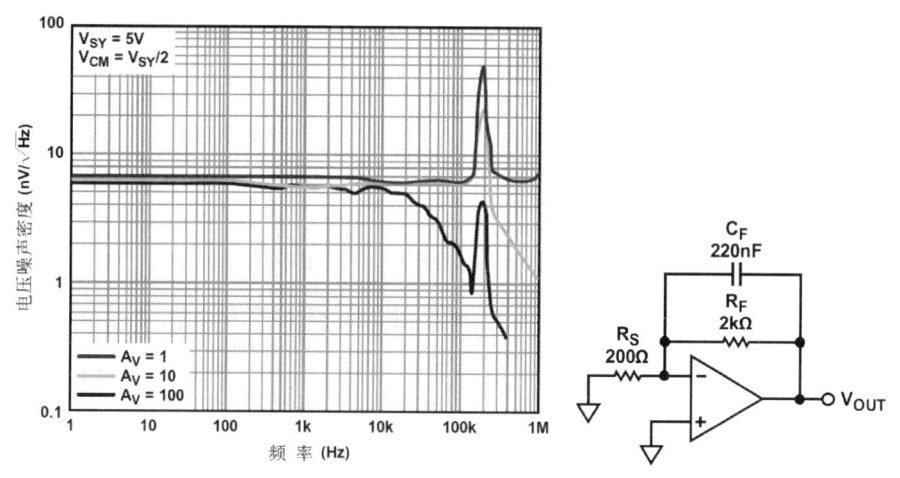

图 2-13 在不同闭环增益下电压噪声密度和频率关系

图 2-14 使用反馈电容降低噪声

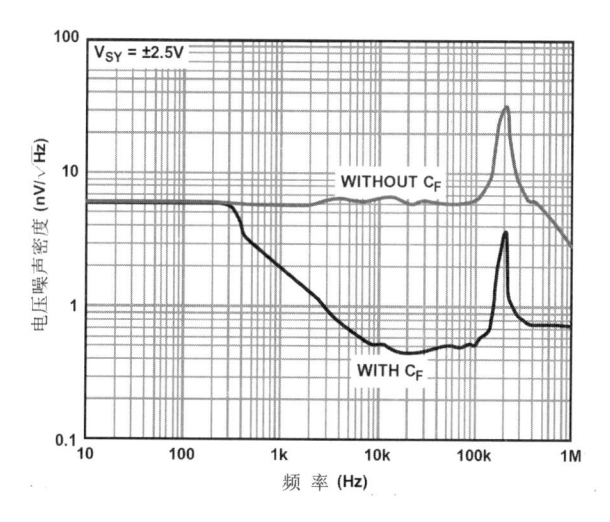

图 2-15 带反馈电容的电压噪声密度

（6）ADA4528-1 作为仪表放大器的应用

ADA4528-1 具有超低失调电压和漂移、高开环增益、高共模抑制和高电源抑制的特性，在分立、单电源仪表放大器应用中成为运放的理想之选。

图 2-16 所示为使用 ADA4528-1 的经典分立 3 运放仪表放大器。仪表放大器高 CMRR 的关键是电阻是否完全匹配电阻比和相对漂移。对于真正差动放大，电阻比匹配非常重要，其中 R5/R2＝R6/R4。电阻对于确定性能随工艺容差、时间和温度的变化非常重要。假定理想的单位增益差动放大器具有无限的共模抑制，1%的容差电阻匹配仅导致 34 dB 的共模抑制。因此，建议使用至少 0.01%或更好的电阻。

降低输出端的热噪声贡献，同时获得更精确的测量。在直流和低频应用中 A3 使用 AD8538 或 AD8628 等零漂移放大器，可满足其最低电压漂移的要求。如果电压漂移不重要，可使用 AD8603。

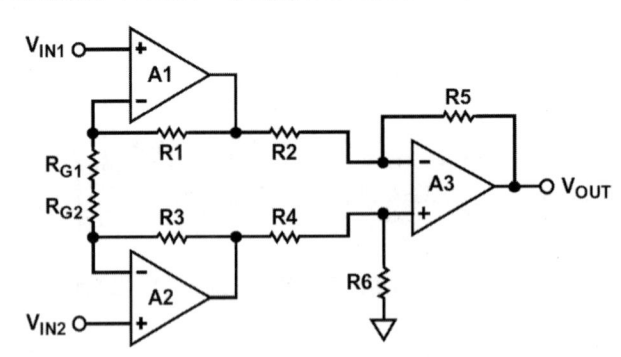

$R_{G1} = R_{G2}$, R1 = R3, R2 = R4, R5 = R6
$V_{OUT} = (V_{IN2} - V_{IN1})(1 + R1/R_{G1})(R5/R2)$

图 2-16　分立 3 运放仪表放大器

表 2-2 所示为折合到输出的外部电阻噪声贡献（RTO）。

注意，A1 和 A2 具有 $1 + R1/R_{G1}$ 的高增益。在此情况下，放大器的输入失调电压和输入电压噪声非常重要。和 R_{G1} 和 R_{G2} 一样，放大器的输入失调电压和输入电压噪声被整体噪声增益所放大。因此，在 A1 和 A2 中使用高精度、低失调电压和低噪声放大器，例如 ADA4528-1。另外，A3 工作时的增益要低很多，并具有一系列不同的运算放大器要求，其折合到整体仪表放大器输入端的输入噪声除以第一级增益后可以忽略不计。

在直流和低频应用中 A3 使用 AD8538 或 AD8628 等零漂移放大器，可满足其最低电压漂移的要求。如果电压漂移不重要，可使用 AD8603。

表 2-2 热噪声贡献示例

电阻	值（Ω）	电阻热噪声（nV/$\sqrt{Hz}$）	热噪声 RTO（nV/$\sqrt{Hz}$）
R_{G1}	400	2.57	128.30
R_{G2}	400	2.57	128.30
R1	10 k	12.83	25.66
R2	10 k	12.83	25.66
R3	10 k	12.83	25.66
R4	10 k	12.83	25.66
R5	20 k	18.14	18.14
R6	20 k	18.14	18.14

2.2.3.2　1 GHz、5500 V/μs 低失真放大器 AD8009

AD8009 是一款超高速电流反馈放大器，具有惊人的 5500 V/μs 转换速率，上升时间为 545 ps，是脉冲放大器的理想选择。

高转换速率降低了转换速率限制的影响，并能得到高分辨率视频图形系统所需的 440MHz 的大信号带宽。在 250 MHz（G=+10，1 V p-p）的情况下，在最坏情况下失真为-40 dBc 的宽频带上保持信号质量（图 2-17）。对于具有多音信号的应用，例如 IF 信号链，在相同频率下实现 12dBm 的三阶截距（3IP）。这种失真性能与电流反馈架构相结合，使 AD8009 成为 IF/RF 信号链中增益级放大器的灵活组件。

AD8009 能够提供超过 175 mA 的负载电流，并将驱动四个反向端接的视频负载，同时分别保持 0.02%和 0.04°的低差分增益和相位误差。高驱动能力还体现在能够以-38 dBc 的 *SFDR* 在 70 MHz 下提供 10 dBm 的输出功率。

AD8009 采用小型 SOIC 封装，可在-40℃至 85℃的工业温度范围内工作。AD8009 也有 SOT-23-5 封装，可在 0℃至 70℃的商业温度范围内运行。

AD8009 具有以下的优势和特点：
- 超高速度
  - 压摆率：5500 V/μs（4 V 步进，G = +2）
  - 上升时间：545 ps（2 V 步进，G = +2）
  - 大信号带宽：
    - 440 MHz（G = +2）
    - 320 MHz（G = +10）

- 小信号带宽（-3 dB）：
  - ◆ 1 GHz，（$G = +1$）
  - ◆ 700 MHz，（$G = +2$）
- 0.1%建立时间：10 ns（2 V 步进，$G = +2$）
- 高输出驱动
  - 输出负载驱动电流：175 mA
  - 输出功率：10 dBm（-38 dBc SFDR，70 MHz，$G = +10$）
- 在整个宽带宽范围内均保持低失真
  - 无杂散动态范围（SFDR）：
    - ◆ -66 dBc（20 MHz，二次谐波）
    - ◆ -75 dBc（20 MHz，三次谐波）
  - 三阶交调截点（3IP）：26 dBm（70 MHz，$G = +10$）
- 良好的视频特性
  - 0.1 dB 增益平坦度：75 MHz
  - 差分增益误差：0.01%，$R_L = 150\ \Omega$
  - 差分相位误差：0.01，$R_L = 150\ \Omega$
- 电源
  - 电源电压：-5 V 至 5 V
  - 电源电流：14 mA（典型值）

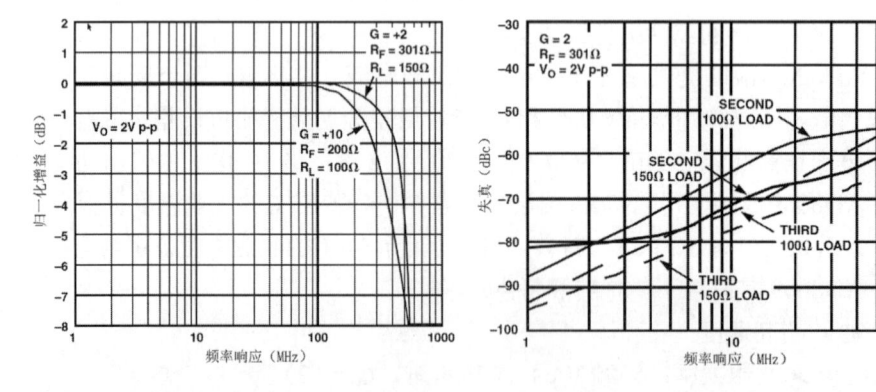

图 2-17　大信号频率响应：G=+2 和+10　　　图 2-18　失真与频率：G=+2

下面举例说明 AD8009 的应用。

所有电流反馈运算放大器都会受到其-INPUT 引脚上杂散电容的影响。图 2-19 和图 2-20 为 AD8009 对这种电容的响应。

图 2-19 显示了可以通过将电容器与增益电阻器并联来扩展带宽。图 2-20 显示了与电容/带宽的这种增加相对应的小信号脉冲响应。

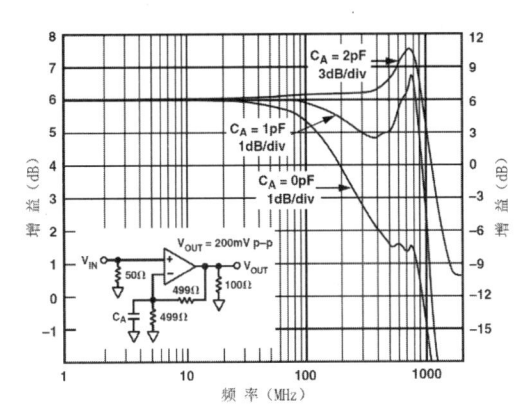

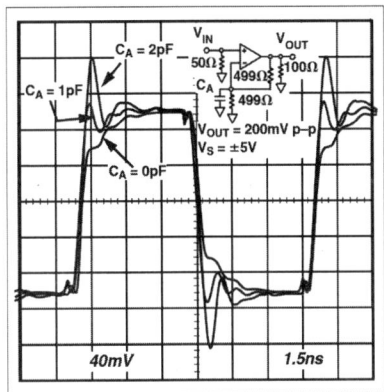

图 2-19 小信号频率响应与寄生电容　　图 2-20 小信号脉冲响应与寄生电容

作为一种实际考虑，-INPUT 到 GND 的电容越大，就需要越大的 RF 来最大限度地减少峰值/振铃。

AD8009 的输出驱动能力、宽带宽和低失真非常适合创建可以驱动 RF 滤波器的增益块。许多滤波器都要求输入由 50Ω 电源驱动，而输出必须端接在 50Ω，滤波器才能呈现其指定的频率响应。

图 2-21 所示为用于驱动和测量滤波器（Wavetek 5201 可调谐带通滤波器）的频率响应的电路，该滤波器被调谐到 50MHz 的中心频率。HP8753D 网络为测量提供激励信号。分析仪的源阻抗为 50Ω，用于驱动端接在 AD8009 高阻抗非反相输入端的 50Ω 电缆。AD8009 的增益设置为+2。输出端的串联 50Ω 电阻器，以及滤波器提供的 50Ω 终端及其终端，为测量路径产生整体单位增益。图 2-22 的频率响应图显示电路在通带中具有 1.3 dB 的插入损耗，在阻带中具有约 75 dB 的抑制。

2.2.3.3　1 GHz、5500 V/μs 低失真放大器

ADHV4702-1 是一款高压（220 V）、单位增益稳定的精密运算放大器。ADHV4702-1 提供高输入阻抗、低输入偏置电流、低输入失调电压、低漂移和低噪声，适合严苛的精密应用。ADI 公司的新一代专有半导体工艺和创新架构使该精密运算放大器能够以±110 V 的对称双电源、非对称双电源或 220 V 单电源供电。

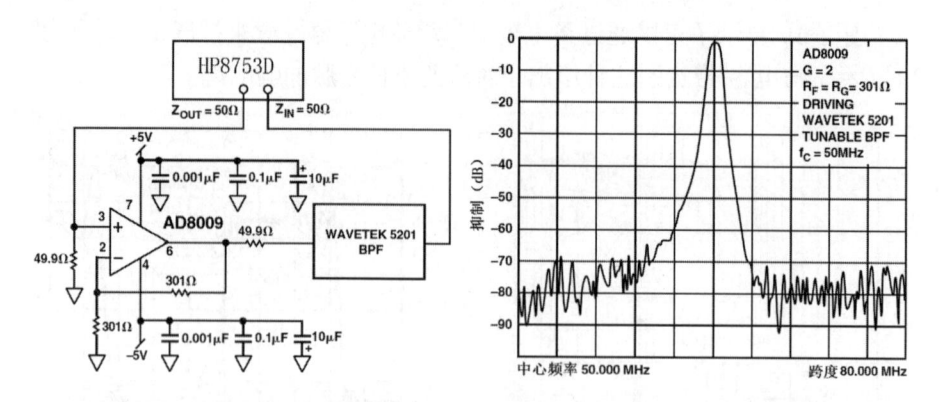

图 2-21　AD8009 驱动带通射频滤波器　　图 2-22　带通滤波器电路的频率响应

为了实现高精度性能，ADHV4702-1 具有 170 dB 的典型开环增益（AOL）和 160 dB 的典型共模抑制比（CMRR），如图 2-23 所示。ADHV4702-1 的最大输入失调电压（V_{OS}）漂移为 2 μV/℃，输入电压噪声为 8 nV/$\sqrt{Hz}$。

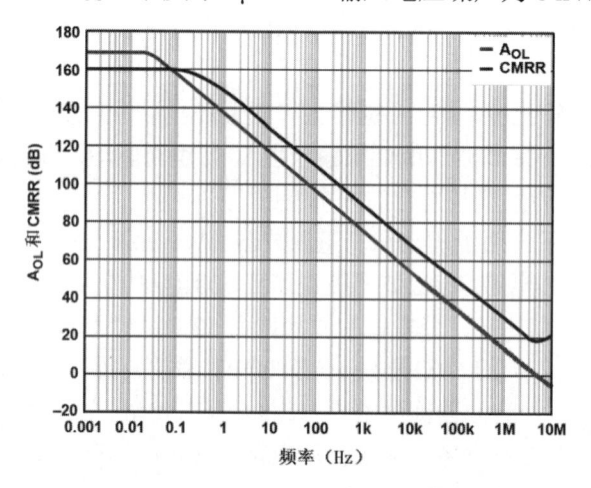

图 2-23　失真与频率：$G = +2$

ADHV4702-1 出色的直流精度与出色的动态性能相辅相成，小信号带宽为 10 MHz，压摆率为 74 V/μs。ADHV4702-1 的输出电流典型值为 20 mA。

ADHV4702-1 提供高压输入共模摆幅和高压输出摆幅，支持高端电流检测等精密高压使用场景。ADHV4702-1 同样非常适合在精密偏置和控制应用中驱动电压。

ADHV4702-1 采用 12 引脚 7 mm×7 mm 引线框架芯片级封装（LFCSP），带有裸露焊盘（EPAD），符合国际电工委员会（IEC）61010-1 爬电距离和电气间隙标准。铜制 EPAD 提供了一条低热阻路径以改善散热，并具有高压隔离特性，无论 V_{CC} 或 V_{EE} 电压如何，它都能安全地连接至 0 V 接地层。ADHV4702-1 工作温度范围为-40℃至85℃工业温度范围。

（1）工作原理

ADHV4702-1 是一款高压（220 V）精密放大器，采用 ADI 公司新一代专有双极性/互补金属氧化物半导体（CMOS）/横向扩散金属氧化物半导体（BCDMOS）工艺设计而成。图 2-24 显示了其功能框图。输入级架构具有以下优点：高输入阻抗、低输入偏置电流、低输入失调电压、低漂移和低噪声，适合自动化测试设备（ATE）等要求高精度的应用。

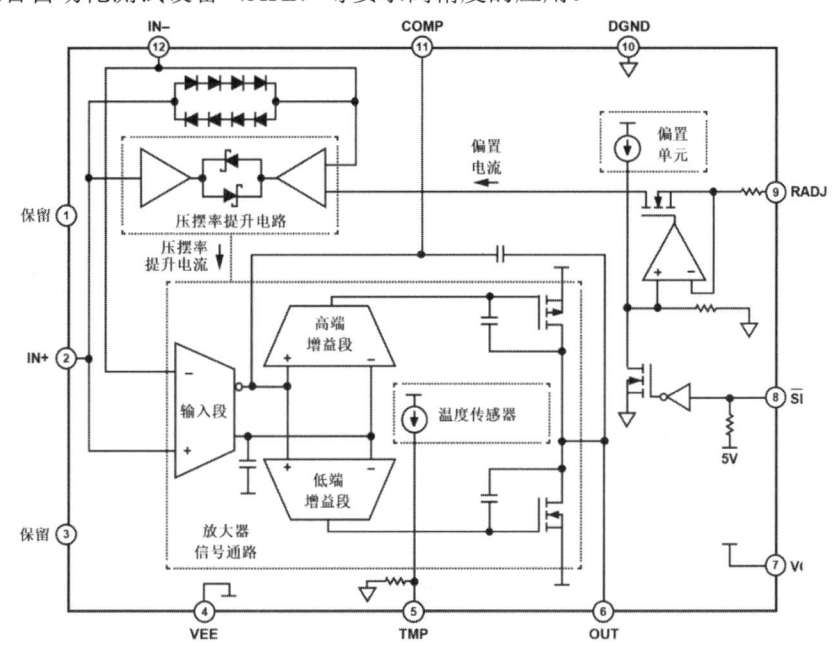

图 2-24 ADHV4702-1 的内部结构框图

（2）内部静电放电（ESD）保护

如图 2-25 所示，ADHV4702-1 内部有 ESD 配置，用以防止器件因过压而损坏。ESD 保护电路包括从输入和输出引脚连接到电源轨的电流导引二极管。ADHV4702-1 的反相和同相输入端上还有内部输入箝位二极管，用以防止大差分输入电压损坏输入级晶体管。当差分输入电压大于四个二极管的正偏电压（V_F）时，该输入箝位电路会大大降低输入阻抗。

正常工作情况下，ESD 保护电路处于非活动状态。为避免 ESD 二极管正偏，请勿将引脚电压过驱动到绝对最大额定值以上，并请确保输入差分电压不超过 4 V_F。可能需要额外的外部输入箝位二极管来保护压摆升压电路（图2-26）。

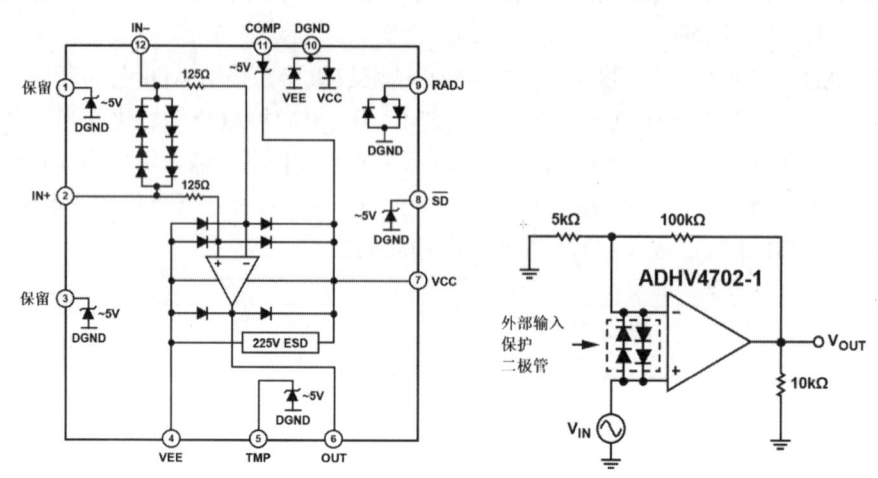

图 2-25 图 2-24 简化 ESD 配置   图 2-26 外部输入箝位二极管原理图

（3）压摆升压电路和保护

ADHV4702-1 使用补充压摆升压电路，以在 200 V p-p 输出范围和单位增益下实现 74 V/μs 的典型压摆率。此压摆升压电路的工作原理是检测放大器的差分输入电压并将其转换为动态电流，以帮助驱动放大器信号路径内的电容。输入端的输入电压越大，产生的动态电流就越大，放大器的压摆率就越快。压摆升压电路产生的电流在压摆期间传输到放大器的所有级。

ADHV4702-1 内置差分输入电压箝位电路，可将瞬态差分信号限制在 4 V_F，从而为压摆升压设置一个上限。大差分输入电压（当信号频率接近全功率带宽时可能出现）会触发压摆升压电路，导致动态电源电流增加。下式给出了摆率和全功率带宽（f_M）之间的关系：

$$SR = V_O \times 2\pi f_M \tag{2-22}$$

其中，V_O 为峰值输出电压。

当以全功率带宽或接近全功率带宽连续运行时，增加的电源电流可能导致结温 T_J 升高到安全工作温度之上，造成器件损坏。EVAL-ADHV4702-1CPZ 评估板的动态安全工作区（SOA）如后文中的图 2-41 所示。动态 SOA 显示了输出摆幅与脉冲响应的最大输入/输出频率之间的关系。要扩展 SOA 曲线，须采用额外的热管理措施，或利用外部二极管将输入端的差分电压限制在 2

V_F 以下，这样能限制压摆升压电路产生的电流并降低内部功耗。以这种方式箝位 ADHV4702-1 的差分输入电压可保护动态运行中的放大器，但会限制压摆率和大信号带宽。图 2-26 显示了带有外部输入箝位二极管的简化示意图，图 2-27 至图 2-30 显示了不同温度和增益下的大信号脉冲响应，而 ADHV4702-1 输入被两个 ON Semiconductor SBAV199LT1G 二极管对箝位在 $2V_F$ 上。

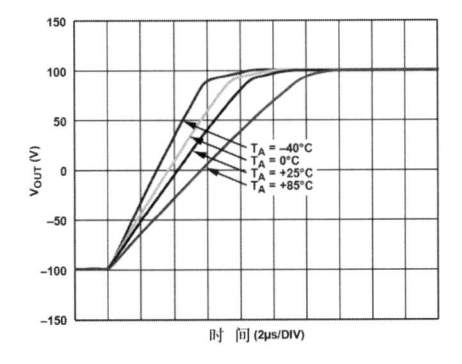

图 2-27 不同 T_A 下的大信号脉冲响应，两个二极管正偏电压，上升沿，$A_V = 20$，$V_S = ±110\,V$，$V_{OUT} = 200\,V_{p-p}$，$R_F = 100\,kΩ$，$R_{LOAD} = 10\,kΩ$，$R_{ADJ} = 0\,Ω$

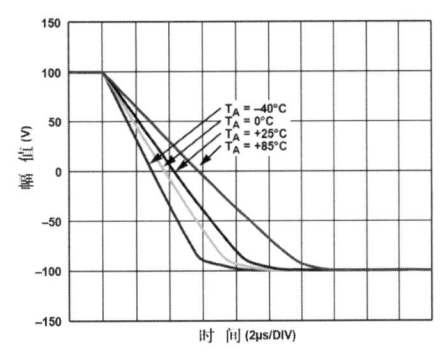

图 2-28 不同 T_A 下的大信号脉冲响应，两个二极管正偏电压，下降沿，$A_V = 20$，$V_S = ±110\,V$，$V_{OUT} = 200\,V_{p-p}$，$R_F = 100\,kΩ$，$R_{LOAD} = 10\,kΩ$，$R_{ADJ} = 0\,Ω$

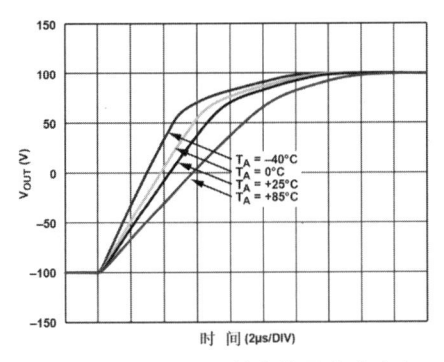

图 2-29 不同 T_A 下的大信号脉冲响应，两个二极管正偏电压，上升沿，$A_V = 40$，$V_S = ±110\,V$，$V_{OUT} = 200\,V\,p-p$，$R_F = 100\,kΩ$，$R_{LOAD} = 10\,kΩ$，$R_{ADJ} = 0\,Ω$

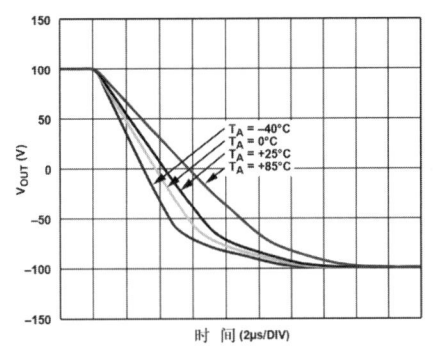

图 2-30 不同 T_A 下的大信号脉冲响应，两个二极管正偏电压，下降沿，$A_V = 40$，$V_S = ±110\,V$，$V_{OUT} = 200\,V_{p-p}$，$R_F = 100\,kΩ$，$R_{LOAD} = 10\,kΩ$，$R_{ADJ} = 0\,Ω$

（4）数字地（DGND）

DGND 是放大器所有低压引脚（R_{ADJ}、TMP 和 SD）的基准，并且用作与微处理器或其他低压逻辑电路通信的信号地。应将 DGND 连接至 0 V 数字地或模拟地。请勿让 DGND 浮空。

（5）电阻可调静态电流（R_{ADJ}）

为了进一步降低功耗，可以在 R_{ADJ} 引脚和 DGND 之间放置一个电阻（R_{ADJ}），通过它来调节 ADHV4702-1 的静态电流。

要使放大器完全偏置，应将 R_{ADJ} 引脚直接短接到 DGND，以实现最大动态性能。为了以最小静态功耗偏置放大器，应在 R_{ADJ} 和 DGND 之间放置一个 100 kΩ 电阻。此电阻可将静态电源电流降低至约 0.6 mA。以较低静态电流运行放大器对直流性能的影响极小，但可能导致动态性能（如带宽和噪声）的下降。图 2-31 和图 2-32 显示了不同 R_{ADJ} 值下的小信号频率响应和噪声性能。

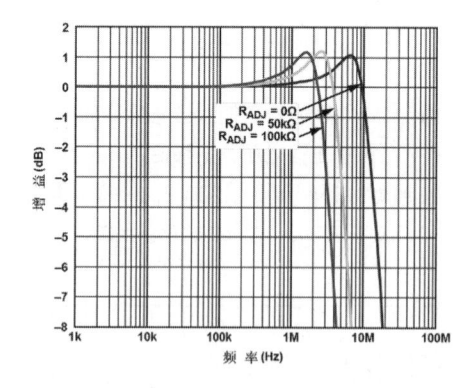

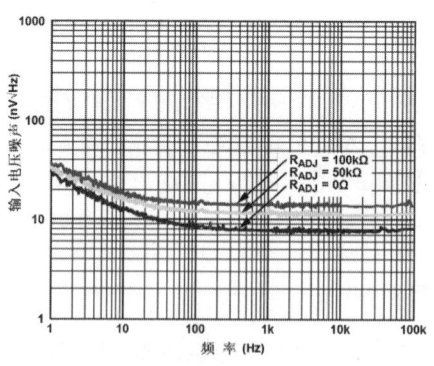

图 2-31　不同 R_{ADJ} 下的小信号频率响应，$T_A = 25℃$，$A_V = 1$，$V_S = ±110$ V，$V_{OUT} = 100$ mV$_{p-p}$，$R_F = 0$ Ω，$R_{LOAD} = 10$ kΩ

图 2-32　不同 R_{ADJ} 时的输入电压噪声，$T_A = 25℃$，$A_V = 1$，$V_S = ±110$ V，$V_{OUT} = 100$ mV$_{p-p}$，$R_F = 0$ Ω，$R_{LOAD} = 10$ kΩ

（6）关断引脚（SD）

ADHV4702-1 具有省电关断特性。当 SD 引脚电压降低至 DGND 的 0.8 V 以内时，放大器被禁用并处于低功耗状态，其静态电流降至约 0.18 mA。SD 引脚内有大约 400 kΩ 的上拉电阻，如果 SD 浮空，则使能放大器。从关断状态开启放大器时，应将 SD 引脚拉高至 DGND 引脚以上至少 1.6 V。图 2-33 和图 2-34 显示了启动和退出关断状态的 SD 引脚响应时间。SD 引脚可支持低至 2.5 V 的数字逻辑电平。当与 ADHV4702-1 的温度监控特性配合使用时，

SD 引脚可用于实现热关断和短路保护。

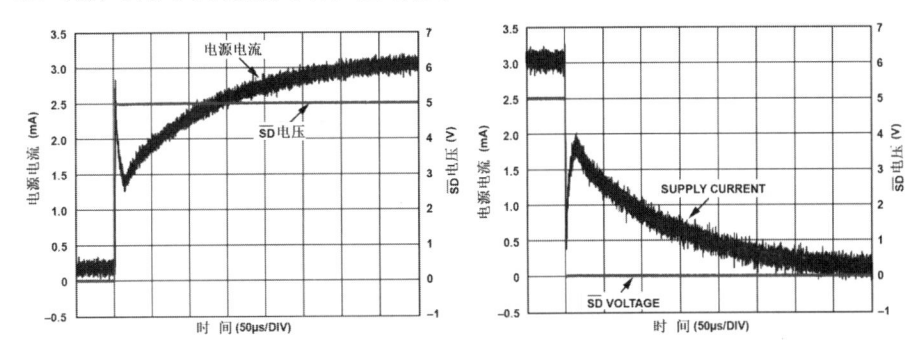

图 2-33 SD 引脚响应时间，开启

图 2-34 SD 引脚响应时间，关断

（7）温度监视器（TMP）

ADHV4702-1 在靠近输出级的地方（此处温度最高）有一个片内温度传感器。温度传感器的输出电压出现在 TMP 引脚上。作为芯片温度的近似指标，TMP 电压可用于监视功耗并实现热关断。室温下的 TMP 电压标称值为 1.9 V，以大约-4.5 mV/°C 的比率变化，如图 2-35 所示。对 TMP 引脚进行一次性室温校准，可以获得更精确的温度读数。

（8）过温保护

在"绝对最大额定值"部分中指定的工作温度或更高温度下运行可能会影响产品可靠性。为了最大限度地降低这种风险，ADHV4702-1 具有可选的电阻可编程热关断功能，TMP 引脚电压置位 SD 引脚。除了适当的散热外，建议采用热关断功能来防止放大器过热。要实行热关断功能，应将 TMP 连接到 SD，如图 2-36 所示，并在 TMP 和 SD 与 DGND 之间靠近 ADHV4702-1 的地方连接一个 200 kΩ 电阻（R_{TMP}）。

采用 200 kΩ R_{TMP} 时，不同器件的 TMP 引脚电压差异可能导致关断阈值温度或关断响应时间有所不同。关断阈值可以利用较小的 R_{TMP} 电阻来调节，从而得到较低的阈值温度。

R_{TMP} 与 TMP 的内部电阻一起形成一个分压器，此分压器会影响 TMP 引脚读数和 TMP 电压漂移。

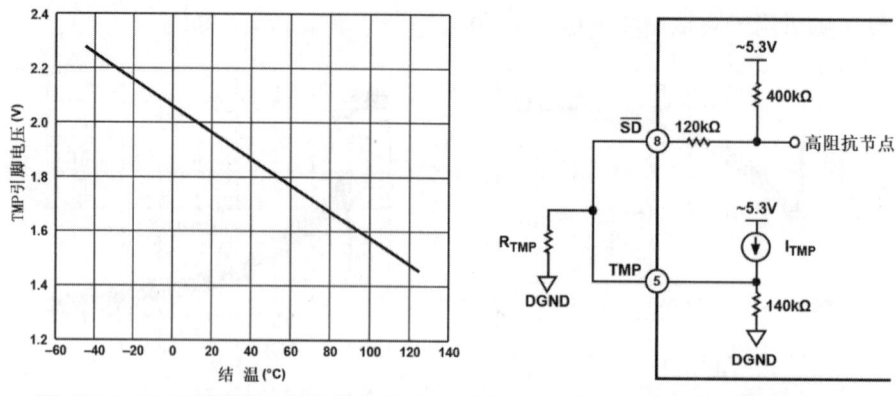

图 2-35　TMP 引脚电压与结温的关系　　图 2-36　用于短路保护和热关断的 TMP 和 SD 引脚配置

（9）输出电流驱动和短路保护

ADHV4702-1 使用的输出级由级联的双重扩散金属氧化物半导体（DMOS）高压晶体管构成，可提供宽输出摆幅。ADHV4702-1 通常能够连续驱动 20 mA 负载电流。但是，在有适当热管理的情况下，ADHV4702-1 可以提供高达 50 mA 的电流。短路保护借助热关断特性来提供。要使能短路保护，应连接 SD 和 TMP 引脚，并用 200 kΩ R_{TMP} 将它们连接到 DGND 上。

（10）外部补偿和容性负载（C_{LOAD}）驱动

驱动 C_{LOAD} 时，放大器输出电阻和负载电容形成放大器转换函数中的一个极点。这个额外的极点会在较高频率下降低相位裕量，并且如果不对其补偿的话，可能会导致过高的峰化和不稳定。在放大器输出端和 C_{LOAD} 之间放置一个串联电阻 R_S（如图 2-37 所示），可让 ADHV4702-1 驱动超过 1μF 的容性负载。图 2-38 显示了串联电阻值与负载电容的关系；最大峰化为 2 dB，采用图 2-37 所示电路。

除串联电阻外，ADHV4702-1 还有一个可选外部补偿特性，可用于驱动电容性负载。可以在 COMP 和 DGND 之间安装一个电容（C_{COMP}），以减小与容性负载相关的输出级峰化。C_{COMP} 额定值必须针对全电源差分情况确定。图 2-40 显示了 C_{COMP} 对不同容性负载的影响。

图 2-38、图 2-39 和图 2-40 所示的值用于纯容性负载 C_{LOAD} 的单位增益配置。这是最坏的情况，因为放大器在较高增益下且有阻性负载与负载电容并联时更稳定。尽管 R_S 或 C_{COMP} 显著提高了驱动 C_{LOAD} 时的稳定性，但也降低了驱动阻性负载时的裕量和带宽。对于阻性负载，COMP 引脚应浮空。

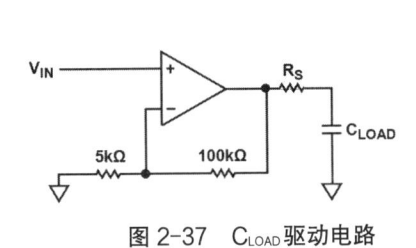

图 2-37 C_{LOAD} 驱动电路

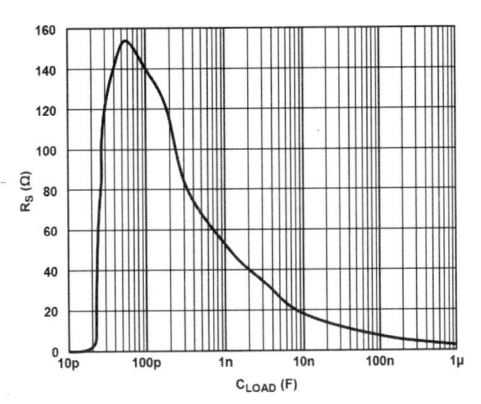

图 2-38 所示电路最大 2 dB 峰化时 R_S 与 C_{LOAD} 的关系，$T_A = 25\ ℃$，$A_V = 1$，$V_S = \pm 110\ V$，$V_{OUT} = 100\ mV\ p\text{-}p$，$R_F = 0\ Ω$，$R_{ADJ} = 0\ Ω$

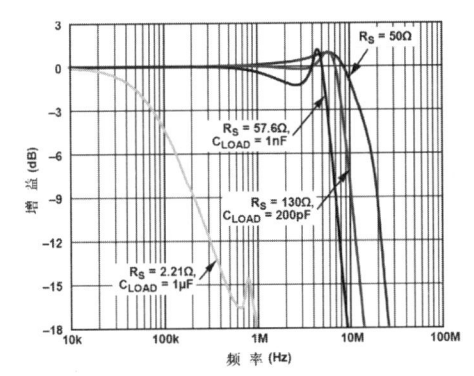

图 2-39 不同 C_{LOAD} 和 R_S 值对应的小信号响应，$T_A = 25\ ℃$，$A_V = 1$，$V_S = \pm 110\ V$，$V_{OUT} = 100\ mV_{p\text{-}p}$，$R_F = 0\ Ω$，$R_{ADJ} = 0\ Ω$

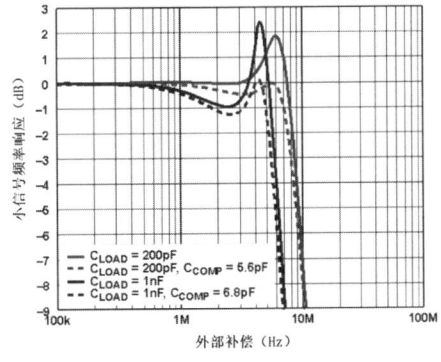

图 2-40 小信号频率响应与外部补偿的关系，$T_A = 25\ ℃$，$A_V = 1$，$V_S = \pm 110\ V$，$V_{OUT} = 100\ mV_{p\text{-}p}$，$R_F = 0\ Ω$，$R_{ADJ} = 0\ Ω$

（11）安全工作区

安全工作区（SOA）表示器件在不同情况下的功率处理能力。

ADHV4702-1 的功耗主要来自压摆升压电路和输出级。压摆升压电路需要额外的电源电流。放大器在较大摆幅或较高频率下以最大压摆率运行会增加压摆升压电路的电流消耗，从而提高 T_J。图 2-41 显示了将 T_J 维持在 150℃以下的动态 SOA。该曲线反映了给定幅度的最大安全方波频率。ADHV4702-

1 在边界之外运行可能会造成永久性损坏。使用额外的热管理或输入箝位二极管可大大扩展动态 SOA。但是，使用输入箝位二极管会影响压摆率和大信号带宽。

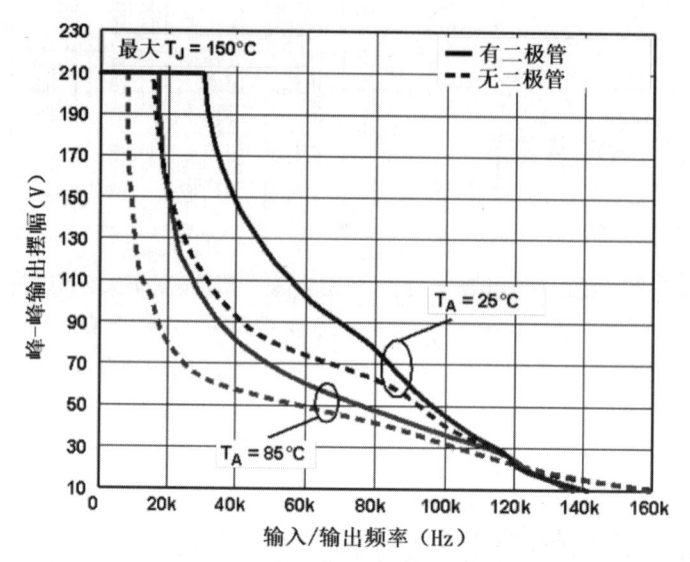

图 2-41 $T_A = 25$℃和 $T_A = 85$℃时的动态 SOA，在使用和不使用输入箝位二极管两种情况下，$A_V = 20$，$V_S = ±110$ V，$R_F = 100$ kΩ，$R_{LOAD} = 10$ kΩ，$R_{ADJ} = 0$Ω

直流 SOA 是输出电流与输出级上的电压之间的关系曲线，该电压为电源与输出之间的电压差（$V_S - V_{OUT}$），在此电压下放大器可以在安全 T_J 下工作。图 2-41 曲线下方的区域显示了 ADHV4702-1 维持 $T_J ≤ 150$℃的工作边界。

SOA 曲线对于其开发状况（例如 PCB、散热器和 T_A）是唯一的。所有测试均在静止空气环境中进行。在任何一个测试案例中，强制空气对流都能有效降低 θ_{JA} 并扩展 SOA。

（12）LFCSP 封装和高压引脚间距

ADHV4702-1 选择了带 EPAD 的 7mm×7mm、12 引脚 LFCSP 封装，以提供高可靠性，并符合有关介电耐压（间隙）和封装表面碳化（爬电距离）的区域和全球高压标准。ADHV4702-1 符合 IEC 标准 61010-1 关于爬电距离的最小 1.25 mm 间距要求，可防止 250 V rms 时碳漏电起痕引起的故障。为了维持这些保护，必须去除封装引脚和裸露焊盘周围的所有助焊剂和焊接残留物。

（13）裸露焊盘（EPAD）

LFCSP 的铜制 EPAD 为 PCB 提供了一条导热路径，可以将其连接至散热器以改善散热。内部没有到 EPAD 的电气连接。高压隔离使 EPAD 可以安全地偏置到 0 V 接地层,而不用担心 V_{CC} 或 V_{EE} 电压。

(14) 应用注意事项

①电源与去耦

ADHV4702-1 可以采用单电源或双电源供电。总电源电压($V_{CC} - V_{EE}$)必须位于 24 V 至 220 V 范围内。使用高质量、低有效串联电阻(ESR)、0.1 μF 电容将每个电源引脚去耦至地。去耦电容应尽量靠近电源引脚。此外,应将 1.2μF 钽电容置于每个电源引脚和接地之间,以实现充分的低频去耦并提供所需的电流,支持 ADHV4702-1 输出端的快速压摆大信号。为确保在高压下可靠运行,旁路电容器的额定电压必须高于 ADHV4702-1 的电源电压。

②高压保护环

ADHV4702-1 的引脚布局有助于在放大器的同相输入周围使用保护环。保护措施可最大限度地减少附近引脚的漏电流,并有助于实现低输入偏置电流的优势。保护环必须没有阻焊层,以便其暴露在 PCB 表面上。应将保护环驱动到跟踪放大器输入的电位。

(15) 应用电路举例

①基本应用电路——同相放大器

图 2-42 给出了 ADHV4702-1 的基本应用电路——同相放大器。注意:10 k 的电阻一定要加上,可以增加电路的可靠性,防止意外损坏。

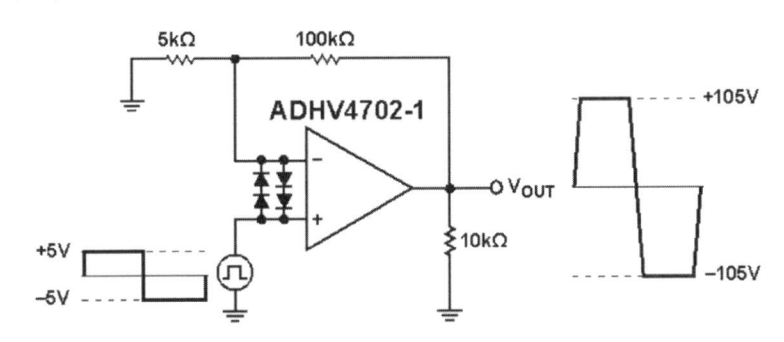

图 2-42 基本应用电路——同相放大器

②高压 DAC 电压减法器

ADHV4702-1 可以与双通道 16 位电压输出 DAC(例如 AD5752R)一起使用,实现多功能高压 DAC 解决方案。对于此配置,ADHV4702-1 设置为增益为 20 的电压减法器(图 2-43),非常适合化学分析(质谱测定)、压电驱动、扫描电子显微镜（SEM）、LiDAR APD/SPAD 和硅光电倍增管偏置控制应用。

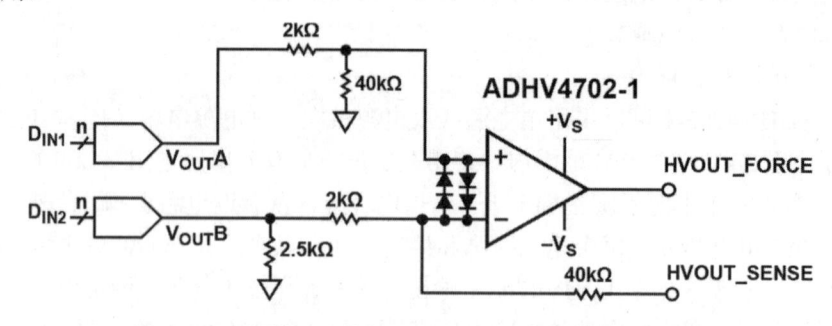

图 2-43 利用 DAC 将 ADHV4702-1 配置为电压减法器

③高电流输出驱动器

图 2-44 显示了 ADHV4702-1 的系统级应用，它能提升放大器的输出电流驱动能力。通过引入分立式单位增益输出级，ADHV4702-1 可用作高功率输出驱动器，保留独立放大器的精密性能，例如失调、漂移、开环增益和 CMRR，同时将输出电流驱动能力提高到分立器件的电流处理能力。

④信号范围扩展器

图 2-45 显示了一个信号电压范围扩展器的例子。通过引入两个额外的大功率分立式金属氧化物半导体场效应晶体管（MOSFET），该范围扩展器可以提供至少两倍的信号范围（取决于所选的 MOSFET），同时保留放大器的原始特性。

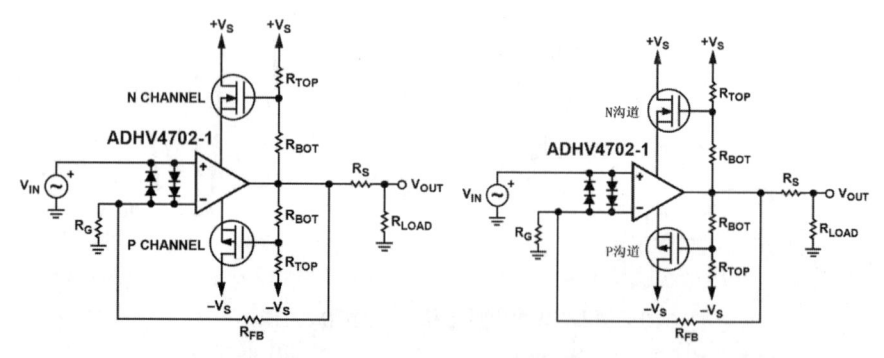

图 2-44 高电流输出驱动器原理图　　图 2-45 电压扩展器原理图

2.2.4 运算放大器的参数测试举例

一般情况下并不需要测量运算放大器的参数，但运算放大器的参数往往比较极端，如开环差模增益高达 10^8 以上，输入偏置电流小至 10^{-9} A，对这些参数的测量需要极高的技巧，为"测量"提供了极好的"思路"。

运算放大器是差分输入、单端输出的极高增益放大器，常用于高精度模拟电路，因此必须精确测量其性能。但在开环测量中，其开环增益可能高达 10^7 或更高，而拾取、杂散电流或塞贝克（热电偶）效应可能会在放大器输入端产生非常小的电压，误差将难以避免。通过使用伺服环路，可以大大简化测量过程，强制放大器输入调零，使得待测放大器能够测量自身的误差。图 2-46 显示了一个运用该原理的多功能电路，它利用一个辅助运放作为积分器，来建立一个具有极高直流开环增益的稳定环路。开关为执行下面所述的各种测试提供了便利。

图 2-46 所示电路能够将大部分测量误差降至最低，支持精确测量大量直流和少量交流参数。附加的"辅助"运算放大器无须具有比待测运算放大器更好的性能，其直流开环增益最好能达到 10^6 或更高。如果 DUT（Device Under Test，待测器件）的失调电压可能超过几毫伏，则辅助运放应采用±15 V 电源供电。如果 DUT 的输入失调电压可能超过 10 mV，则需要减小电阻 R3 的阻值（99.9 kΩ）。

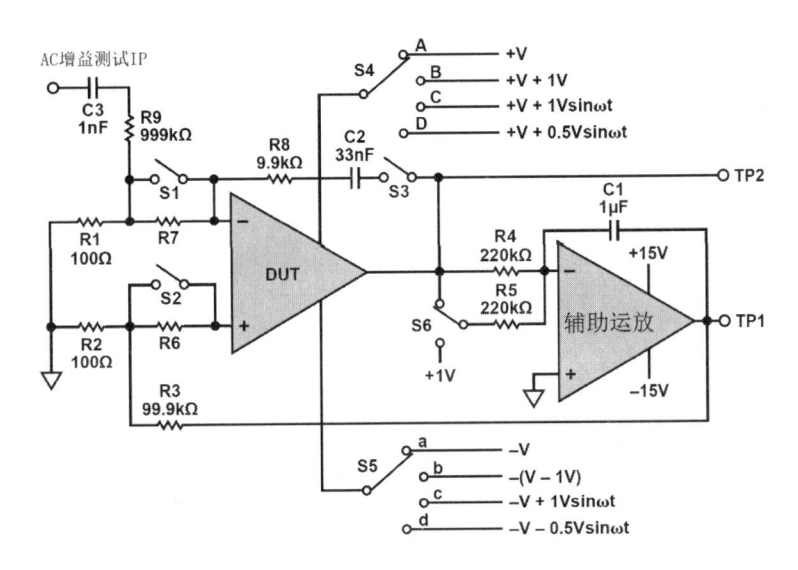

图 2-46 基本运算放大器测量电路

DUT 的电源电压+V 和-V 幅度相等、极性相反。总电源电压理所当然是 2×V。该电路使用对称电源，即使"单电源"运放也是如此，因为系统的地以电源的中间电压为参考。作为积分器的辅助放大器在直流时配置为开环（最高增益），但其输入电阻和反馈电容将其带宽限制为几赫兹。这意味着，DUT 输出端的直流电压被辅助放大器以最高增益放大，并通过一个 1000:1 衰减器施加于 DUT 的同相输入端。负反馈将 DUT 输出驱动至地电位。事实上，实际电压是辅助放大器的失调电压，更精确地说是该失调电压加上辅助放大器的偏置电流在 100 kΩ 电阻上引起的压降，但它非常接近地电位，因此无关紧要，特别是考虑到测量期间此点的电压变化不大可能超过几毫伏。

测试点 TP1 上的电压是施加于 DUT 输入端的校正电压（与误差在幅度上相等）的 1000 倍，约为数十毫伏或更大，因此可以相当轻松地进行测量。

理想运算放大器的失调电压（V_{os}）为 0，即当两个输入端连在一起并保持中间电源电压时，输出电压同样为中间电源电压。现实中的运算放大器则具有几微伏到几毫伏不等的失调电压，因此必须将此范围内的电压施加于输入端，使输出处于中间电位。

图 2-47 给出了最基本测试——失调电压测量的配置。当 TP1 上的电压为 DUT 失调电压的 1000 倍时，DUT 输出电压处于地电位。

理想运算放大器具有无限大的输入阻抗，无电流流入其输入端。但在现实中，会有少量"偏置"电流流入反相和同相输入端（分别为 I_b- 和 I_b+)，它们会在高阻抗电路中引起显著的失调电压。根据运算放大器类型的不同，这种偏置电流可能为几飞安（即 fA，1 fA = 10^{-15} A，每隔几微秒流过一个电子）至几纳安；在某些超快速运算放大器中，甚至达到 1～2 μA。图 2-48 显示如何测量这些电流。

该电路与图 2-47 的失调电压电路基本相同，只是 DUT 输入端增加了两个串联电阻 R6 和 R7。这些电阻可以通过开关 S1 和 S2 短路。当两个开关均闭合时，该电路与图 2-47 完全相同。当 S1 断开时，反相输入端的偏置电流流入 Rs，电压差增加到失调电压上。通过测量 TP1 的电压变化(=1000 $I_b-×Rs$)，可以计算出 I_b-。同样，当 S1 闭合且 S2 断开时，可以测量 I_b+。如果先在 S1 和 S2 均闭合时测量 TP1 的电压，然后在 S1 和 S2 均断开时再次测量 TP1 的电压，则通过该电压的变化可以测算出"输入失调电流" I_{os}，即 I_b+ 与 I_b- 之差。R6 和 R7 的阻值取决于要测量的电流大小。

如果 I_b 的值在 5 pA 左右或者更低，则会用到大电阻，使用该电路将非常困难，可能需要使用其他技术，牵涉 I_b 给低泄漏电容（用于代替 Rs）充电的速率。

当 S1 和 S2 闭合时，I_{os} 仍会流入 100 Ω 电阻，导致 V_{os} 误差，但在计算时通常可以忽略它，除非 I_{os} 足够大，产生的误差大于实测 Vos 的 1%。

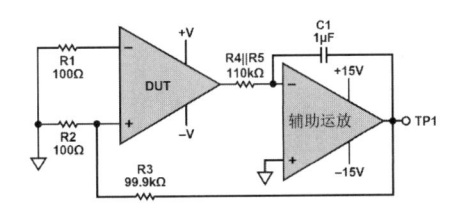

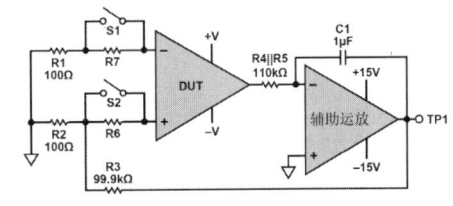

图 2-47　失调电压测量

图 2-48　失调和偏置电流测量

运算放大器的开环直流增益可能非常高，10^7 以上的增益也并不罕见，但 250000 到 2000000 的增益更为常见。直流增益的测量方法是通过 S6 切换 DUT 输出端与 1 V 基准电压之间的 R5，迫使 DUT 的输出改变一定的量（图 2-49 中为 1 V，但如果器件采用足够大的电源供电，可以规定为 10 V）。如果 R5 处于+1 V，若要使辅助放大器的输入保持在 0 附近不变，DUT 输出必须变为–1 V。

TP1 的电压变化衰减 1000:1 后输入 DUT，导致输出改变 1 V，由此很容易计算增益（1000 × 1 V/TP1）。

为了测量开环交流增益，需要在 DUT 输入端注入一个所需频率的小交流信号，并测量相应的输出信号（图 2-50 中的 TP2）。完成后，辅助放大器继续使 DUT 输出端的平均直流电平保持稳定。

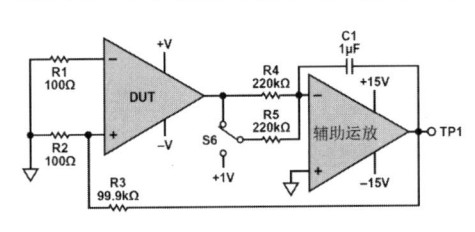

图 2-49　直流增益测量

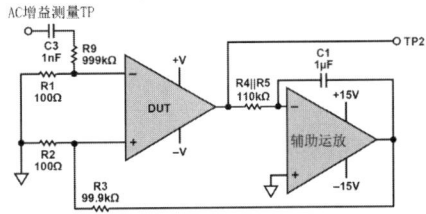

图 2-50　交流增益测量

图 2-50 中，交流信号通过 10000:1 的衰减器施加于 DUT 输入端。对于开环增益可能接近直流值的低频测量，必须使用如此大的衰减值。例如，在增益为 1000000 的频率时，1 V rms 信号会将 100 μV 施加于放大器输入端，放大器则试图提供 100 V rms 输出，导致放大器饱和。因此，交流测量的频率一般是几百赫兹到开环增益降至 1 时的频率；在需要低频增益数据时，应非常小心地利用较低的输入幅度进行测量。所示的简单衰减器只能在 100 kHz 以下的频率工作，即使小心处理了杂散电容也不能超过该频率。如果涉及更高的频率，则需要使用更复杂的电路。

运算放大器的共模抑制比（CMRR）指共模电压变化导致的失调电压视在变化与所施加的共模电压变化之比。在 DC 时，它一般在 80 dB 至 120 dB 之间，但在高频时会降低。

测试电路非常适合测量 CMRR（图 2-51）。它不是将共模电压施加于 DUT 输入端，以免低电平效应破坏测量，而是改变电源电压（相对于输入的同一方向，即共模方向），电路其余部分则保持不变。

在图 2-51 所示电路中，在 TP1 测量失调电压，电源电压为 ±V（本例中为+2.5 V 和-2.5 V），并且两个电源电压再次上移+1 V（至+3.5 V 和-1.5 V）。失调电压的变化对应于 1 V 的共模电压变化，因此直流 CMRR 为失调电压与 1 V 之比。

CMRR 衡量失调电压相对于共模电压的变化，总电源电压则保持不变。电源抑制比（PSRR）则相反，它是指失调电压的变化与总电源电压的变化之比，共模电压保持中间电源电压不变（图 2-52）。

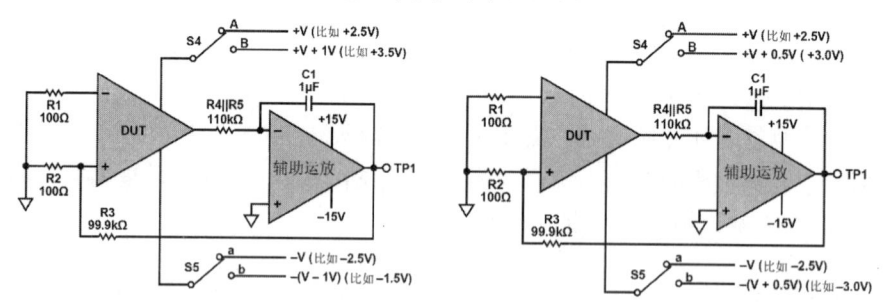

图 2-51　直流 CMRR 测量　　　　图 2-52　直流 PSRR 测量

所用的电路完全相同，不同之处在于总电源电压发生改变，而共模电平保持不变。本例中，电源电压从+2.5 V 和-2.5 V 切换到+3 V 和-3 V，总电源电压从 5 V 变到 6 V。共模电压仍然保持中间电源电压。计算方法也相同（1000 × TP1/1 V）。

为了测量交流 CMRR 和 PSRR，需要用交流电压来调制电源电压，如图 2-53 和图 2-54 所示。DUT 继续在直流开环下工作，但确切的增益由交流负反馈决定（图中为 100 倍）。

为了测量交流 CMRR，利用幅度为 1 V 峰值的交流电压调制 DUT 的正负电源。两个电源的调制同相，因此实际的电源电压为稳定的直流电压，但共模电压是 2V 峰峰值的正弦波，导致 DUT 输出包括一个在 TP2 测量的交流电压。

如果 TP2 的交流电压具有 x V 峰值的幅度（$2x$ V 峰峰值），则折合到 DUT 输入端（即放大 100 倍交流增益之前）的 *CMRR* 为 $x/100$ V，并且 *CMRR* 为该值与 1 V 峰值的比值。

交流 PSRR 的测量方法是将相位相差 180°的交流电压施加于正负电源，从而调制电源电压的幅度（本例中同样是 1 V 峰值、2 V 峰峰值），而共模电压仍然保持稳定的直流电压。计算方法与上一参数的计算方法非常相似。

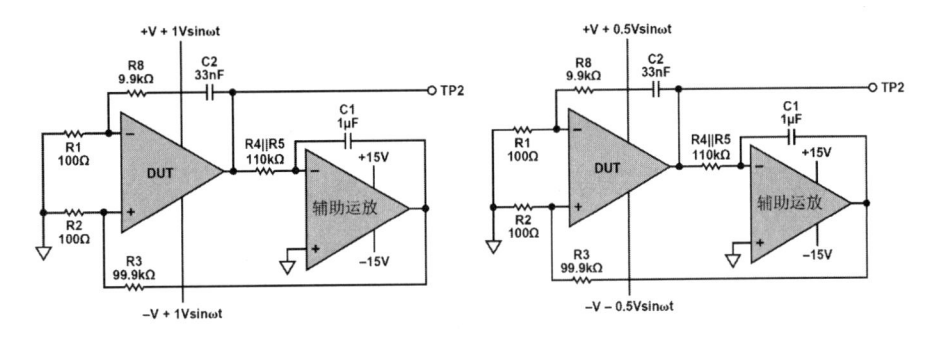

图 2-53　交流 *CMRR* 测量　　　　图 2-54　交流 *PSRR* 测量

2.3　电路参数与测量

因具有传感器的电路与系统涉及传感器的种类繁多，被测量物理量的重现经常是难度极大的，因而这里讨论的电路测试不涉及传感器及其接口电路部分。

为了便于讨论，把电路参数测量分为输入参数、输出参数和整体参数三类。

2.3.1　输入参数

2.3.1.1　输入电阻（阻抗）

严格意义上，输入阻抗是更全面、更准确刻画电路输入特性和从前级电路吸收能量的特性，但在多数情况下的测量电路中，工作频率并不会超过 MHz 量级，此时用输入电阻替代输入阻抗有其合理性。

对于多数输入电阻小于 MΩ 量级时，用简单的方法测量就能得到足够高的精度，但对于输入电阻大于 MΩ 量级时，需要采用特殊的测量方法。

对于仪器放大器这样一类差动输入的放大器，其输入电阻的测量也有特殊性。

（1）输入电阻小于 MΩ 量级时的测量

测量电路如图 2-55 所示，选择尽可能大但又合适的信号电压 V_s 满足以下要求：

①不能超出放大器的输入和输出范围。

②用电压表（或万用表，MMV）测量时尽可能选择接近满量程范围，或使 V_s（和 V_i）尽可能接电压表的 200 mV、2 V 或 20 V 档满量程范围，这样能够得到更高的精度。

注意：万用表的电压档内阻为 10 MΩ，因此，选择 $R_s \approx r_i'$（放大器输入电阻）较为合适。

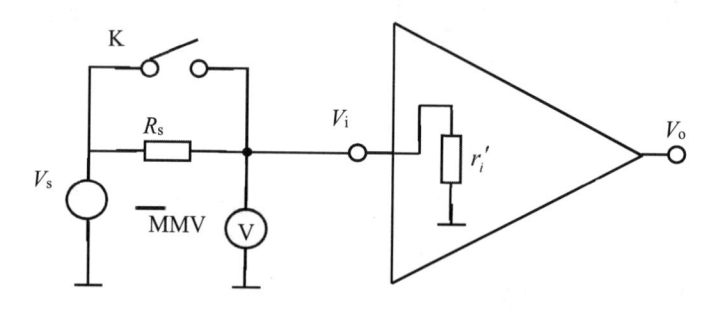

图 2-55　输入电阻小于 MΩ 量级时的测量电路

测量时：

①闭合开关 K，通过 MMV 得到信号电压 $V_{i1} = V_s$；同时观察放大器输出不能进入非线性（饱和或截止）。

②断开开关 K，通过 MMV 得到信号电压 V_{i2}；可得

$$V_{i2} = \frac{r_i}{R_s + r_i} V_{i1} \tag{2-23}$$

由此可以计算放大器的输入电阻 r_i。

可能的误差来源是 MMV 的内阻 r_m，通常为 10 MΩ，可以认为由式（2-23）计算得到放大器输入电阻 r_i 为 MMV 的内阻 r_m 与放大器的输入电阻 r_i' 的并联值：

$$r_i = \frac{r_i' r_m}{r_i' + r_m} \tag{2-24}$$

或

$$r_i' = \frac{r_i r_m}{r_m - r_i} \quad (2\text{-}25)$$

式中，r_i' 为的放大器的实际内阻。将式（2-24）修改并用麦克劳林级数展开：

$$r_i' = \frac{r_i}{1 - r_i/r_m} = r_i\left[1 + (r_i/r_m) + (r_i/r_m)^2 + (r_i/r_m)^3 \cdots + (r_i/r_m)^n + o(r_i/r_m)^n\right]$$

$$(2\text{-}26)$$

由于 $r_i < r_i' < r_m/10$，省略式（2-26）中的 2 次项及所有的高次项带来误差小于 1%，因此式（2-26）可以改写为：

$$r_i' = r_i\left[1 + (r_i/r_m)\right] \quad (2\text{-}27)$$

或者直接认为 $r_i' = r_i$，误差也不到 1/10。

（2）输入电阻大于 MΩ 量级时的测量

由于普通万用表的内阻仅仅只有 10 MΩ，在对输入电阻大于 MΩ 量级时上面的测量方法就不合适，为了使读者清晰地理解所需的考虑和最终所用的测量原理，这里逐步地给出测量方法。

① "借力打力"，避免 MMV 内阻的影响

由运算放大器构成的跟随器，其输入电阻高达几百兆姆，采用图 2-55 所示的测量电路显然是不合适的。图 2-56 中采用 MMV 测量跟随器的输出，利用跟随器本身的阻抗转换功能，可以较好地解决 MMV 内阻不够高的问题。

在图 2-56 中，可以认为 $V_o = V_i$，

A. 闭合开关 K，通过 MMV 得到信号电压 $V_o = V_i = V_s$；同时观察放大器输出没有进入非线性（饱和或截止）。

B. 断开开关 K，通过 MMV 得到信号电压 V_i；可得

$$V_i = \frac{r_i}{r_s + r_i} V_s \quad (2\text{-}28)$$

由此可以计算放大器的输入电阻 r_i（不包含 MMV 的内阻 r_m）。

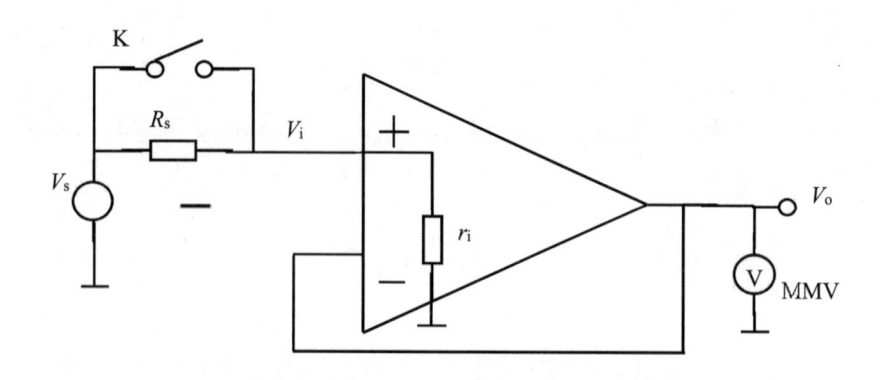

图 2-56 输入电阻大于 MΩ量级时的测量电路

②采用微差法提高测量精度

当放大器的输入电阻很大，如 $r_i = 1\,\text{G}\Omega$，而 R_s 难以找到很大的电阻，如 $R_s = 10\,\text{M}\Omega$，普通 MMV 的动态范围只有 2000，这样，即使采用图 2-56 所示电路也难以得到令人满意的精度。

如图 2-57 所示，在信号输入端与跟随器输出端之间跨接一台 mV 表，可以把 MMV 难以显示的微小变化准确地测量出来，从而大幅度提高测量精度。

由于 mV 表本身就有 10 MΩ的内阻，信号源和跟随器的输出电阻都是 mΩ级，因此 mV 表带来的影响极微，完全不用考虑。

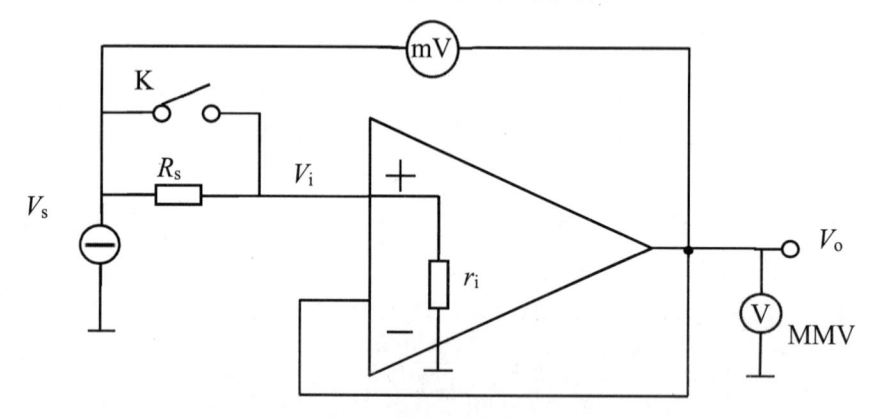

图 2-57 采用微差法的测量电路

测量数据处理比较简单，在此不再赘述。

（3）消除输入偏置电流的影响

虽然深度负反馈能够大幅度提升同相放大器的输入阻抗（电阻），但并不能消除运算放大器本身的输入偏置电流，因此，需要更精确地消除运算放大器输入偏置电流的影响，或测量运算放大器输入偏置电流时，可以采用图 2-58 所示的电路。

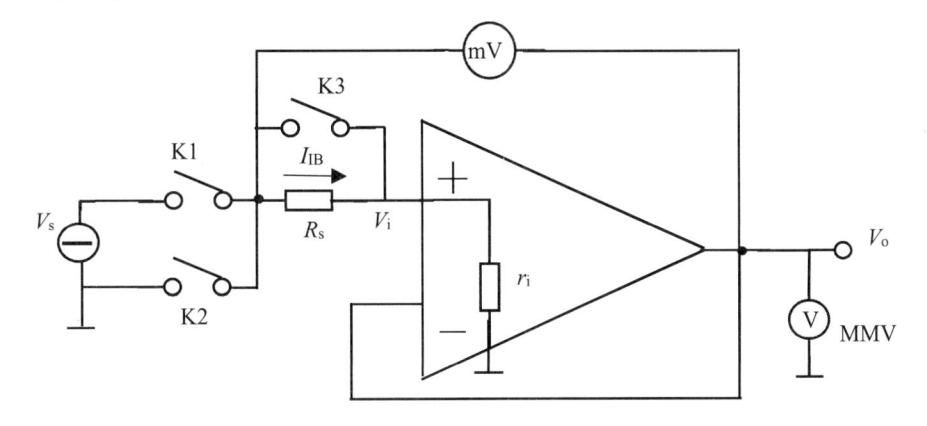

图 2-58 测量和消除输入偏置电流的方法

当 K2 闭合、K1 和 K3 断开时，可以测量出运算放大器的输入偏置电流：

$$V_{o1} = A_V(I_{IB}R_s) \quad (2-29)$$

其中，AV 为跟随器的实际增益，V_{o1} 的值可由 mV 表直接得到。

当 K1 闭合、K2 和 K3 断开时，可以测量输入信号和出输入偏置电流共同作用的输出：

$$V_{o2} = A_V\left(I_{IB}R_s + \frac{r_i}{R_s + r_i}V_s\right) \quad (2-30)$$

当 K1 和 K3 闭合、K2 断开时，可以测量输入信号单独作用的输出：

$$V_{o3} = A_V V_s \quad (2-31)$$

V_{o1}、V_{o2} 和 V_{o3} 均为测量值，因而可有式（2-29）、式（2-30）和式（2-31）联合计算出 r_i、I_{IB} 和 A_V 值。

（4）差动输入电阻的测量

对于具有差动输入的放大器，具有两种输入电阻：差模输入电阻 r_{id} 和共模输入电阻 r_{ic}。差动输入的放大器通常具有极为优良的对称性，这是由差动放大器的优秀的共模抑制比所保证的，因而可以认为两输入端对地的输入电阻 r_{i1} 和 r_{i2} 相等（图 2-59）。因此，

$$r_{i1} = r_{i2} = r_i \quad (2-32)$$

由此不难得到：

$$r_{id} = r_{i1} + r_{i2} = 2r_i \qquad (2\text{-}33)$$

和

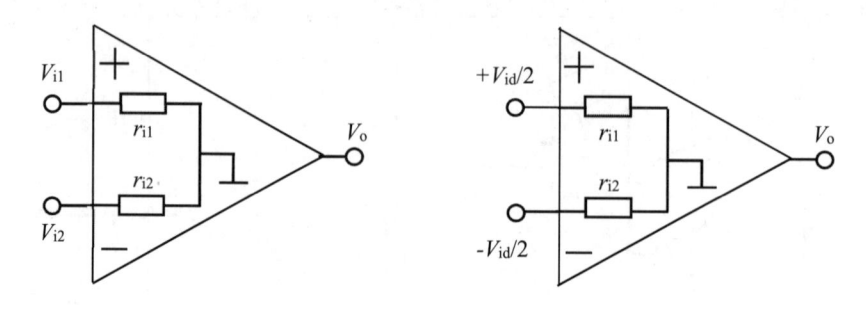

$$r_{ic} = r_{i1} \| r_{i2} = r_i / 2 \qquad (2\text{-}34)$$

(a) 双端输入电阻　　　　　(b) 差模输入电阻

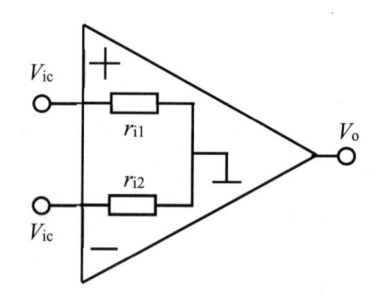

(c) 共模输入电阻

图 2-59　差动输入放大器的输入电阻

在所示的电路中，把差动放大器的负输入端接地（不失一般性，正输入端接地也一样），此时，把差动放大器当作单端输入放大器进行输入电阻 r_i 的测量即可（图 2-60）。

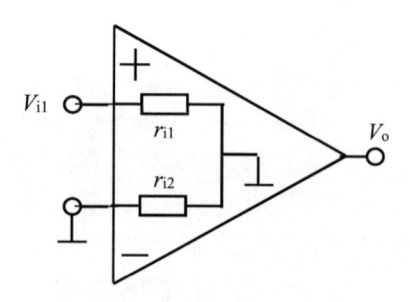

图 2-60　差动输入放大器单端输入电阻的测量

2.3.1.2 输入动态范围

在放大器输入加一个正弦信号,加大到放大器输出刚出现饱和或截止为止。但通常不会同时出现饱和和截止。不失一般性,假定先出现截止,此时对应可输入信号最高值,继续加大信号直到出现饱和,此时对应放大器可输入的最低值,从最低值到最高值的范围是放大器的输入范围。

2.3.2 输出参数

电路(系统)的输出参数主要有输出电阻、输出范围和输出(驱动)能力三类。

2.3.2.1 输出电阻

电路的输出以两类为主:电压和电流。在正常线性工作时,前者可以认为是恒压源,其输出电阻很小,一般在 mΩ 量级;后者可以认为是恒流源,输出电阻在 100 kΩ 量级或以上。

这里再次说明一下普通 3 位半万用表(MMV)的两个主要参数:内阻为 10MΩ 和示值范围为 0~±1999(通常说 2000)。

(1)电压(恒压)输出电路

一般的放大器、滤波器或电路(系统)均属于此类,通常可以用图 2-61 所示的测量电路测量输出电阻。

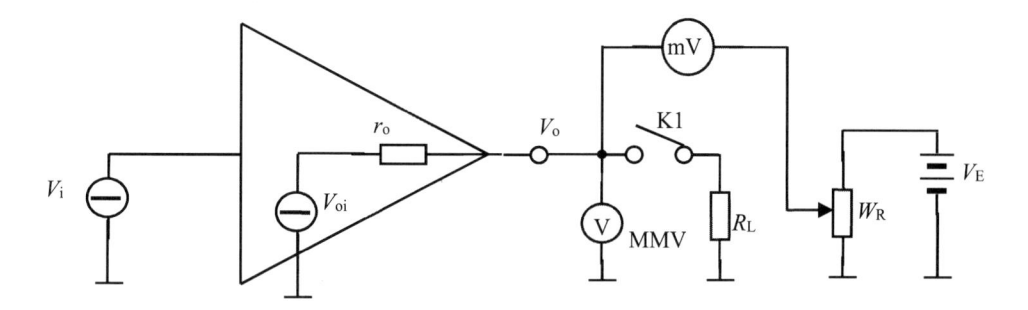

图 2-61 电压(恒压)输出电路输出电阻的测量

常规的测量方法,按照戴维南定律,在 K1 断开时测得电路的开路输出电压 V_{o1}:

$$V_{o1} = V_{oi} \qquad (2-35)$$

在 K1 闭合时测得负载的分压电压 V_{o2}:

$$V_{o2} = \frac{R_L}{R_L + r_o} V_{oi} \tag{2-36}$$

似乎由式（2-35）和式（2-36）联立就可以计算出电路的输出电阻 r_o。其实不能，因对绝大多数的信号处理电路的最大输出电流为 10 mA 左右，输出电压幅值为几伏到十几伏，为讨论方便起见，分别取 10 mA 和 10 V，由此可以选择 $R_L = 1$ k，由此可以计算负载电阻接入与否带来的输出电压变化的比率：

$$\frac{V_{o1} - V_{o2}}{V_{o1}} = \left(V_{o1} - \frac{R_L}{R_L + r_o} V_{oi} \right) / V_{oi} = \frac{r_o}{R_L + r_o} \tag{2-37}$$

由于 $R_L \gg r_o$，因此式可以改写为

$$\frac{V_{o1} - V_{o2}}{V_{o1}} = \frac{r_o}{R_L} \tag{2-38}$$

如前述，$r_o \approx 1$ mΩ 量级，$R_L = 1$ k，因此根据计算负载电阻接入与否带来的输出电压变化大约为 10^{-6} 量级，远远低于普通电压表所能达到灵敏度。

采用微差法可以圆满地解决这个问题：

①在 K1 断开时测得电路的开路输出电压 V_{o1}，同时调整使得 mV 表的读数为 0。

②在 K1 闭合时测得负载的分压电压变化值为（由 mV 读出），则由式（2-39）可得：

$$r_o = \frac{\Delta V_o}{V_{o1}} R_L = \frac{V_{o1} - V_{o2}}{V_{o1}} R_L \tag{2-39}$$

（2）电流（恒流）输出电路

作为恒流源电路，其输出电阻 r_o 在 100 kΩ 至 10 MΩ 之间，输出电压范围在几伏至几十伏，测量需要在输出电压范围内进行。

测量电路如图 2-61 所示。测量步骤为：

①断开 K1，测量输出电压 V_{o1}，调节使得 mV 表的示值为 0。此时：

$$V_{o1} = I_{oi}(r_o \parallel R_L) \tag{2-40}$$

由于 $r_o \gg R_L$（测量时的设置），式（2-40）可以改写成：

$$V_{o1} = I_{oi} r_o \tag{2-41}$$

②闭合 K1，测量输出电压 V_{o2} 和 ΔV_o（由 mV 表读出，$V_{o2} - V_{o2}$），可得

$$\Delta V_o = I_{oi}(r_o \| R_L - r_o \| R_L/2)$$
$$= I_{oi}\left(\frac{r_o R_L}{r_o + R_L} - \frac{r_o R_L/2}{r_o + R_L/2}\right) \quad (2\text{-}42)$$

将式（2-41）带入式（2-42），且 $r_o \gg R_L$（测量时的设置），得

$$\Delta V_o = \frac{V_{o1} R_L}{r_o + R_L} - \frac{V_{o1} R_L/2}{r_o + R_L/2}$$
$$= \frac{V_{o1} R_L}{r_o} - \frac{V_{o1} R_L/2}{r_o} \quad (2\text{-}43)$$
$$= \frac{V_{o1} R_L}{2r_o}$$

则：

$$r_o = \frac{V_{o1} R_L}{2\Delta V_o} \quad (2\text{-}44)$$

$$\Delta V_o = I_{oi}\left(\frac{r_o^2 R_L}{2(r_o + R_L)(r_o + R_L/2)}\right)$$
$$= I_{oi}\left(\frac{R_L}{2(1 + R_L/r_o)(1 + R_L/2r_o)}\right) \quad (2\text{-}45)$$
$$= I_{oi}\left(\frac{R_L}{2}\right)$$

2.3.2.2 输出范围

通常在一定的负载时测量电路的线性输出范围。

（1）电压输出能力

如图 2-62 所示，选择阻值合适的负载电阻，在电路输入加上频率在电路频带范围内的正弦信号，由小到大逐渐增加信号幅值，在示波器上观察电路的输出，直到出现削顶或削底，记录此时信号产生削顶或削底的幅值。继续增加输入信号的幅值，直到出现削底或削顶，记录此时信号产生削底或削顶的幅值。记录的这两个值就是电路的电压输出范围。

（2）电流输出能力

一般说来，电流输出电路有上限（输出电流最大值）而无下限（输出电流最小值），可以采用图 2-63 所示的测量电路测量其输出电流上限。

在预计的输出范围内按一定的步长，由小到大增加输入信号幅值，找到出现拐点的输出电流值作为电路的最大线性电流输出值 $I_{+\max}$。

如果是双极性电流输出电路，则在负向用同样的方法测出最大线性电流输出值 I_{-max}。此时电路的电流输出范围为 I_{-max} 至 I_{+max}。

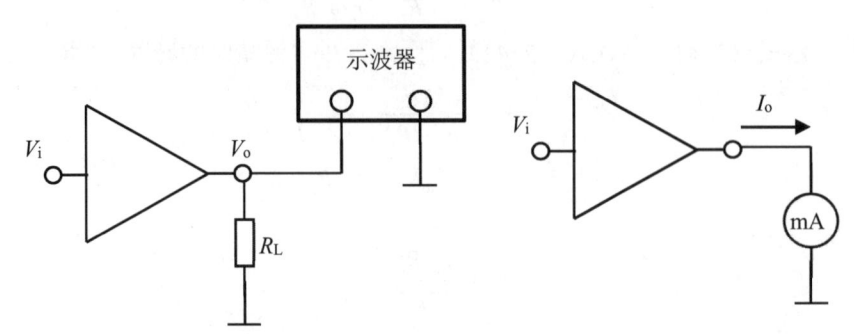

图 2-62　线性电压输出范围的测量电路　　图 2-63　线性电流输出范围的测量电路

2.3.2.3 输出（驱动）能力

严格地说，电路的驱动能力是指其能够驱动负载的大小：

①对于电压输出电路，因输出电压恒定或由输入信号"控制"，其驱动能力是指其能够输出的最大电流是多少，负载轻重是指负载阻值的"小大"，即负载轻对应于负载电阻阻值大，而负载重对应于负载电阻阻值小。

②对于电流输出电路，因输出电流恒定或由输入信号"控制"，其驱动能力是指其能够输出的最大电压是多少，负载轻重是指负载阻值的"大小"，即负载轻对应于负载电阻阻值小，而负载重对应于负载电阻阻值大。

（1）电流输出能力的测试

测试方法 1：在图 2-62 中，R_L 采用大功率可变电阻，将 R_L 由大变小，由示波器观察电路输出电压发生改变时，说明电路输出电流达到极限，测量此时的阻值，可以计算电路的最大输出电流（驱动能力）。也可以与 R_L 串接一只电流表直接测量电路输出电流。

测试方法 2：在图 2-62 中，R_L 采用电子负载，将 R_L 由大变小，电路输出电压发生改变时，说明电路输出电流达到极限，从电子负载上读出此时的电流值，即为电路的最大输出电流（驱动能力）。也可以与 R_L 串接一只电流表直接测量电路输出电流。

（2）电压输出能力的测试

同样也有两种测试方法：

测试方法 1：在图 2-62 中，R_L 采用大功率可变电阻，将 R_L 由小变大，由示波器观察电路输出电压不再随之改变时，说明电路输出电压达到极限，即最大输出电压。

测试方法2：在图2-62中，R_L采用电子负载，将R_L由小变大，电路输出电压不再随之改变时，说明电路输出电压达到极限，从电子负载上读出此时的电压值（或示波器上读出）为电路的最大输出电压（驱动能力）。

2.3.3 整体参数

电路的整体性能有不少参数来表征，如电路幅频、相频特性曲线（波特图）、等效输入噪声、电路（输出）压摆率与建立时间、电路功耗等。这些是常用的指标，还有一些指标，如EMC（Electro Magnetic Compatibility）、电磁兼容性指标EMI（Electro Magnetic Interference，电磁干扰）和EMS（Electro Magnetic Susceptibility，电磁敏感度），这些指标也是十分重要的，但涉及很多专门的知识，无法在此详细叙述。

2.3.3.1 幅频、相频特性曲线（波特图）

毫无疑问，电路（系统）的幅频、相频特性曲线是表征电路（系统）最重要的参数（性能）之一，为设计和评价电路（系统）提供重要的信息和依据。

将幅频响应和相频响应曲线图合二为一就成为所谓的"波特图"，为快速评估电路（系统）的性能带来方便。除带宽和相移这两个固有之意外，在分析或测试系统的稳定性时很有帮助。

波特分析仪（Bode plotter）是一种类似示波器的仪器，可以测量反馈控制系统或滤波器在各频率的增益及相位变化，绘制成波特图。

波特图示仪（又称波特分析仪）的功能和网络分析仪一样，不过网络分析仪一般会用来分析相当高频时的系统特性。而用于低频系统的波特图示仪已经基本上从市场上消失。取而代之的是有不少的高档示波器支持波特图功能。

如图2-64所示，利用支持波特图功能示波器和函数发生器实现快速波特图测试，如SDS2000X HD示波器有输出扫描参数控制和数据显示设置的接口，支持SAG1021I任意波形发生器或Siglent SDG系列任意函数发生器。扫描过程中，示波器配置函数发生器输出频率和幅度，然后将输入信号与被测设备的输出进行比较。在每个频率上都会测量增益（G）和相位（P），并绘制在频率响应波特图上。当环路响应分析完成时，可以在图表上移动标记，以查看在各个频率点测量的增益和相位值，还可以针对幅度和相位图来调整图的定标和偏移设置。

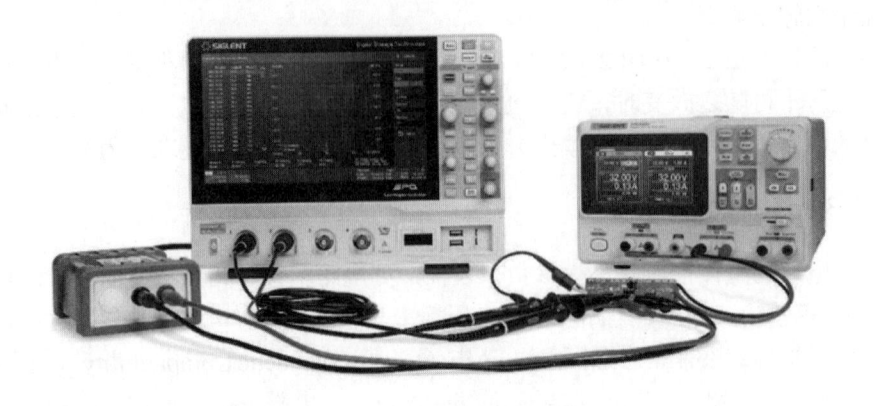

图 2-64　用示波器和函数发生器测试波特图

图 2-65 所示为一个测量结果示例。数据列表提供每个扫描点的信息，使用光标线可灵活测量曲线各个位置的变化情况，自动测量功能可对波特图曲线的 5 个参数：上限截止频率（UF）、下限截止频率（LF）、带宽（BW）、增益裕度（GM）、相位裕度（PM）进行测量。

用普通双通道示波器和函数发生器也可以测得电路（系统）的波特图。

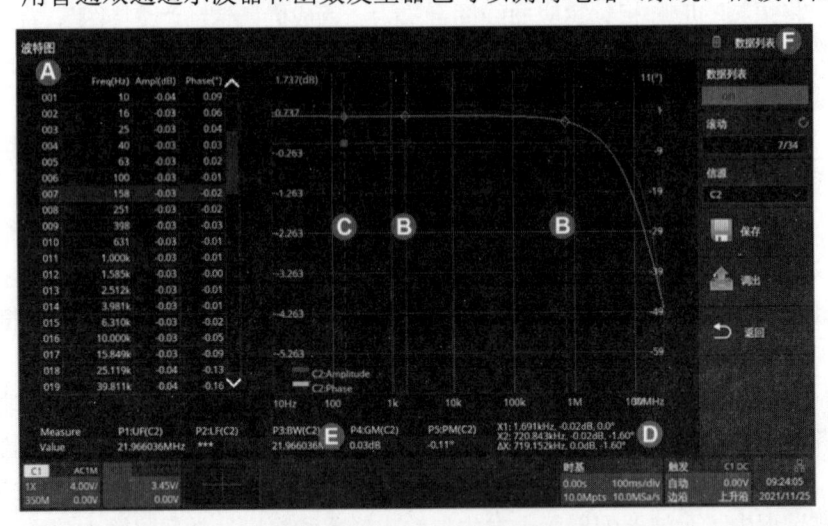

A.数据列表显示区域；B.测量光标线；C.数据点定位线；D.光标信息显示区域；
E.测量参数显示区域；F.波特图设置对话框

图 2-65　波特图测量结果示例

2.3.3.2 等效输入噪声

等效输入噪声直接反映了系统（电路）的灵敏度，低于等效输入噪声的信号不可能被测量出来。

为了方便起见，通常把系统（电路）对输入信噪比的恶化程度等效到输入端加了一个噪声源，这时认为系统（电路）是一个"无噪声"的系统（电路），如图 2-66 所示。

因噪声是系统（电路）频带内的总和，但并不是在每个频率上有确定的值，因而采用有效值测量仪器——交流毫伏表（图 2-67）。

GVT-427B 是一款轻巧的模拟交流毫伏表，低电压测量范围超过了普通的电压表的范围；在满量程 100V 内灵敏度都有 300uV。GVT-427B 提供了双通道测量，同步和独立模式。电压量程分为 12 个档位，宽广的量测范围、频率（10Hz~1MHz）和电压（-70dB~+40dB）提供了宽广的应用范围。

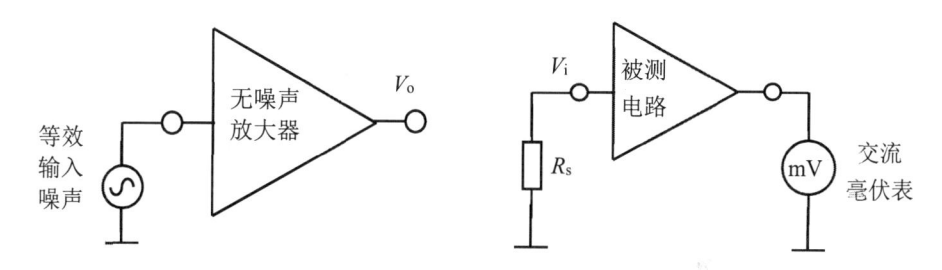

（a）系统（电路）的等效输入噪声　　（b）系统（电路）的等效输入噪声测量电路

图 2-66　系统（电路）的等效输入噪声及其测量

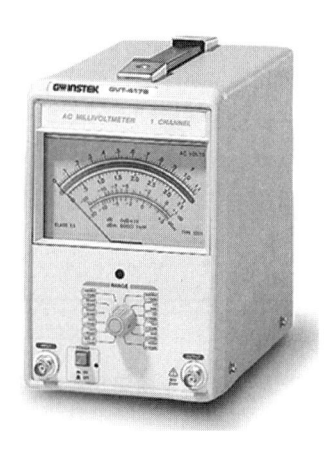

图 2-67　交流毫伏表

2.3.3.3 电路（输出）压摆率

电压转换速率（Slew Rate），简称压摆率。其定义是在 1 微秒时间里电压升高的幅度，用方波来测量时就是电压由波谷升到波峰所需时间，单位通常有 V/s、V/ms 和 V/μs 三种。

图 2-68 为测量压摆率的电路，在输入加上图 2-69 所示的方波信号 V_s，可在输出测得和，则压摆率（SR）可由下式计算。

$$SR = \frac{\Delta V_0}{\Delta t} \tag{2-46}$$

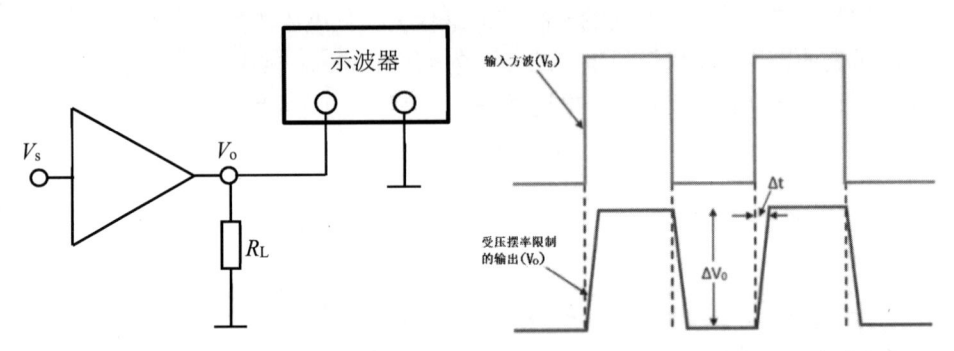

图 2-68 测量压摆率的测量电路　　图 2-69 测量压摆率的输入与输出信号

实际上，输入一定幅值的正弦信号也可以测得 SR，只要把输入信号的频率提高到足够大，就能出现图 2-70 所示的波形，

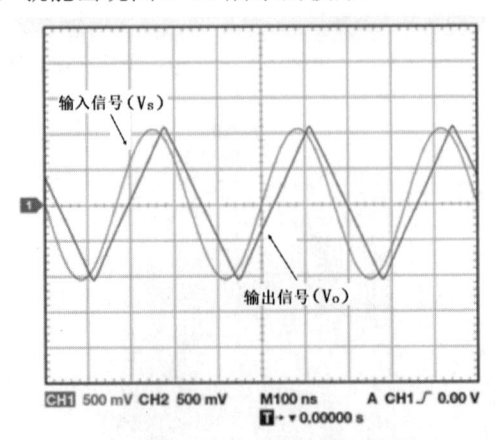

图 2-70　输入正弦波测量压摆率

2.3.3.4 电源抑制比

电源抑制比（Power Supply Rejection Ratio，$PSRR$）是输入电源变化量（以

伏为单位）与系统（电路）输出变化量（以伏为单位）的比值（用符号K_{SVR}表示），常用分贝表示，为清楚起见，将式（2-10）复制如下：

$$K_{SVR} = 20 \lg \frac{\Delta V_O}{A_{VD} \cdot \Delta V_S} \tag{2-47}$$

电源抑制比可分为交流电源抑制比（ACPSRR）和直流电源抑制比（DCPSRR）。对于双电源供电系统（电路）又可以分为正电源抑制比（+PSRR）和负电源抑制比（-PSRR）。

如图 2-71 所示分别为测量交流电源抑制比（ACPSRR）的电源和测量直流电源抑制比（DCPSRR）的电源。

不论是测量交流电源抑制比（ACPSRR）的电源还是测量直流电源抑制比（DCPSRR）的电源，其最大幅值不能达到被测系统（电路）所容许的供电电源最大值。

对于负电源抑制比的测量，注意改变图 2-71 中的直流电源的极性。

交流电源抑制比（ACPSRR）注意的问题：

A. 式（2-47）中的ΔV_O是电源中的交流电源峰峰值。

B. 是与频率相关的参数，所以要测多点的频率才能较全面地反映被测系统（电路）的 ACPSRR。

（a）测量交流电源抑制比（ACPSRR）的电源　（b）测量直流电源抑制比（DCPSRR）的电源

图 2-71　电源抑制比（PSRR）的电源

2.3.3.5　系统（电路）功耗

这是一个很容易测量但也很重要的参数。测量每个电源的供电电流I_{pi}，由各个电源电压V_{pi}可得总功耗P_{total}：

$$P_{total} = \sum_i V_{pi} I_{pi} \tag{2-48}$$

测量时有几个需要注意的问题：

（1）功耗有静态功耗和动态功耗之分，两者有很大的差别，甚至相差一个至几个数量级。

（2）对于脉冲性的工作系统（电路），又要分为瞬时功耗和平均功耗，注意工作时间的占空比。

（3）对低功耗系统，如工作电流只有 μA 量级，需要选择高精度万用表（电流表）测量工作电流。

关于课程思政的思考：

习近平总书记在福建工作时，便十分关注国内产业技术发展。2002年，福建马尾船厂有一艘出口德国的集装箱船即将交付使用，他曾特意前往调研。当听到这艘船的主要设备和导航系统还需依靠进口时，他语重心长叮嘱："还是要把重心放在提高技术水平上，不要总干'苦力活儿'，要着眼高精尖，解决国产化，掌握主动权。"

第3章 晶体管与运算放大器及其放大电路

晶体管与运算放大器都是模拟信号处理电路中的核心器件。由于科技的进步，不仅晶体管的作用范围逐渐萎缩，运算放大器的应用也在收窄，即便如此，晶体管与运算放大器的重要性依然有很多关键的、难以替代的作用。本章与时俱进，重点放在两大类器件依然发挥作用的领域。

3.1 双极结型晶体管电路

双极结型晶体管（Bipolar Junction Transistor，BJT）又称为半导体三极管，它是通过一定的工艺将两个 PN 结结合在一起的器件，有 PNP 和 NPN 两种组合结构。外部引出三个极：集电极，发射极和基极。集电极从集电区引出，发射极从发射区引出，基极从基区引出（基区在中间）。BJT 有放大作用，主要依靠它的发射极电流能够通过基区传输到达集电区实现的，为了保证这一传输过程，一方面要满足内部条件，即要求发射区杂质浓度要远大于基区杂质浓度，同时基区厚度要很小；另一方面要满足外部条件，即发射结要正向偏置（加正向电压）、集电结要反偏置。BJT 种类很多，按照频率分，有高频管、低频管；按照功率分，有小、中、大功率管；按照半导体材料分，有硅管和锗管等。其构成的放大电路形式有：共发射极、共基极和共集电极放大电路。

如图 3-1（a）所示，NPN 型双极性晶体管可以视为共用阳极（基极 b）的两个二极管接合在一起。在双极性晶体管的正常工作状态下，基极—发射极结（称这个 PN 结为"发射结"）处于正向偏置状态，而基极—集电极（称这个 PN 结为"集电结"）则处于反向偏置状态。在没有外加电压时，发射结 N 区的电子（这一区域的多数载流子）浓度大于 P 区的电子浓度，部分电子将扩散到 P 区。同理，P 区的部分空穴也将扩散到 N 区。这样，发射结上将形成一个空间电荷区（也称为耗尽层），产生一个内在的电场，其方向由 N 区指向 P 区，这个电场将阻碍上述扩散过程的进一步发生，从而达成动态平衡。这时，如果把一个正向电压施加在发射结上，上述载流子扩散运动和耗尽层中内在电场之间的动态平衡将被打破，这样会使热激发电子注入基极区域。

在 NPN 型晶体管里，基区为 P 型掺杂，这里空穴为多数掺杂物质，因此在这区域电子被称为"少数载流子"。

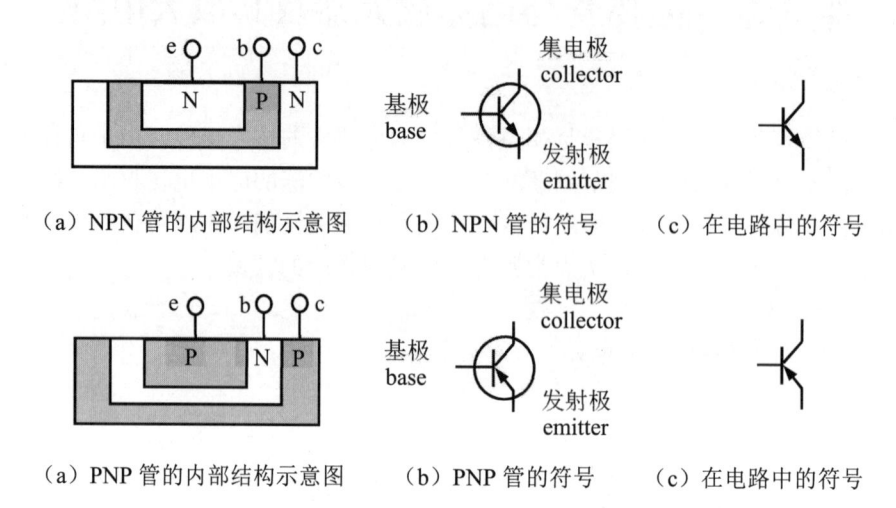

（a）NPN 管的内部结构示意图　　（b）NPN 管的符号　　（c）在电路中的符号

（a）PNP 管的内部结构示意图　　（b）PNP 管的符号　　（c）在电路中的符号

图 3-1　BJT 双端口网络及其微变等效电路

从发射极注入到基极区域的电子，一方面与这里的多数载流子空穴发生复合，另一方面由于基极区域掺杂程度低、物理尺寸薄，并且集电结处于反向偏置状态，大部分电子将通过漂移运动抵达集电极区域，形成集电极电流。为了尽量缓解电子在到达集电结之前发生的复合，晶体管的基极区域必须制造得足够薄，以至于载流子扩散所需的时间短于半导体少数载流子的寿命，同时，基极的厚度必须远小于电子的扩散长度（diffusion length，参见菲克定律）。在现代的双极性晶体管中，基极区域厚度的典型值为十分之几微米。需要注意的是，集电极、发射极虽然都是 N 型掺杂，但是二者掺杂程度、物理属性并不相同，因此必须将双极性晶体管与两个相反方向串联在一起的二极管区分开来。

3.1.1　BJT 的微变等效电路与电路分析

如图 3-2 所示为 BJT 及其微变等效电路。

第 3 章 晶体管与运算放大器及其放大电路

（a）BJT 双端口网络

（b）BJT 的微变等效电路

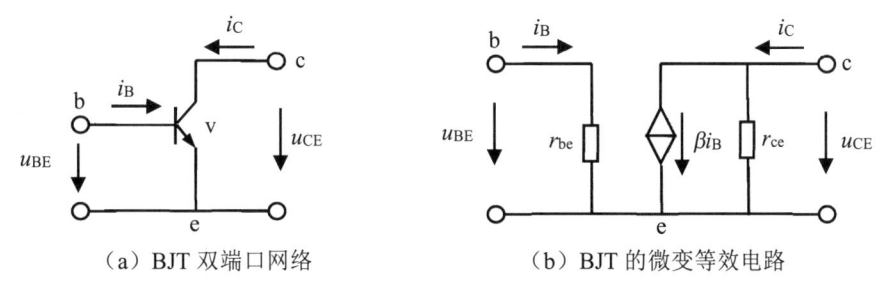

图 3-2 BJT 双端口网络及其微变等效电路

（1）从输入端看，be 间等效为 BJT 输入电阻：

$$r_\text{i} = \frac{u_\text{be}}{i_\text{B}} \tag{3-1}$$

r_be 与 BJT 的静态工作点 Q 有关，r_be 可用公式估算：

$$r_\text{be} = r'_\text{be} + (1+\beta) r_\text{e} \tag{3-2}$$

式中，β 为 BJT 的电流放大倍数，一般为几十至几百，r'_be 为 200～300Ω，而

$$r_\text{e} = \frac{V_\text{T}(\text{mV})}{I_\text{EQ}(\text{mA})} = \frac{26(\text{mV})}{I_\text{EQ}(\text{mA})} (T=300\text{K}) \tag{3-3}$$

则

$$r_\text{be} = 300\Omega + (1+\beta)\frac{26(\text{mV})}{I_\text{EQ}(\text{mA})} \tag{3-4}$$

（2）从输出端看，ce 间等效为流控流源 $i_\text{c} = \beta i_\text{B}$，$r_\text{ce} = \infty$。

（3）分析实际电路时需要注意：

① $i_\text{C} = \beta i_\text{B}$ 的方向由 i_B 决定。

② r_be、r_i 和 r'_be 有区别，r_be 为 BJT 的输入电阻；r_i 为放大器的输入电阻；r'_be 为 BJT 基区电阻。

③等效模型对外不对内，r_be、流控流源 βi_B 并不实际存在。

④在对 BJT 电路进行分析时，注意 b、e、c 与管外对应关系，管外电路保持不变。

⑤等效关系有 be 间的电阻、ce 间的电阻、bc 间开路。标注 i_B 和 βi_B 以

及各自正确的方向。

（4）所谓"微变"是"微小交流信号"的代名词，用于分析电路的交流信号通道。直流"通道"实际上是"直流偏置"的分析或设置，确保三极管处于合理的"偏置"工作点。

3.1.2 BJT 电路分析举例

（1）电压增益

如图 3-3（a）所示的 BJT 共发射极放大器，可得如图 3-3（b）所示的交流通路，根据 $u_i = i_b r_{be}$，$i_c = \beta i_b$，$u_o = -i_c(R_C \| R_L)$，可得电压增益为：

$$A_v = \frac{u_o}{u_i} = -\frac{i_c(R_C \| R_L)}{i_b r_{be}} = -\frac{\beta i_b(R_C \| R_L)}{i_b r_{be}} = -\frac{\beta(R_C \| R_L)}{r_{be}} \quad (3-5)$$

（a）BJT 共发射极放大器　　　　　　（b）交流通路

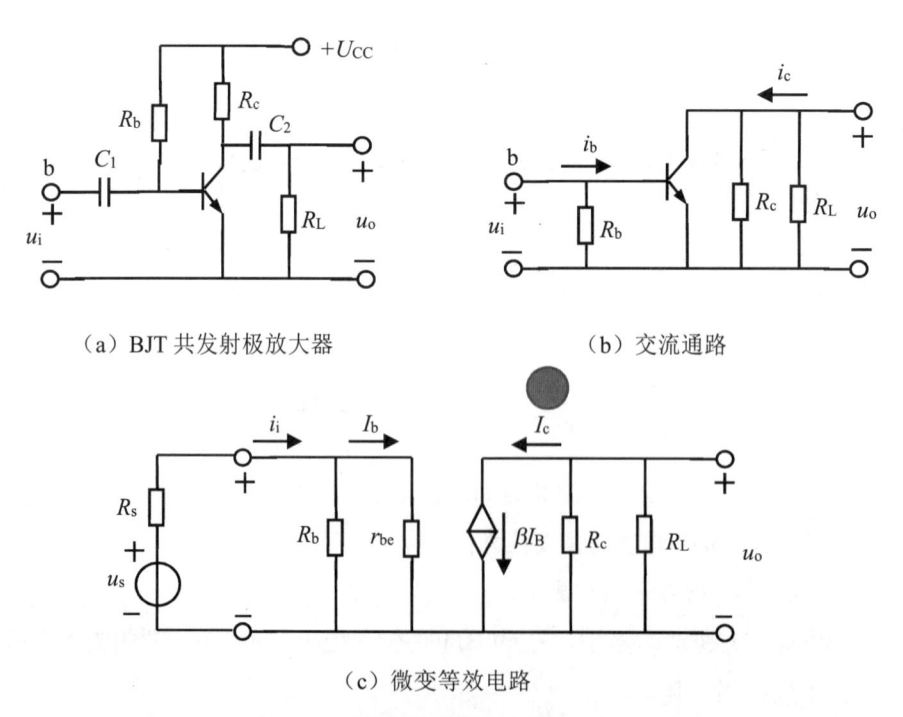

（c）微变等效电路

图 3-3　BJT 共发射极放大器及其交流通路和微变等效电路

（2）输入电阻

依据输入电阻的定义可得：

$$r_\mathrm{i} = \frac{u_\mathrm{i}}{i_\mathrm{i}} = \frac{u_\mathrm{i}}{i_\mathrm{b}} = -\frac{i_\mathrm{b}(R_\mathrm{b}\|r_\mathrm{be})}{i_\mathrm{b}} = R_\mathrm{b}\|r_\mathrm{be} \tag{3-6}$$

r_i 越大越好，这样，输入电压 u_i 越接近信号源电压 u_s，作为前级电路的负载效应就越小，对前级电路的影响也就越小。

（3）输出电阻

依据输出电阻的定义可得：

$$r_\mathrm{o} = \left.\frac{u_\mathrm{p}}{i_\mathrm{p}}\right|_{u_\mathrm{s}=0,R_\mathrm{L}=\infty} = R_\mathrm{C} \tag{3-7}$$

r_o 越小越好，这样，负载实际得到的电压越接近输出电压 u_o，电路的驱动能力就越强。

（4）BJT 电路分析小结

①在 BJT 与放大电路的微变等效电路中，电压、电流等电量均是针对变化量（交流量）而言的，不能用来分析计算静态工作点。

②相对而言，BJT 的输出电阻 r_o 与输入电阻 r_i 相当，在同样的 BJT 放大器级联时，实际增益会比两级放大器单独计算得到的增益乘积小很多，也就是所谓的"负载效应"很严重，这也是运算放大器普及之后，BJT 就基本上从信号放大的应用领域退出的原因之一（其他原因包括需要外围偏置电路、可靠性差等）。

③目前，BJT 的应用主要是要求不高、功率驱动、开关应用和高频应用等。

3.1.3 BJT 放大器设计举例

BJT 放大器设计的通用目标：

①提高增益设计的"准确性"，应该是"指哪打哪"，而不能是"打哪指哪"。

②降低前后级的负载效应：提高输入电阻。

③提高驱动能力：降低输出电阻。

④克服 β 值等器件参数差异的影响，做到与 β 值"无关"的设计。

达到上述目标的最基本、不可或缺的方法：深度负反馈。

假设 BJT 放大器设计的需求是：

①增益为 10×。

②电源为 12V。

③频带为 100~2000 Hz。

给出的 BJT 放大器的形式如图 3-4 所示。设计过程如下:

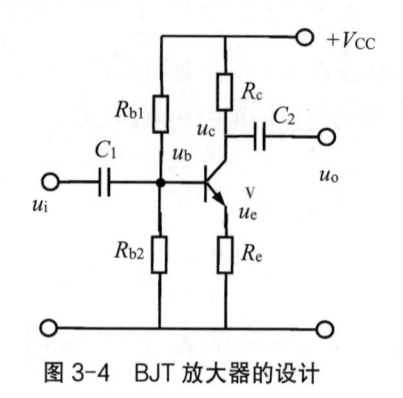

图 3-4 BJT 放大器的设计

① 选择 $\beta > 100$ 的低频小功率 NPN 的 BJT——选择核心器件是设计的第一步。

② 选择 $I_e \approx I_c = 1\text{mA}$ ——依据功耗大小、可靠性等进行平衡。

③ 最佳工作点 $u_c \leq V_{cc}/2 = 6\text{V}$ (放大器的输出摆幅最大),因而 $u_c \leq V_{cc}/2 = 6\text{V}$,考虑到 BJT 需要一定的工作压降($u_c - u_e$)和 R_e 上的压降 u_e,取 $u_c = V_{cc} - 5.6\text{V} = 6.3\text{V}$ ——设计需要统筹考虑和依据一定的经验。

④ $R_c = 5.6\text{V}/1\text{mA} = 5.6\text{k}\Omega$ ——5.6 kΩ 是电阻系列值,设计时应该选用器件系列值。

⑤ 对交流信号而言,$u_e = u_i$。而放大器增益 $k_v = u_o/u_i = u_c/u_e = R_c I_c/R_e I_e = R_c \beta I_b / R_e (1+\beta) I_b \approx R_c/R_e = 10$,因而 $R_e = R_c/10 = 560\Omega$。

⑥ 校验。放大器的输出摆幅可达 0.56 V×2=11.2 V。BTJ 最小可有 0.8 V 的工作压降。

⑦ 由于 $\beta > 100$ 和 $I_c = 1\text{mA}$,所以 $I_b \leq 10\mu\text{A}$ ——设计需要依据和逻辑推理。

⑧ 选择 R_{b1} 和 R_{b2} 中的电流为 $0.1\text{mA} = 10 I_b$,因而 I_b 对 R_{b1} 和 R_{b2} 的分压几乎没有影响——这是工程思维的一个方式。

⑨ 所以,$R_{b1} + R_{b2} = V_{cc}/0.1\text{mA} = 120\text{k}\Omega$ ——设计直流偏置回路。

⑩ 直流电压值 $u_e = R_e \cdot 1\text{mA} = 470\text{mV}$,BJT 的 be 结压降 0.6V,则 $u_b = u_e + 0.6\text{V} = 470\text{mV} + 0.6\text{V} = 1.07\text{V} \approx 1\text{V}$。

⑪ 取 $R_{b2} = 10\text{k}\Omega$,可得 $R_{b1} = 110\text{k}\Omega$ ——偏置电阻中的电流 1 mA $\gg I_b \leq 10\mu\text{A}$。

⑫放大器的输入电阻为

$$r_\mathrm{i} = R_\mathrm{b} \| r_\mathrm{be} = R_\mathrm{b1} \| R_\mathrm{b2} \| r_\mathrm{be} \qquad (3-8)$$

其中，$r_\mathrm{be} = r'_\mathrm{be} + (1+\beta) R_\mathrm{e} > \beta R_\mathrm{e} > 100 \times 0.56\mathrm{k} = 56\mathrm{k}$，因此，$r_\mathrm{i} \approx 10\mathrm{k}\Omega$。

输出电阻：$r_\mathrm{o} = R_\mathrm{c} = 5.6\mathrm{k}\Omega$。

⑬低端的截止频率主要由输入电阻 r_i 和电容 C_1 所决定。

取 $C_1 = 0.033\mu\mathrm{F}$。一则圆整到电容的系列值，二则大于计算值的 10% 以内可避免器件的容差和计算的近似带来的影响（在 r_i 值计算时是往下近似），以确保满足设计需求的实现。必要时还可以取 $C_1 = 0.047\mu\mathrm{F}$——这也是工程思维：认可和避免器件参数的误差，确保设计指标的达成。

⑭低端的截止频率还受到电容 C_2 和后级的输入电阻（或负载电阻 R_L）限制。可以用下式计算：

$$C_2 = 1/2\pi f_\mathrm{L} R_\mathrm{L} \qquad (3-9)$$

3.2 场效应管

场效应晶体管（field effect transistor，FET）利用场效应原理工作的晶体管。场效应就是改变外加垂直于半导体表面上电场的方向或大小，以控制半导体导电层（沟道）中多数载流子的密度或类型。它是由电压调制沟道中的电流，其工作电流是由半导体中的多数载流子输运。这类只有一种极性载流子参加导电的晶体管又称单极型晶体管。与双极型晶体管相比，场效应晶体管具有输入阻抗高、噪声小、极限频率高、功耗小，制造工艺简单、温度特性好等特点，广泛应用于各种放大电路、数字电路和微波电路等。

场效应管分为结型场效应管（JFET）和绝缘栅场效应管（MOS 管）两大类。

按沟道材料型和绝缘栅型可分为 N 沟道和 P 沟道两种；按导电方式可分为耗尽型与增强型。结型场效应管均为耗尽型，绝缘栅型场效应管既有耗尽型的，也有增强型的。

场效应晶体管可分为结场效应晶体管和 MOS 场效应晶体管，而 MOS 场效应晶体管又分为 N 沟耗尽型和增强型、P 沟耗尽型和增强型四大类。

3.2.1 结型场效应晶体管

结型场效应晶体管（Junction Field-Effect Transistor，JFET）是由 PN 结栅

极（G）与源极（S）和漏极（D）构成的一种具有放大功能的三端有源器件。其工作原理就是通过电压改变沟道的导电性来实现对输出电流的控制［图3-5（a）］。

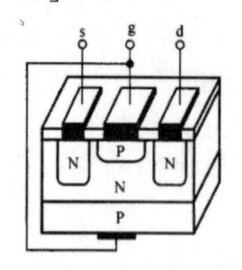

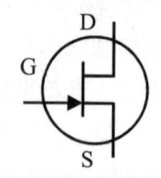

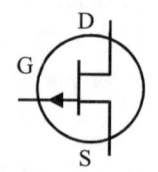

(a) P沟道JFET内部结构示意图　　(b) n沟道JFET符号　　(c) p沟道JFET符号

图3-5　JFET的电路符号

结型场效应管有两种结构形式：N沟道结型场效应管和P沟道结型场效应管。

结型场效应管也具有三个电极：栅极、漏极、源极。场效应管电路符号中栅极的箭头方向可理解为两个PN结的正向导电方向，如图3-5（a）和（b）所示。

3.2.1.1　结型场效应管的工作原理（以N沟道结型场效应管为例）

在图3-6所示N沟道结构型场效应管的结构中，由于PN结中的载流子已经耗尽，故PN结基本上是不导电的，形成了所谓耗尽区，当漏极电源电压V_{DS}一定时，如果栅极电压越负，PN结交界面所形成的耗尽区就越厚，漏、源极之间导电的沟道也就越窄，漏极电流I_D就愈小；反之，如果栅极电压没有那么负，则沟道变宽，I_D变大。所以用栅极电压V_{GG}可以控制漏极电流I_D的变化，就是说，场效应管是电压控制元件。

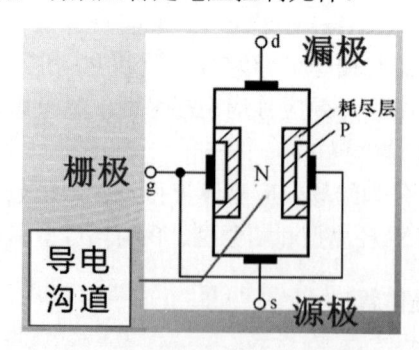

图3-6　N沟道结构型场效应管的结构

我们可以根据制作工艺来看，JEFT 管子几乎是对称的，因此可以把 s 极当成 d 极用，d 极当成 s 极用，用反以后特性曲线基本没怎么变化。这点与 BJT 差异很大（BJT 一般是不能反着用的）。

为容易理解，可以认为场效应管的 s、g、d 极对应了三极管的 e、b、c 极。

在 JEFT 中我们控制的是中间的导电沟道宽度，因此应该在 g-s 极之间加上负电压 u_{GS}。使导电沟道宽度慢慢降低，直到耗尽层占满整个导电沟道。随着 u_{GS} 加大，效果图如图 3-7 所示。

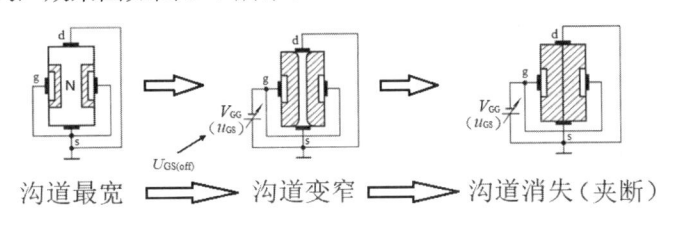

沟道最宽 ⇒ 沟道变窄 ⇒ 沟道消失（夹断）

图 3-7 JFET 的电路符号

u_{GS} 可以控制导电沟道的宽度。为什么 g-s 必须加负电压？加正向电压也是可以控制导电沟道宽度的，但引入场效应管，从输入回路上看几乎不取电流，因此 PN 结加反向电压，呈现出很大的电阻，也就得到很大的输入电阻，这点对放大器是很重要的。

为了让导电沟道里的电子定向移动，则需要在 ds 极之间加上正向电压 u_{DS}，从而形成了 d 极电流 i_D，u_{DS} 加大效果图如图 3-8 所示。

当 u_{GS} 和 u_{DS} 一定时，由于 u_D 的点位是最高的，针对 N 型半导体而言，从上到下，随着位置下降，所对应位置的电位降低，直到降低到 u_S。因此，在 N 型半导体里从上到下，随着对应点 F 位置下降，则 F 点相对于 g 级的电位 u_{FG} 的值也下降，直到降到 u_{SG} 的值。因此沟道的形状出现图 3-8，即远离 d 极的沟道宽，靠近 d 极的沟道窄。

因此随着 u_{DS} 增大会出现预夹断。在夹断之前，随着 u_{DS} 的增大，i_D 也增大。这是因为 u_{DS} 增大，ds 极之间的电场也随着加大，从而给沟道里面的电子以足够的能量使得它们形成电流。所以 u_{DS} 加大，电流将会越来越大。

夹断以后，随着 u_{DS} 增大，则夹断的区域沿着沟道方向将会越来越长。现在出现新的矛盾和平衡：

①u_{DS} 加大可以使电流增大。

②夹断区沿着沟道方向越来越长，这给电流形成造成阻力。因此电子需要比较高的速度才能通过夹断区。也就是这时形成电流要更多能量，即 u_{DS}

增大使电流变小。

因此在夹断以后达到一种平衡：u_{DS} 的增大几乎全部用来克服夹断增长的沟道阻力。于是可以看到 u_{DS} 增大到一定程度后，i_D 几乎不变。此时 i_D 仅仅取决于 u_{GS}。

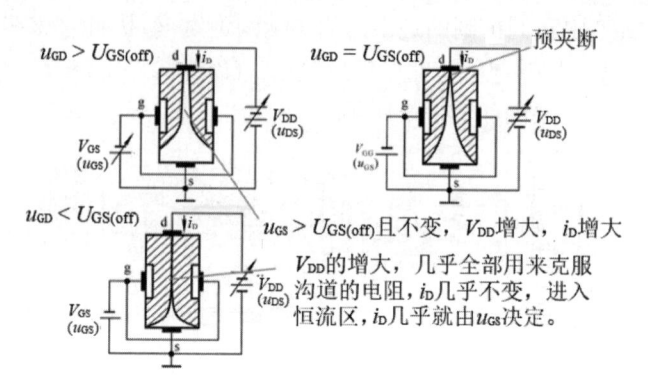

图 3-8 JFET 的工作原理

3.2.1.2 特性曲线

（1）转移特性曲线

转移特性曲线如图 3-9 所示。

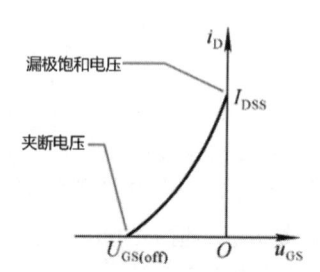

图 3-9 JFET 的转移特性曲线

当 u_{DS} 一定时，漏极电流受栅源极电压的单调控制。

$$i_D = f(u_{GS})\big|_{u_{DS}=常量} \qquad (3-10)$$

可以认为场效应管工作在恒流区（电压控制电流源），因而 $u_{GS} > U_{GS(off)}$ 且 $u_{GD} > U_{GS(off)}$，则 $u_{GG} > -U_{GS(off)}$，$u_{DS} > u_{GS} - U_{GS(off)}$。

在恒流区，有公式：

$$i_D = I_{DSS}\left(1 - \frac{u_{GS}}{U_{GS(off)}}\right)^2 \qquad (3-11)$$

式中，I_{DSS} 为漏极饱和电流。

在工作的时候 i_D 不能超过漏极饱和电流，超过此电流，难以保证栅源之间的电阻很大特点。这是因为这里需要 $u_{GS}>0$。而上述工作在恒流区转移特性方程［式（3-11）］是通过半导体物理知识得到的。

场效应管和三极管的转移特性方程相比，一个是指数方程，另一个是幂方程，从而说明了为什么三极管的放大倍数比场效应管放大倍数高的原因。于是要提高场效应管的放大倍数，则工作点要高一点。

（2）输出特性曲线

输出特性曲线如图 3-10 所示。

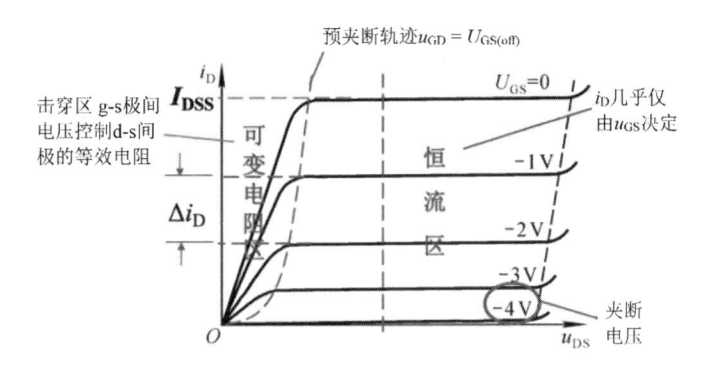

图 3-10 JFET 的输出特性曲线

从图中我们可以看出场效应管的工作状态有截止区、可变电阻区、恒流区。

① 截止区：$u_{GS} < U_{GS(off)}$。

② 可变电阻区：$u_{DS} \leqslant u_{GS} - U_{GS(off)}$。s 极之间可以当作可控电阻来用（$U_{GS}$ 来控制电阻大小），使用前提就是 u_{DS} 要小。

③ 恒流区：$u_{DS} > u_{GS} - U_{GS(off)}$。$I_D$ 的大小仅取决于 u_{GS} 的大小。

当 u_{DS} 大到一定程度，漏极电流会骤然增大，管子被击穿。这是由于 g-d 间的耗尽层破坏而造成的。

在场效应管中，与三极管参数 $\beta = \dfrac{\Delta i_C}{\Delta i_B}$ 类似的参数，低频跨导

$$g_m = \left.\frac{\Delta i_D}{\Delta u_{GS}}\right|_{U_{DS}=常数}$$ 来表征其"放大"性能。

3.2.2 绝缘栅型场效应管

绝缘栅型场效应管的 g 极与 s 极、g 极与 d 极之间均采用 SiO₂ 绝缘层隔离而得名，又栅极为金属铝，故又被称为 MOS 管。正是由于 g-s 间用 SiO₂ 来隔离，因此 g-s 间的电阻是非常大的。而且 MOS 管比结型场效应管温度稳定性好，集成化时工艺简单，因此用途更广泛。

MOS 管也有 N 沟道和 P 沟道，每种又分为增强型和耗尽型。

3.2.2.1 增强型 MOS 管

增强型 MOS 的结构示意图及其电路符号如图 3-11 所示。

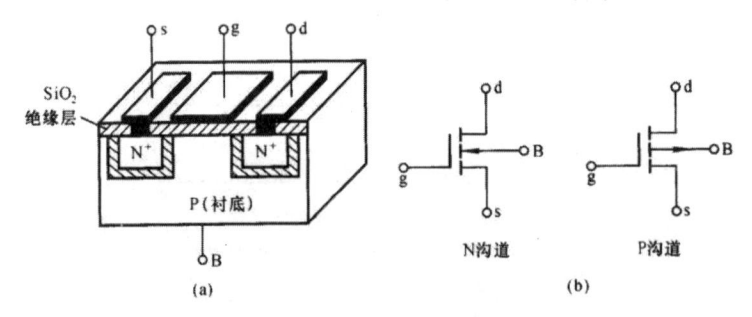

图 3-11 增强型 MOS 的结构示意图及其电路符号

其中 MOS 管符号里虚线表示要形成沟道。N 沟道增强型 MOS 管的制作工艺：它以一块掺杂 P 型硅片为衬底，利用扩散工艺制作两个高掺杂的 N 区，并引出两个电极分别为 s 极、d 极。半导体上制作一层 SiO₂ 绝缘层，再在 SiO₂ 绝缘层上制作一层金属铝，引出电极 g 极。而衬底引出一极叫衬极，即 b 极。通常 b 极和 s 极连接在一起。

b 极和 g 极可以看作一个极板，而中间 SiO₂ 是绝缘层，故形成电容。当 g-b 电压发生变化时，将会改变衬底靠近绝缘层处感应电荷的多少，从而控制漏极电流的大小。

（1）工作原理

我们考虑将 b 极与 s 极接在一起（当然也可以在使用中 b 极接在 s 极上）。由于 g-b 之间是一个电容，当给 g-b 施加电压时，g 极金属层聚集正电荷，它们排斥 P 型衬底靠近 SiO₂ 一侧的空穴，使之剩下不能移动的负离子区，另一方面将衬底的自由电子吸引到耗尽层与绝缘层之间，形成了一个 N 型薄面，被称为反型层，如图 3-12 所示。

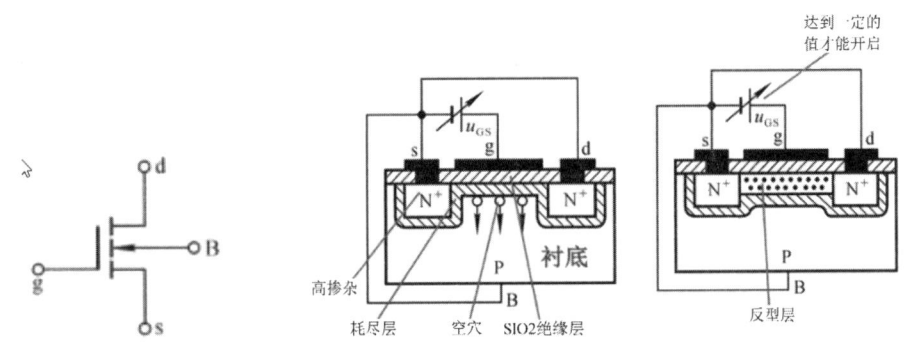

图 3-12　N 沟道增强型 MOS 的电路符号和工作原理

这个反型层就构成了 g-s 间的导电沟道，使沟道刚形成的 g-s 间的电压称为开启电压 $U_{GS(th)}$。u_{GS} 越大，反型层越厚，导电沟道电阻越小。

现在有了导电沟道，但里面的电子如何运动需要外加电场来控制。因此，当 u_{GS} 大于开启电压且一定的时候，u_{DS} 施加正向电压时将会产生漏极电流 i_D：

①u_{DS} 从 0 增大的时候，随着 u_{DS} 增大，i_D 也增大，而且沟道沿着 s-d 方向逐渐变窄。

②u_{DS} 大到一定程度，$u_{DS}=u_{GS}-U_{GS(th)}$，沟道在 d 极一侧出现了夹断点。

③若 u_{DS} 再继续增大，夹断区也随之增长。在这里 u_{DS} 增大的部分几乎全部用于克服夹断区增长的部分对漏极电流的阻力。从外部看 i_D 几乎不变，如图 3-13 所示。

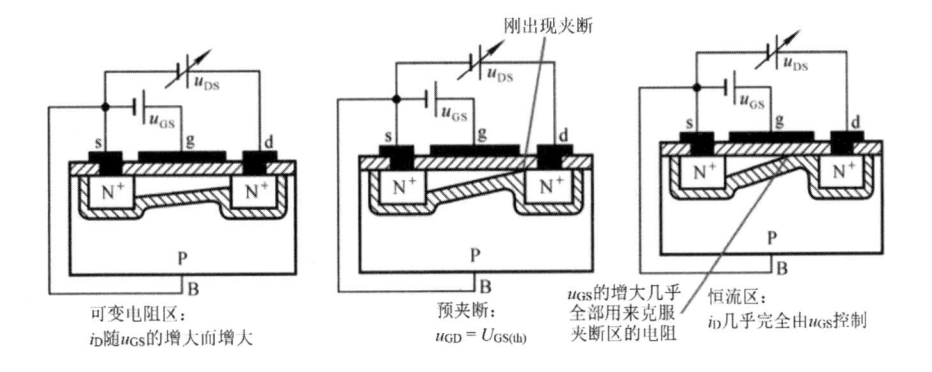

图 3-13　漏极电流 i_D 随 u_{DS} 变化的示意图

(2) 输入特性曲线和输出特性曲线

N 沟道增强型 MOS 的输入和输出特性曲线如图 3-14 所示。

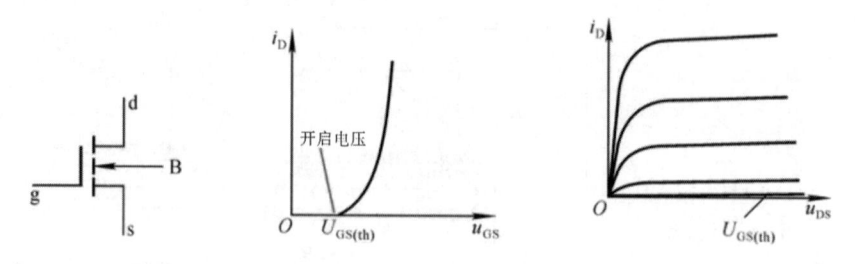

图 3-14　N 沟道增强型 MOS 的输入和输出特性曲线

它的特性曲线和结型场效应管很类似，工作状态也有截止区，可变电阻区，恒流区。

①截止区：$u_{GS} < U_{GS(th)}$。

②可变电阻区：$u_{DS} < u_{GS} - U_{GS(th)}$，$u_{GS} > U_{GS(th)}$。

③恒流区：$u_{DS} > u_{GS} - U_{GS(th)}$，$u_{GS} > U_{GS(th)}$。

3.2.2.2　耗尽型 MOS 管

在制造 MOS 管时，在 SiO2 绝缘层中掺入大量的正离子，则在 $u_{GS} = 0$ 的情况下，在正离子作用下 P 型衬底靠近绝缘层的表层也存在反型层，即 d-s 之间存在着导电沟道，可以产生漏极电流。如图 3-15 所示。

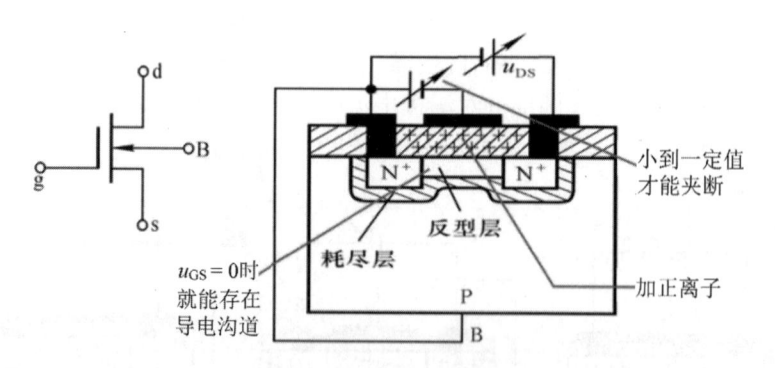

图 3-15　JFET 的电路符号

从它的结构我们可以看出：

①u_{GS} 为正时，反形层变宽，导电沟道电阻变小。

②u_{GS} 为负时，反形层变窄，导电沟道电阻变大。减小到一定程度反形层消失，从而导电沟道也消失。

这说明了耗尽型 MOS 管在 $u_{GS}>0$、$u_{GS}<0$、$u_{GS}=0$ 时均可导通，且与结型场效应管不同，由于 $SiO2$ 绝缘层的存在，在 $u_{GS}>0$ 时仍保持 g-s 间电阻非常大的特点。

N 沟道增强型 MOS 的输入和输出特性曲线如图 3-16 所示。

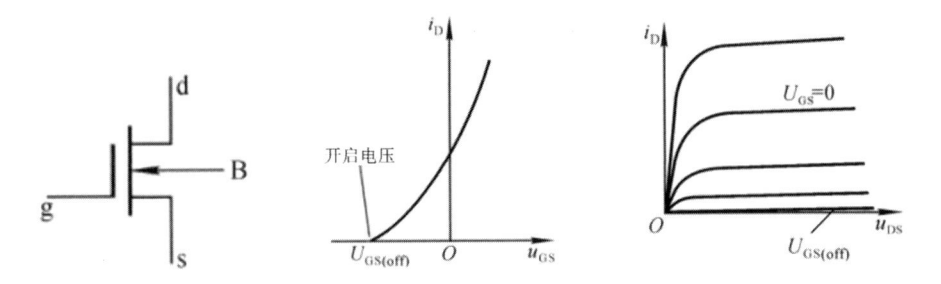

图 3-16 MOS 管的输入特性曲线和输出特性曲线

N 沟道增强型 MOS 的输入和输出特性曲线和 N 沟道增强型 MOS 曲线很类似。

3.2.2.3 MOS 管总结

如果 MOS 管衬底不与源极相连。若保证管子工作在特定的区域，则衬源之间的 u_{BS} 必须保证 PN 结处于合适的偏置。

对于 MOS 管，g-b 间的电容很小，只要有很少量的感应电荷就可以产生很高的电压。而又由于 $R_{GS(DC)}$ 很大，感应电荷难以释放，以至于感应电荷所产生的高压会使很薄的绝缘层击穿，造成管子的损坏。因此，无论是在存放还是在工作电路中都应该在 g-b 间提供直流通路，避免栅极悬空。

3.2.3 场效应管参数

（1）直流参数

①开启电压 $U_{GS(th)}$（增强型 MOS 管参数）：此电压是使 i_D 大于 0 所需的最小 $|u_{GS}|$ 值，而手册里是 i_D 为规定的特定微小电流时的 u_{GS}。

②夹断电压 $U_{GS(off)}$（结型和耗尽型管子参数）：手册里是 i_D 为规定的特定微小电流时的 u_{GS}。

③饱和漏极电流结型 I_{DSS}（结型场效应管参数）：$u_{GS}=0$ 时产生的预先夹断时的漏极电流。

④直流输入电阻 $R_{GS(DC)}$：此值等于栅源电压与栅极电流之比。

（2）交流参数

①低频跨导 $g_m = \dfrac{\Delta i_D}{\Delta u_{GS}}\bigg|_{U_{DS}=常数}$。

②极间电容：场效应管三个极间均存在极间电容。在高频电路中应考虑电容的影响。管子的最高工作频率 f_M 综合考虑三个电容的影响。

（3）极限参数

①最大漏极电流 I_{DM}：管子正常工作时漏极电流的上限值。

②击穿电压 $U_{(BR)GS}$：使 i_D 骤然增大的 u_{DS} 的电压，u_{DS} 超过此值会使管子损坏。

③最大耗散功率 P_{DM}：它决定了管子允许的温升。它确定后便可在管子的输出特性曲线画出临界最大功耗，再根据 I_{DM} 和 $U_{(BR)DS}$ 便可得到安全工作区。

3.2.4 效应晶体管电路的分析与设计

由于结型场效应管和 MOS 场效应管极为类似，因此本节将两者混合起来讨论。

3.2.4.1 JFET 的特性曲线

如图 3-17（a）所示为 N 沟道 JFET 的特性曲线图，其参数定义如图 3-17（b）所示。

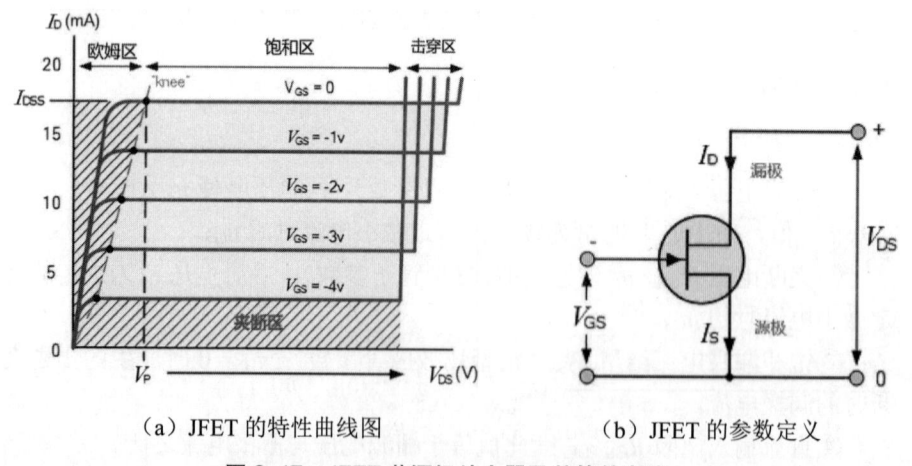

（a）JFET 的特性曲线图　　　　（b）JFET 的参数定义

图 3-17　JFET 共源极放大器及其等效电路

在图 3-17（a）中标示出 JFET 特性曲线图的 4 个不同的工作区域：

①欧姆区。在这个区域，$V_{GS}=0$，JFET 对漏极电流 I_D 表现出一定的电阻，I_D 从漏极流向源极。流过 JFET 的电流与施加在漏源极之间的电压为线性比例关系（图 3-18）。

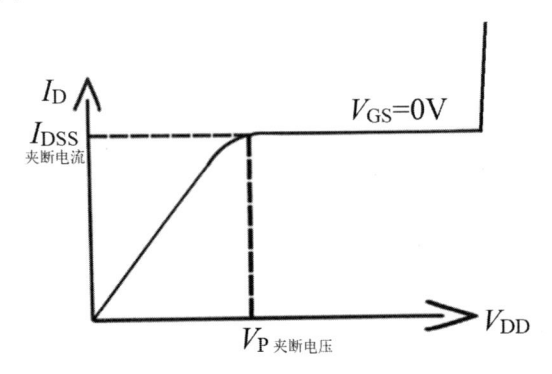

图 3-18　JFET 工作在欧姆区时 I_D 与 V_{DD} 关系曲线

②截止区：也称为夹断区，即 V_{GS} 足够大使得 JFET 开路，通道电阻为最大值。

③饱和区或有源区：JFET 成为一个良导体，JFET 中的电流仅由 V_{GS} 控制，而漏源极电压 V_{DS} 的影响很小，或者没有影响。

④击穿区：当漏源极电压 V_{DS} 超过最大耐受值时，导致耗尽层击穿，JFET 失去抵抗电流能力，漏极电流 I_D 无限增加。

P 沟道结型场效应晶体管的特性曲线与上述相同，只是漏极电流 I_D 随着正栅极—源极电压 V_{GS} 的增加而减小。

3.2.4.2　JFET 的特性参数

（1）有源区的漏极电流 I_D

漏极电流 I_D 的值将介于 0（夹断）和 I_{DDS}（最大电流）之间。

$$I_D = I_{DDS}\left[1 - \frac{V_{GS}}{V_P}\right]^2 \tag{3-12}$$

（2）漏源通道电阻

通过知道漏极电流 I_D 和漏源电压 V_{DS}，通道的电阻（R_{DS}）如下所示

$$R_{DS} = \frac{\Delta V_{DS}}{\Delta I_D} = \frac{1}{g_m} \tag{3-13}$$

其中，g_m 是"跨导增益"，因为结型场效应管（JFET）是电压控制器件，它表示漏极电流相对于栅源电压变化的变化率。

（3）跨导

结型场效应管（JFET）提供以跨导 g_m 为单位测量的增益，夹断（饱和）区域的跨导由下式给出：

$$g_m = \left. \frac{dI_{DS}}{dV_{DS}} \right|_{V_{DS} = \frac{nI_{DSS}}{V_P}\left(1 - \frac{V_{GS}}{V_P}\right)^{n-1}} \quad (3\text{-}14)$$

如果 $n=2$，跨导是输入电压（V_{GS}）的线性函数。

3.2.4.3　FET 的工作模式

FET 放大器有 3 种工作模式（图 3-19）：共源极模式、共栅极模式和共漏极模式。

（1）共源极模式

在共源模式（类似于 BJT 的共发射极模式）中，输入应用于栅极，其输出从漏极获取。这是结型场效应管（JFET）最常见的工作模式，因为它具有高输入阻抗和良好的电压放大能力，因此广泛使用共源放大器。

（2）共栅极模式

在共栅极模式（类似于 BJT 的共基极模式）中，输入应用于源极，其输出来自漏极，栅极直接接地（0 V），如图 3-19（b）所示。先前连接的高输入阻抗特性在此模式中丢失，因为公共栅极具有低输入阻抗，但具有高输出阻抗。

结型场效应管（JFET）的这种模式可用于高频电路或阻抗匹配电路，低输入阻抗需要与高输出阻抗匹配。输出与输入同相。

（3）共漏极模式

在共漏极模式中（类似于 BJT 的共集电极模式），输入应用于栅极，其输出来自源极。

公共漏极或"源极跟随器"模式具有高输入阻抗和低输出阻抗和接近单位电压增益，因此用于缓冲放大器。源极跟随器模式的电压增益小于 1，输出信号与输入信号"同相"。

这种类型的模式被称为"公共漏极"，因为在漏极连接处没有可用的信号，存在电压 $+V_{DD}$ 仅提供偏置。输出与输入同相。

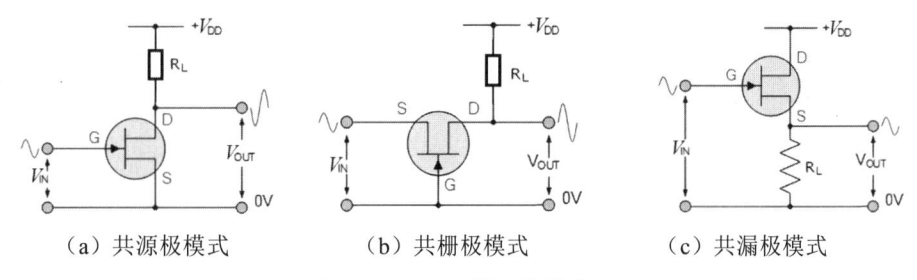

第 3 章　晶体管与运算放大器及其放大电路

（a）共源极模式　　　　（b）共栅极模式　　　　（c）共漏极模式

图 3-19　JFET 的工作模式

3.2.4.4　JFET 的放大电路分析举例

如图 3-20（a）所示为最简单的 JFET 共源极放大器，以及由此得到的等效电路，如图 3-20（b）所示。

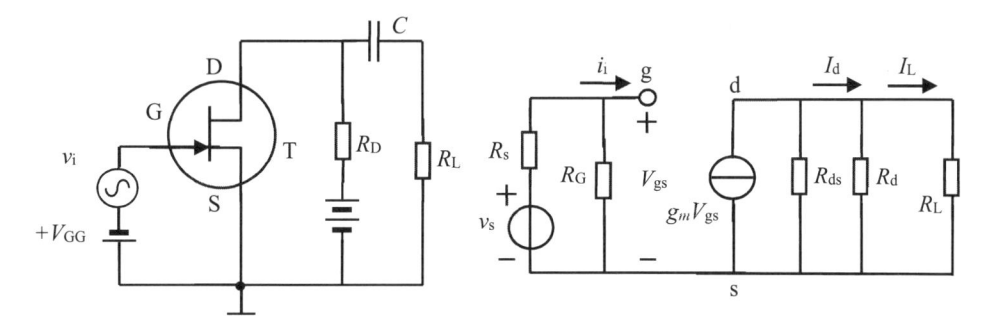

（a）JFET 共源极放大器　　　　（b）JFET 共源极放大器等效电路

图 3-20　JFET 共源极放大器及其等效电路

由图 3-20（b）可得 JFET 放大器的输入电阻：

$$r_i = R_G \tag{3-15}$$

通常可以认为 $R_G = \infty$，所以，$r_i = \infty$。

JFET 放大器的输入电阻：

$$r_o = R_{ds} \| R_d \tag{3-16}$$

由于，所以 $r_o = R_{ds} \gg R_d$，所以

$$r_o \approx R_d \tag{3-17}$$

不考虑 R_L 时，JFET 放大器的增益为

$$A_v = \frac{v_o}{v_i} \approx \frac{g_m V_{gs} R_{ds} \| R_d}{V_{gs}} \approx g_m R_d \tag{3-18}$$

3.2.4.5　FET 放大电路设计举例

假定设计需求为：

增益大于等于 10×（20 dB）；

输入电阻 $r_i \geqslant 100\ \text{k}\Omega$；

输出电阻 $r_o \leqslant 1\ \text{k}\Omega$；

3dB 带宽为 10Hz～1 MHz；

输出幅值大于等于 20 V_{PP}；

输出负载电阻为 50 Ω；

设计电路如图 3-21 所示。

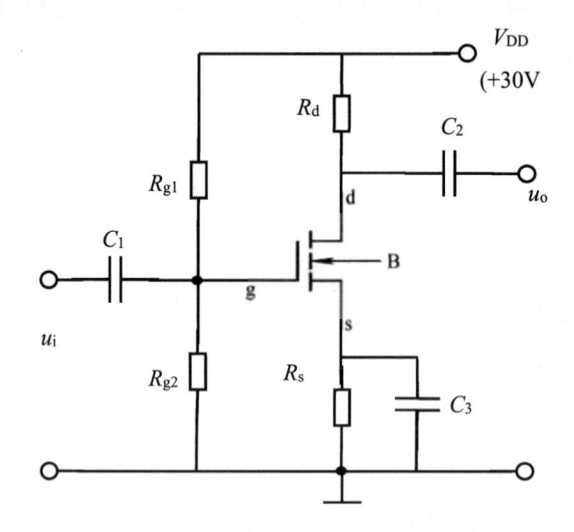

图 3-21　JFET 共源极自给偏压放大器

（1）MOS 管选型

IRF530n 是市面上常见的一款 N 沟道 MOS 管，其关键参数：

最大漏极电压 $V_{DSS} = 100\ \text{V}$。

最大漏极电流 $I_D = 17\ \text{A}$。

栅极阈值电压 $V_{GS} = 2.0 \sim 4.0\ \text{V}$。

（2）元件参数选择

①电源的确定

由于输出幅值大于等于 20 V_{PP}，因此，选择电源 $V_{DD} = 15\text{V}$。

②偏置电路参数的确定

由于 IRF530n 的阈值电压 $V_{GS} = 2.0 \sim 4.0\ \text{V}$，栅极电压必须大于 V_{GS}，

IRF530n 才能导通。设栅极电压为 4V，所以 $R_{g1}:R_{g2}=24:4$，MOS 管不用考虑栅极电流，因此，选 $R_{g2} = 120k$、$R_{g1} = 7.2\ M$ 可满足要求。

③R_d 和 R_s 的确定

因 $I_D = I_S$，$\Delta I_D = \Delta I_S$，而 $u_i = u_S = \Delta I_S R_s$，$u_o = \Delta I_D R_d$，可得

$$A_v = \frac{v_o}{v_i} = \frac{R_d}{R_s} \tag{3-19}$$

这就是深度负反馈的机制在起作用。但式（3-19）并没有考虑栅极电流的影响，实际计算时应该把栅极电流考虑在内。因负载 $R_L = 50\Omega$，选 $R_d = 500\Omega \gg R_L$，计算增益时用 $R_d \parallel R_L \approx R_L$，所以 $R_s = R_L/10 = 5\Omega$。

④C_1 和 C_2 的确定

C_1 和 C_2 分别与输入电阻和负载电阻构成高通滤波器，确定电路的低端截止频率：

$$f_L = 1/2\pi RC \quad \text{或} \quad C = 1/2\pi R f_L \tag{3-20}$$

分别用输入电阻 $r_i = R_{g1} \parallel R_{g2} \approx R_{g1} = 120k$ 和 R_L 代入式（3-20）计算可分别得到 C_1 和 C_2：$C_1 = 0.13\mu F$ 和 $C_2 = 318\mu F$。为了保证满足设计需求和选取电容的系列值，可取 $C_1 = 0.22\mu F$ 和 $C_2 = 330\mu F$。

3.3 场效应管与晶体管的比较

（1）场效应管 g 极基本不取电流（输入电阻高），而三极管 b 极总要索取一定的电流（信号源提供电流）。

（2）场效应管只有多子参与导电，而三极管既有多子又有少子参与导电，而少子受温度、辐射等因素影响较大。

（3）场效应管噪声系数小，故低噪声放大器输入级一般使用场效应管。

（4）场效应管 d、s 极可以互换会用，互换后特性变化不大；而三极管 e、c 极互换后特性差异很大，因此只有特殊需要时才互换。

（5）场效应管集成工艺更简单，且具有更省电、工作电源电压范围宽等，场效应管使用更加广泛。

3.4 运算放大器的电路设计

运算放大器的电路设计可谓是"老生常谈"，但本节将介绍的有所不同，聚焦在更好满足更高的要求上。

3.4.1 同相放大器

同相放大器的突出优点是"高输入阻抗",特别是类似"静电计"型运算放大器的出现,把场效应管从高输入阻抗前置放大器中排出在外。又由于运算放大器需要的外围器件少,性能一致性好,所以,高输入阻抗运算放大器在高输入阻抗放大器设计中一统天下。

(1)常规高输入阻抗放大器

图 3-22(a)所示为一低频交流放大器,为了得到较低的低端截止频率和避免使用过大的电容(电容的体积和价格基本上与其容量和耐压成正比),电路中 R_1 选用比较大的阻值(电阻的体积和价格基本上与其阻值无关)。为避免放大器的输入阻抗对高通滤波器(即阻容耦合电路)的截止频率的影响,采用了同相放大器的形式。但为了消除运算放大器的输入偏置电量的影响,反馈网络采用了Y形的形式,目的是使运放两输入端的电阻尽可能地相等。为简单和减少元器件的品种,实际电路中常常取 $R_1=R_2$。如果选取 R_2 远大于 R_3、R_4,则流经的电流可忽略不计,该同相放大器的增益可用下式计算(工程上常常采用这种近似计算的方法并具有足够高的精度):

$$A = 1 + \frac{R_3}{R_4} \tag{3-21}$$

图 3-22(b)所示为跟随器,这是同相放大器的一种极端形式,它的电压增益为 1。图中两个电阻 R_1 和 R_2 是平衡电阻,其目的也是消除运算放大器的输入偏置电量的影响,如果运放本身的输入阻抗足够高(输入偏置电流足够小)或对电路输出的零点偏移要求不高时,可以省略这两个电阻。

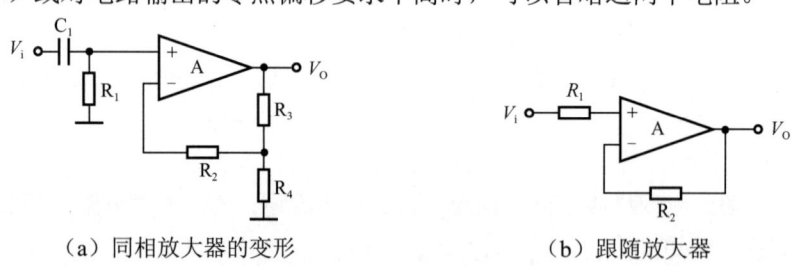

(a)同相放大器的变形　　　　　　(b)跟随放大器

图 3-22　常规高输入阻抗放大器

现在已有现成的同相放大器或跟随器商品芯片,它的体积更小,精度更高,价格也便宜,可靠性更高,在设计时应该考虑。如美国 MAXIM 公司出品的 MAX4074、MAX4075、MAX4174、MAX4174、MAX4274、MAX4274

以及美国 BB 公司的 OPA2682、OPA3682 等芯片。这些芯片既可以作为同相放大器，又可以作为反相放大器。设计高输入阻抗的跟随器时，可以考虑选用美国 BB 公司的 OPA128，其输入偏置电流仅有 75fA。

(2) 具有自举的超高输入阻抗放大器

所谓"自举"实质是"正反馈"，同相放大器本身也就是一种正反馈电路，把输出的电压按一定比例反馈到"输入回路"，使得同相放大器的输入电阻 r_i' 比运算放大器本身的输入电阻 r_i 提高（1+AF）倍：

$$r_i' = (1+AF)r_i \qquad (3-22)$$

式中，A 为运算放大器的开环增益；F 为放大器的反馈系数。

但这里所说的"正反馈"是指把放大器输出电压的一定比率反馈到为运算放大器提供偏置电流的回路中，图 3-23 展示了两种自举电路形式，其中，C 为等效耦合电容。图 3-23（a）中采用了自举电压跟随器的形式，也是传统的自举电路形式，其中，交流电压 V_o 经过电容 C_1 反馈至电阻 R_1 和 R_2 的连接处，使得电阻 R_1 两端的交流电压分量几乎相等，即经自举后电阻 R_1 的等效电阻理论值为无穷大，然而该等效电阻数值是无法轻易知晓且难以控制的。此外，该电路是一个二阶系统，且在一定频带中，正反馈回路系数与负反馈回路系数的理论值相等，电路的幅度裕度很小，当元器件选取不当时极易导致该电路发生自激振荡。图 3-23（b）中采取了自举同相放大器的形式，当电阻 R_2 与 R_1R_4/R_3 数值接近时，该电路的等效输入阻抗可以到达较高值。然而，该电路采取了交直流反馈的形式，运放中必然存在输入偏置电流，在电阻 R_1 上会产生偏置直流电压，该电压经过直流正反馈可能导致运放工作在非线性状态。

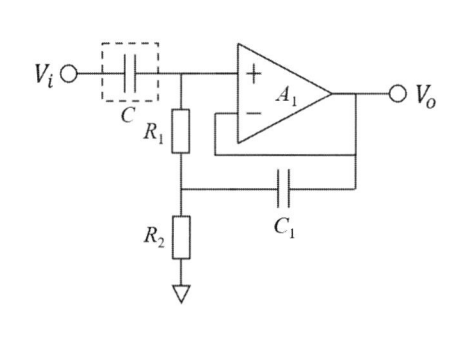

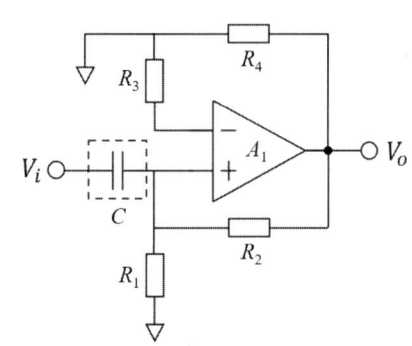

（a）自举电压跟随器　　　　（b）自举同相放大器

图 3-23　不同的自举电路形式

如图 3-24（a）所示一种具有可配置正反馈系数的交流自举电路，该自举电路根据需求调整交流正反馈量，使其具备不同的等效输入电阻，并且，在所有频带中，该电路形式的正反馈回路系数一定小于负反馈回路系数，使得电路整体处于负反馈状态，增加了电路鲁棒性。当电阻 R_1 和 R_2 的阻值远大于电阻 R_3 和 R_4 时，如式（3-1）所示，电压 V_1 可视为电压跟随器 A_1 输出的电压 V_o 经过电阻 R_3 和 R_4 的分压值，V_1 通过电容 C_1 耦合到电阻 R_1 和 R_2 电阻连接处，形成对电阻 R_1 的自举，正反馈系数可近似为 $R_4/(R_3+R_4)$。自举前，R_1 的等效电阻 R_{1eq} 即为其实际阻值；自举后，R_{1eq} 可以表示为式（3-2）。当 R_1 远大于 R_2 时，经自举后 R_{1eq} 可认为相较于实际阻值提高 $(R_3+R_4)/R_3$ 倍，因而在实际应用中，可以通过设计 R_3 和 R_4 来配置正反馈系数进而控制自举效果。

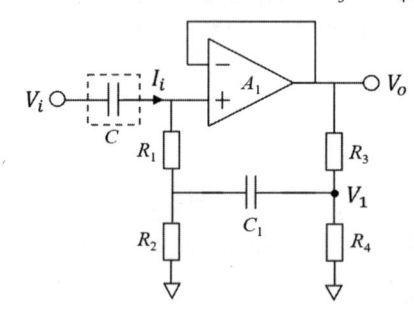

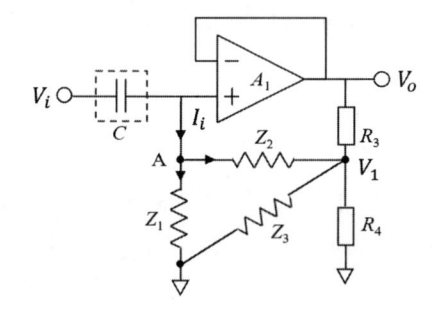

（a）可配置正反馈系数的自举电路　　　（b）Delta-Star 变换的等效电路

图 3-24　不同的自举电路形式

（3）利用"密勒定律"的超高输入阻抗放大器

如图 3-25（a）所示电路，不难得到如下关系：

$$u_o = k_v u_i$$

$$i_i = \frac{u_i}{R_i} \quad 或 \quad r_i = R_i \tag{3-23}$$

图 3-25（b）所示电路，可得

$$u_o = k_v u_i$$

$$i_i = \frac{u_i - u_o}{R_f} \tag{3-24}$$

如果两个电路中的 u_i、u_o 和 k_v 对应相等说明两个电路相互等效，不难得到 R_f 和 R_i 的关系：

$$R_i = R_f / (1 - k_v) \tag{3-25}$$

(a) 电路之一　　　　　　　　　　　(b) 电路之二

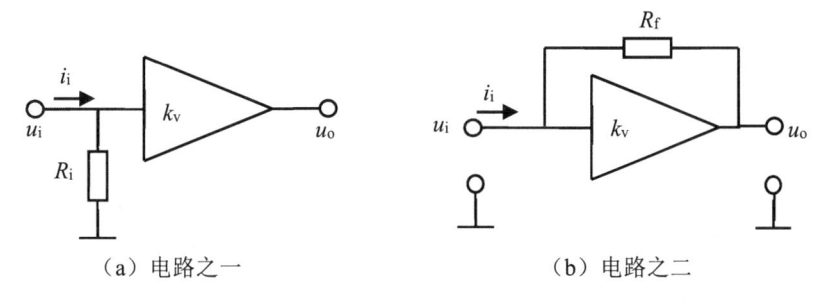

图 3-25　密勒定律及其等效电路

如果 $k_v>1$，可知 R_i 为负值，可与输入端具有的"正值"电阻 R_s 抵消。

如图 3-26（a）所示，高输入电阻放大器的输入端有分布电阻（漏电电阻）R_s 的存在，图 3-26（b）所示电路中，通过调节，使得

$$R_f/(1-k_v)=-R_s \tag{3-26}$$

相当于和都不存在一样（均开路），达到"消除"放大器输入电阻和电路板漏电电阻的效果。

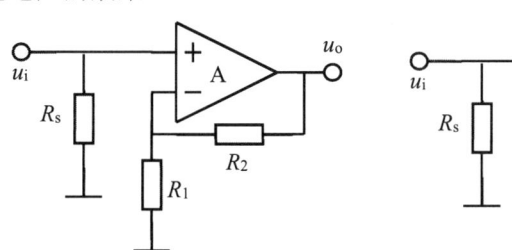

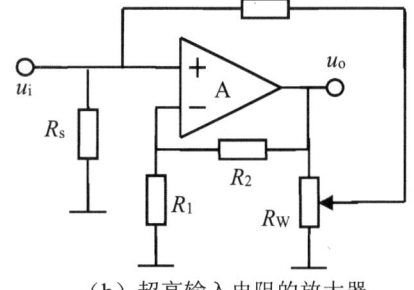

(a) 放大器输入端的分布电阻（漏电电阻）　　　(b) 超高输入电阻的放大器

图 3-26　应用密勒定律消除放大器输入端的分布电阻

3.4.2　反相放大器

运算放大器反相放大器是信号检测系统中的主要应用形式，具有稳定性好、精度高的特点，在绝大多数情况下其输入电阻足够高和输出电阻足够低（电压深度负反馈），基本不存在负载效应。反向放大器的设计分为两种情况：

（1）直流放大器。本质上，频带由直流到一定的上限频率——高端截止频率，重点是直流信号的精度。

（2）交流放大器。在一定的频带内放大信号，实际上隐含两个意思：

①信号没有直流成分，也就不需要考虑运算放大器的失调电压等引起直流误差的参数。

②有上限截止频率,通常是通过"人为"设计的高端截止频率。实际上,这又包含两个含义:

a."设计"意味着电路的性能是可以"把控"、可以"预知"的。

b. 设计任何一个电路并不能、不需具有"无限"带宽,相反,电路的带宽一定要限制在"信号带宽"以内,以确保最高的信噪比。

3.4.2.1 直流反相放大器的设计

图 3-27(a)所示为"经典"的反相放大器,其中 R_3 的作用是平衡运算放大器的输入偏置电流的影响。

图 3-27(b)所示为作者推荐的反相放大器,说明如下:

(a)"经典"的反相放大器　　　　(b)推荐的反相放大器

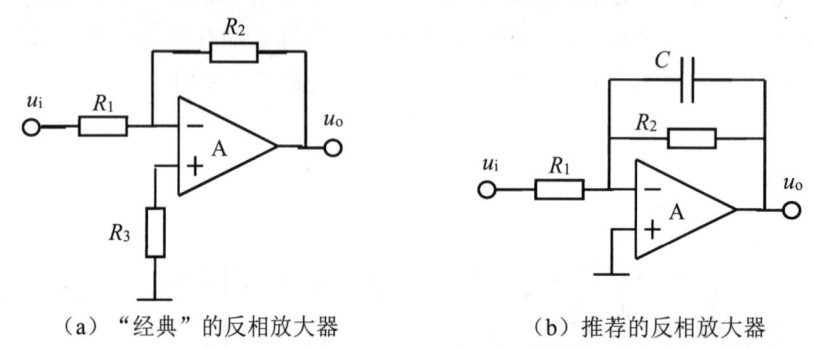

图 3-27　直流反相放大器

①现在 CMOS 运算放大器比比皆是,其输入偏置电流 I_{IB} 微弱到完全可以忽略不计的地步,而且其价格也低至难以想象的地步。即使是价格只有几毛钱的运算放大器,由于技术的进步,因此就不需要 R_3。

②C 既具有反相放大器的功能,又能够形成一个"低通滤波器",滤除带外的高频噪声——看似不起眼的地方,却是初学者难以想到的,也是一个老练工程师才会做的"超高"性价比的"设计"。

由图 3-27(b)的电路可得:

$$H(j\omega) = -\frac{R_2 \dfrac{1}{j\omega C}}{R_2 + \dfrac{1}{j\omega C}} \bigg/ R_1 = -\frac{R_2}{j\omega R_2 C + 1} \bigg/ R_1 \qquad (3\text{-}27)$$

因此,图 3-27(b)反相放大器通带增益 A_v 和截止频率 f_H 分别为:

$$A_v = -\frac{R_2}{R_1}$$

$$\omega_H = \frac{1}{R_2 C} \quad \text{或} \quad f_H = \frac{1}{2\pi R_2 C}$$

（3-28）

3.4.2.2 交流反相放大器的设计

如图 3-28（a）所示为"经典"的交流反相放大器，简单、可靠。但更为实用的设计如图 3-28（b）所示，与直流反相放大器类似，使放大器工作在有限的带宽以内。

（a）"经典"的交流反相放大器　　　（b）实用的交流反相放大器

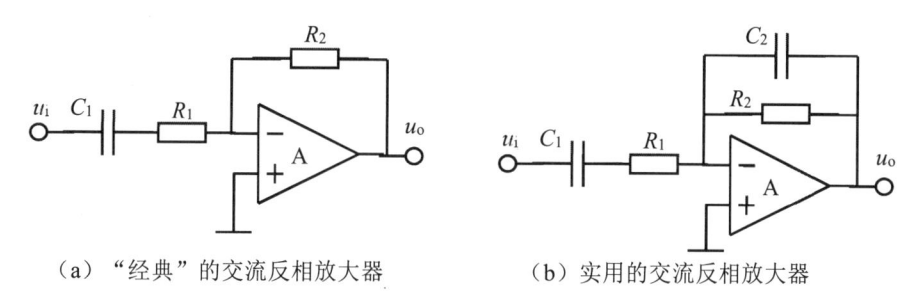

图 3-28　交流反相放大器

设计步骤如下：

①增益（R_1 和 R_2）

$$A_v = -\frac{R_2}{R_1} \qquad （3-29）$$

一般选 R_1=10k～100k 的量级，依据式（3-29）和所需增益 A_v 计算 R_2。

②高通滤波器（C_1）

对于较宽的带宽，由 R_1 和 C_1 决定高通滤波器的截止频率（低端频率）：

$$f_H = \frac{1}{2\pi R_1 C_1} \quad \text{或} \quad C_1 = \frac{1}{2\pi R_1 f_H} \qquad （3-30）$$

可依据式（3-30）和 R_1、f_H 计算 C_1。

③低通滤波器（C_2）

同样，对于较宽的带宽，由 R_2 和 C_2 决定低通滤波器的截止频率（高端频率）：

$$f_L = \frac{1}{2\pi R_2 C_2} \quad \text{或} \quad C_2 = \frac{1}{2\pi R_2 f_L} \qquad （3-31）$$

可依据式（3-31）和 R_1、f_H 计算 C_1。

3.4.3 高共模输入电压差动放大器

仪器放大器不仅具有高输入电阻、高共模抑制比的优良性能，现今有很多种性能特别优异且性价比极高的集成芯片，但这些集成芯片几乎全部只能工作在几伏至几十伏的共模输入信号范围，但在有些场合需要处理几百伏甚至几千伏的（共模）输入信号，如蓄电池组的单体电池的监测。

如图 3-29（a）所示，这是高共模输入电压差动放大器原理电路，虽然与基本差动放大器一样，但其阻值的配置有所不同。

（1）u_{i1} 的可能高达几百伏，甚至更高，但运算放大器的输入范围只有几伏，因此，R_1 和 R_2 构成分压电路需把高达几百伏降压到几伏，假设降到 1%，说明 $R_1:R_2 \leqslant 1\%$。

（2）因此，$R_3 = R_1$。

（3）实际增益 $A_v \leqslant 1\%$。

但实际上，图 3-29（a）所示电路还存在 1 个关键问题：在故障状态极易出现高压击毁运算放大器。解决的办法是加上过压保护，如图 3-29（b）所示：D1 和 D2 是双向稳压管，也可以用合适的压敏电阻替代，在出现超过稳压管的导通电压时，将输入到运算放大器的电压限制在稳压管的导通电压值上，避免运算放大器的损坏。

图 3-29（c）所示为另外一种保护办法，限制两个输入端之间的电压小于二极管的正向压降之内。

实际上，将图 3-29（b）和（c）的办法结合起来，可基本保障放大器的安全。

还需注意的是，R_1 和 R_3 上的功率耗散：

$$P = \frac{u_i^2}{R_1} \quad (3\text{-}32)$$

如果 $R_1=10\text{k}$、$u_i=100\text{V}$、$P=1\text{W}$，由此可以推断：R_1 和 R_3 上需要选择几瓦以上的电阻。

再假设 $R_1=100\text{k}$、$u_i=100\text{V}$、$P=0.1\text{W}$，则有 1W 以上的电阻即可。

不仅要考虑电阻功率，同时还要考虑电阻的"耐压"，需要大于被测电压的 3 至 5 倍。

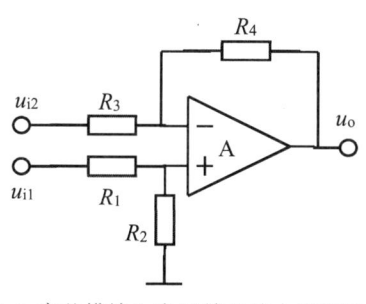

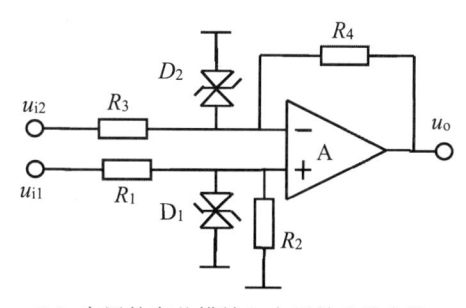

（a）高共模输入电压差动放大器原理电路　　（b）实用的高共模输入电压差动放大器

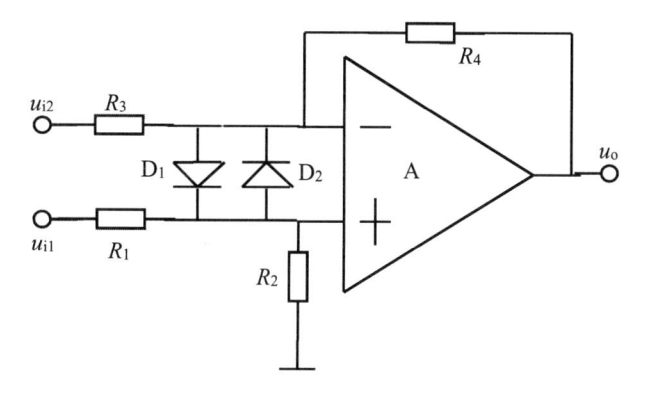

（c）实用的高共模输入电压差动放大器

图 3-29　高共模输入电压差动放大器

3.5　线性功率放大电路的设计

运算放大器通常在低电压、小功率下工作，而 MOS 管的工作电压可达几十安和一千伏，因此，这两种元件的配合可实现输出几百伏或/和几十安的线性放大器（功率驱动电路）。

在精密仪表的校验与测试中，经常需要恒压放大器和恒流放大器。为了实现上述特点，本节介绍一种运用高压运算放大器和跨导放大器技术，设计出电路简单、工作可靠、调试容易的大功率跨导放大器，以及其中的过流、过载保护环节，有效地防止放大器的意外损坏，提高了电路的可靠性与安全性。

3.5.1 基本功率放大器

将小信号进行功率放大，以获得大的功率输出的电路称为功率放大器。常用的功率放大器设计原理主要分两类。

（1）甲类功率放大器

此类放大器的效率较低，在理想状态下，其主要性能指标如下。

最大信号输出功率：

$$P_O = \frac{E_C}{\sqrt{2}} \frac{I_Q}{\sqrt{2}} = \frac{1}{2} E_C I_Q \quad (3-33)$$

直流功耗：

$$P_d = E_C I_Q \quad (3-34)$$

效率：

$$\eta = \frac{P_O}{P_d} = 50\% \quad (3-35)$$

若再考虑到晶体管的饱和压降及穿透电流的影响，电路实际效率 η 很难超过 45%。

另一方面，由于晶体管集电极功耗为：

$$P_C = P_d - P_O \quad (3-36)$$

电路无信号输出时，晶体管将承受的功耗：

$$P_C = P_d = I_Q E_C \quad (3-37)$$

可见，大量的电源能量转化为无价值的管耗，并使晶体管发热，使该放大器效率很低，静态工作时管耗大，不适宜用于大功率工作。

（2）乙类推挽功率放大器

乙类功率放大器虽然效率较高，但是在乙类状态下的晶体管仅在半周导电，这势必引起输出信号的失真，达不到功率放大的目的。为了提高放大器的效率，减少失真，一般都采用乙类推挽放大器。乙类推挽功率放大器的原理是采用两个乙类放大器交替工作，然后在输出叠加后恢复成为一个完整的正弦波，在负载上即可得到失真小的输出。由于乙类推挽电路是在零偏置状态下工作，所以静态工作电流很小，消耗的直流功耗亦相应降低，忽略静态电流的影响（$I_Q = 0$），在满功率状态下（$V_{CM}=E_C$，$I_{CM}=I_C$，两者均达到最大可能的输出功率）可得输出功率：

$$P_{\mathrm{O}} = \frac{V_{\mathrm{C}}}{\sqrt{2}} \frac{I_{\mathrm{C}}}{\sqrt{2}} = \frac{1}{2} V_{\mathrm{C}} I_{\mathrm{C}} \tag{3-38}$$

直流功耗：

$$P_{\mathrm{d}} = E_{\mathrm{C}} \bar{I}_{\mathrm{C}} = E_{\mathrm{C}} \frac{2}{\pi} I_{\mathrm{C}} = \frac{4}{\pi} P_{\mathrm{O}} \tag{3-39}$$

效率：

$$\eta = \frac{P_{\mathrm{O}}}{P_{\mathrm{d}}} = \frac{\pi}{4} = 78\% \tag{3-40}$$

集电极功耗：

$$P_{\mathrm{C}} = P_{\mathrm{d}} - P_{\mathrm{O}} = \left(\frac{4}{\pi} - 1\right) P_{\mathrm{O}} = 0.274 P_{\mathrm{O}} \tag{3-41}$$

单个晶体管的功耗：

$$P_{\mathrm{C1}} = P_{\mathrm{C2}} = 0.137 P_{\mathrm{O}} \tag{3-42}$$

如图 3-30 所示，若设电流、电压利用系数为 k（$\leqslant 1$），则有
输出功率：

$$P'_{\mathrm{O}} = \frac{1}{2} k E_{\mathrm{C}} k I_{\mathrm{C}} = k^2 P_{\mathrm{O}} \tag{3-43}$$

直流功耗：

$$P'_{\mathrm{d}} = E_{\mathrm{C}} I_{\mathrm{d}} = \frac{4}{\pi} k P_{\mathrm{O}} \tag{3-44}$$

效率：

$$\eta' = \frac{P'_{\mathrm{O}}}{P'_{\mathrm{d}}} = k 78\% \tag{3-45}$$

集电极功耗：

$$P'_{\mathrm{C}} = P'_{\mathrm{d}} - P'_{\mathrm{O}} = 4k \left(\frac{1}{\pi} - \frac{k}{4}\right) P_{\mathrm{O}} \tag{3-46}$$

由此可知，k 的数值不同，放大器的效率 η' 和集电极功耗 P'_{C} 均不同。

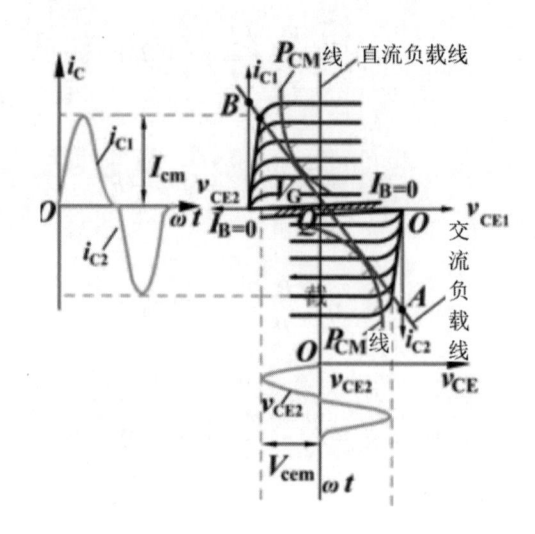

图 3-30 乙类推挽放大器的特性曲线

图 3-31 反映这个关系的曲线。当 $k=0.636$ 时 P_C'/P_O' 达到最大值，$P_C'=0.406 P_O$。这说明在乙类推挽功率放大器中，晶体管集电极功耗的最大值可达额定输出功率的 40%左右。因此在放大器设计时晶体管选用应考虑到这一点。

由于乙类推挽功率放大器在零偏置状态下工作，在输出信号的正、负半周交界存在着交越失真，为了减小放大器交越失真，通常办法是加一定的正向偏置，形成甲、乙类工作状态。其结果是通过增加放大器的静态电流、降低放大器的效率来大幅度地减少放大器的交越失真。

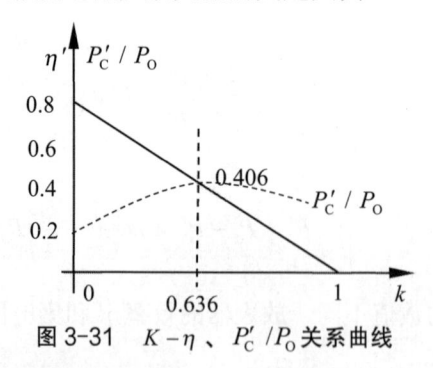

图 3-31 $K-\eta$、P_C'/P_O 关系曲线

3.5.2 高压运算放大器原理与选用

随着科学技术的发展，出现了高压运算放大器等特殊性运算放大器。高压运算放大器是为了解决高输出电压或高输出功率而设计的,特点是"三高",即高电源、高输出（V_{opp}）、高共模（V_{icr}），并具有通用型运算放大器的性能。在设计和制作高压运算放大器时需要着重解决电路的耐压、动态范围和功耗,其解决办法如下：

①在通用运算放大器的输出端增加高电压输出级来实现高电压的输出,采用降低增益的办法来提高电路的耐压指标和扩大电路的动态范围。

②在专门设计高压运算放大器时，主要利用晶体管 cb 结的高耐压性能、横向 PNP 管的耐压高性能和单管串接等方法来提高耐压。对于电路中部分管子的耐压性能和功耗电流的限制，通常采用一些特殊保护电路来解决。这样高压运算放大器允许低耐压管子存在，同时不因电压的提高而使功耗增加。高压运算放大器可广泛应用于仪器设备中的专用电路、动态范围宽的模拟计算、波形发生与变换、有源滤波器、放大、测量及稳压电路等。

3.5.3 电压功率放大器原理

为了得到稳定的电压输出信号，采用基本反相放大器形式如图 3-32 所示。由图 3-32 可知：

$$V_O = -\frac{R_f}{R_i} V_i \qquad (3-47)$$

由式（3-47）可看出，输出电压只与反馈电阻 R_f 及输入电阻 R_i 有关，而与负载无关。新型电压功率放大器原理如图 3-33 所示。它由前置放大器、电流放大级、调零电路和吸收网络组成。

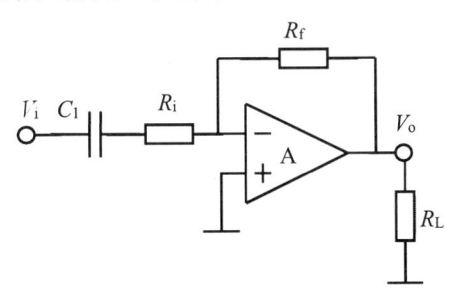

图 3-32 反相放大器

①前置放大器：前置放大器的主要任务是将小信号进行幅值放大，在此采用了精密高压运算放大器进行设计，见图 3-33 中 A_1。这样既大幅度增加了输出信号的摆幅，又简化了电路，提高了电路的可靠性和稳定性。

②电流放大级：它主要由精密二极管和中、大功率三极管等分立元件组成，见图 3-33 中虚线框内电路。精密二极管 $D_1 \sim D_4$、电阻 R_{W1}、R_{W2} 及 R_7、R_8 在电流放大器上加上直流偏置而使放大器处于甲、乙类放大状态，并在整个工作区域内保持较小的交越失真。三极管 BG_1、BG_2、BG_4、BG_5 组成射极跟随电路进行电流放大实现信号电流的增加，并推动下一级大功率管能够正常工作。BG_3、BG_6 组成全互补功率放大器实现信号的功率放大。

③调零电路：为了提高输出信号的对称性，附加设计了放大器零点调节电路，完成对放大器的直流零点补偿，见图 3-33 中 A_2。

④R_8 和 C_7 构成吸收网络，避免可能出现的尖峰电压损坏大功率管 BG_3、BG_6。

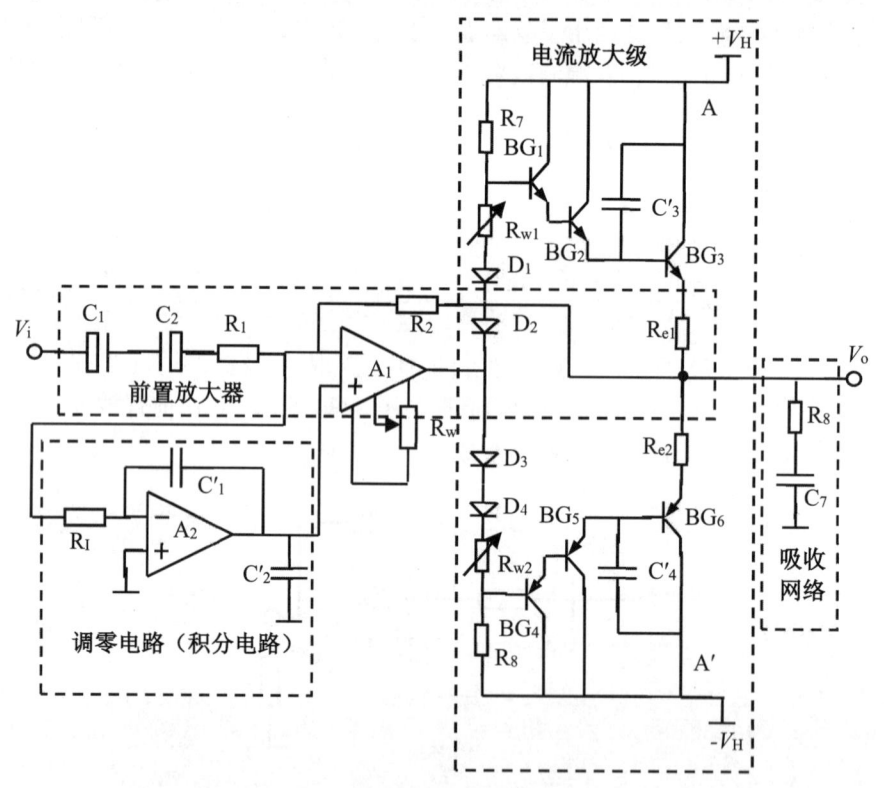

图 3-33 功率交流反相放大器

3.5.4 电流功率放大器

为了使输出电流实现高稳定性和高精度，电流放大电路采用跨导技术设计成恒流源放大器，即跨导放大器。它能向负载输出只与输入信号电压成正比的电流，输出电流值与负载变化无关。见图 3-34 所示。

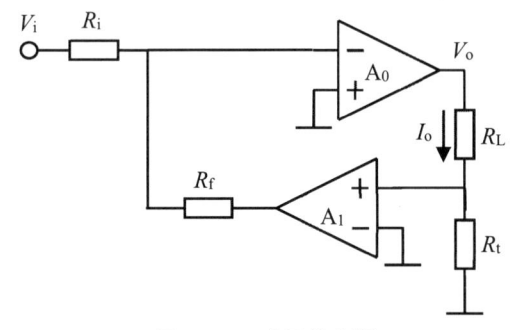

图 3-34 跨导放大器

其中，K_0 为电流放大器开环增益，K_1 为差分放大器的放大倍数。
由图 3-35 可知：

$$I_O = \frac{V_O}{R_L + R_t} \tag{3-48}$$

$$V_O = -K_0 V_- \tag{3-49}$$

$$I_i = \frac{V_i - V_-}{R_i} \tag{3-50}$$

$$I_f = \frac{V_- - K_1 V_-}{R_f} \tag{3-51}$$

$$V_t = -I_0 R_t \tag{3-52}$$

而 $I_f = I_i$，由式（3-48）至式（3-52）整理得：

$$V_- = \frac{R_f V_i + R_i K_1 V_t}{R_i + R_f} = \frac{R_f V_i + K_1 I_o R_i R_t}{R_i + R_f} \tag{3-53}$$

将式（3-53）代入式（3-48）得：

$$I_o = -K_0 \frac{R_f V_i + K_1 I_o R_i R_t}{(R_i + R_f)(R_L + R_t)} \tag{3-54}$$

整理得：

$$I_o = \frac{-R_t}{K_1 R_i R_f} \cdot \frac{V_i}{1 + \dfrac{(R_i + R_f)(R_L + R_t)}{K_0 R_t R_i}} \tag{3-55}$$

当 $K_0 \to \infty$ 时有：

$$I_o = \frac{-R_t V_i}{K_1 R_i R_f} \tag{3-56}$$

式（3-56）说明，当 R_i、R_t、R_f、K_1 选定后，输出电流只与输入电压有关，而与负载电阻无关。因此，输入电压确定了，输出电流也就确定了。

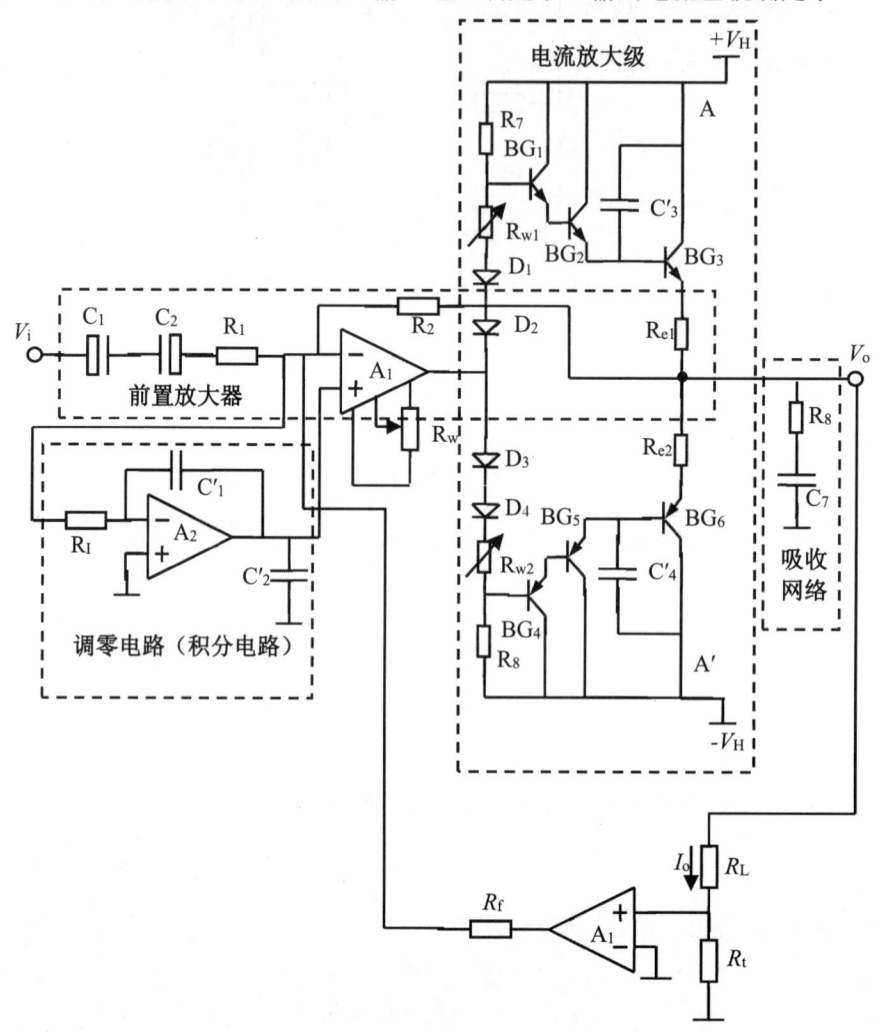

图 3-35 电流功率跨导放大器

该电流功率放大器是在电压功率放大器基础上加上以差分放大器作为电流反馈控制形成的跨导放大器，原理图见图 3-35 所示。图 3-35 中，U_0 为功率放大器；U_1 为电流取样反馈控制电路，放大倍数为 K_1。当电路参数选定为 $K_1 = 10$、$R_t = 0.1\ \Omega$、$R_i = R_f = 10\ \text{k}\Omega$ 时，由式（3-56）得跨导值 $I_O/V_i = 1/R = 1/\Omega$。这时输出电流 I_O 与输入电压 V_i 一一对应起来。例如，需要输出 $I_O = 3\text{A}$ 电流，则在输入端加入 $V_i = 3\text{V}$ 电压信号就可实现。

3.5.5 漂移及振荡

高精度的功率放大器，重点需要解决的是电路的温度漂移和振荡。上述甲、乙类推挽放大器是直接耦合的，发热引起的漂移电压会在输出端附加上一个直流信号，这将给负载带来严重的影响，有效的解决办法是：设计电路时将电流放大级与其他精密电路分开，并将大功率互补管放在同一散热片上来保持其工作温度的一致，避免热不平衡产生的漂移。

振荡是由于某些频率的干扰或噪声信号在特定的条件下形成正反馈的缘故，消除振荡的办法：首先在电路中引入深度负反馈，然后在电路特定位置上加入一些 RC 电路，改变干扰和噪声信号的相位，这些措施取得了满意的效果。

3.5.6 电路调试

电压功率放大器调试步骤：

（1）静态工作点调试。

将图 3-33 中 A、A′两点断开后，分别串接两块电流表，调节电阻器 R_{W1}、R_{W2}，使电流表的指示值为 30mA～50mA，即理想的静态电流值。

（2）零点调节

将电路输出端加上额定负载，用电压表测量负载两端直流电压值，调节电阻器 R_W，使负载两端直流电压值为零。

（3）消振

见图 3-33 中 C'_1、C'_2、C'_3、C'_4，调节其数值可有效地消除电路振荡。电流功率放大器调试过程（图 3-33），先断开电流反馈端，按电压功率放大器调试步骤进行，然后电流反馈闭环再进行调试。

（4）性能指标如下。

①输出电压、电流稳定度（峰峰值）：0.003%/3min；

②输出电压、电流失真度：0.02%。

关于课程思政的思考：

"要树立工匠精神，把第一线的大国工匠一批一批培养出来。这是顶梁柱，没有金刚钻，揽不了瓷器活。"党的十八大以来，习近平总书记十分关心、高度评价大国工匠，强调"要在全社会弘扬精益求精的工匠精神""培养更多高素质技术技能人才、能工巧匠、大国工匠"，激励广大劳动者走技能成才、技能报国之路，激发起广大劳动者在强国建设、民族复兴新征程上踔厉奋发、勇毅前行的磅礴力量。

第4章 传感器与接口电路

4.1 引言

传感器在测量系统中的作用和重要性是不言而喻的，在现代控制系统中也是起着至关重要的作用：传感器测量的精度决定了控制系统能够做到的最高精度及其他性能。

一支传感器的性能有很多参数来确定：所传感的物理量（还可能是化学量、生物量），以及精度（直流和交流）、测量范围、频带和速度、过载能力和极限范围、使用条件和环境，选用传感器必须考虑每一个参数。

对传感器的工作原理和工艺的理解，有助于掌握传感器性能和参数，但对于"电子学"而言和受篇幅的限制，讨论传感器的重点放在其输出特性及接口电路上。

除现代数字信号（包括准数字信号，即频率、占空比或周期）输出的传感器外，传统传感器按其输出特性的分类及其对应接口电路形式如图4-1所示。

传统的传感器可以分为：

（1）无源阻抗型传感器

这类传感器是由无源的敏感元件，如电阻、电容或电（互）感构成，需要外加激励信号（电源）才能工作。电阻类传感器既可用直流信号激励，也可用交流信号激励，后者可以得到更高的性能；电容或电（互）感必须采用交流信号激励。

（2）有源传感器

像光电二极管、压电传感器等在光、压力等被测物理量的作用下，传感器本身就能输出电流、电压或电荷等形式的电量，无须外加激励信号就可以工作的传感器，被称为有源传感器。

现代智能型传感器中绝大多数品种能够直接输出数字信号，如果以电压和电流形式输出，其输出均会符合理想的恒压源或电流源，基本上直接进入ADC进行数据采集即可，故不在此赘述。

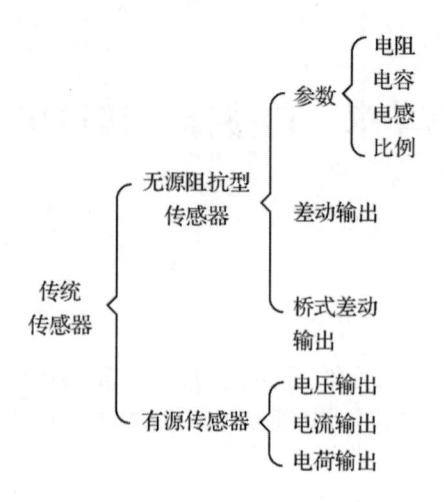

```
                           ┌ 电阻
                      ┌ 参数 ┤ 电容
                      │    │ 电感
              ┌ 无源阻抗型 ┤    └ 比例
              │ 传感器   │
              │        ┤ 差动输出
      ┌ 传统  ┤        │
        传感器 ┤        └ 桥式差动
              │          输出
              │        ┌ 电压输出
              └ 有源传感器 ┤ 电流输出
                        └ 电荷输出
```

图 4-1 传感器输出特性的分类

4.2 无源阻抗型传感器

按敏感元件可以分为电阻、电容和电（互）感三种类型。

按传感器的输出形式可以分为单端口、差动和桥式三种形式。

按所需激励（载波）可以分为直流和交流两种方式。能用直流激励的传感器，如压敏电阻传感器，同样可以用交流激励。相对而言，交流激励接口电路虽然较为复杂，但在精度上具有直流不可比拟的优势，在微电子学高度发达的今天，对精度有要求的测量系统中，无一例外采用交流激励的接口电路。对于电阻型传感器，也可将本节介绍的接口电路改为直流激励。

所有无源传感器在上述三大分类中可以归属于其中的一小类。

除分立元件构成的传感器接口电路外，现在越来越多地出现了各种各样的集成传感器电路，这些集成电路具有传感器工作所需、完备的资源：激励电源（参考信号）、信号调理电路、保护电路、校准电路、ADC、输出缓冲，等等。在设计时应该优先考虑，这样可以做到高精度、高可靠性、小体积、低功耗、工艺性好等优点。

4.2.1 伏安法阻抗测量

所谓"伏安法"阻抗测量，是指对被测电阻施加特定恒定幅值的交流电压 U_f，之后测量阻抗 Z_S 中的电流 I_f（见图 4-2），由欧姆定律可得：

$$Z_S = \frac{U_f}{I_f} U_0(t) = z_x I_{om} \sin \omega t \qquad (4\text{-}1)$$

在这种方法中,高精度参考电压 U_f 相对容易获得,但输出信号为电流,不易后续处理,且为非线性:

$$\Delta I_f = -U_f \Delta Z_s / Z_s^2 \qquad (4\text{-}2)$$

也可以对被测电阻施加特定恒定幅值的交流电流,之后测量阻抗两端的电压:

$$U_f = I_f Z_s \qquad (4\text{-}3)$$

输出为电压,易后续处理,且为线性:

$$\Delta U_f = I_f \Delta Z_s \qquad (4\text{-}4)$$

但高精度参考电流 I 不易获得。

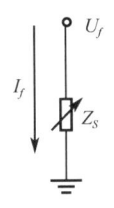

图 4-2　阻抗型传感器的伏安法测量

为了保证足够的精度,又能够满足较好的经济性和工艺性,在工程实践上发展了一系列阻抗型传感器的接口方法和电路,具体如后文。

4.2.2　半桥测量电路

采用基本伏安法作为阻抗型传感器的接口电路(也称为"测量电路",本章不加区别),不论是对电压源驱动还是对电流源驱动均有很不利的因素,但工程上常常采用的电路(图 4-3)却较好地避免了上一小节电路的问题。

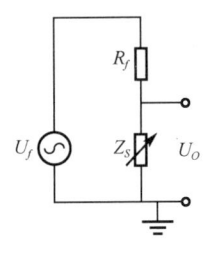

图 4-3　阻抗型传感器的半桥单臂测量电路

图 4-3 的电路中，交流电压源经过电阻施加到传感器上。电路的输出为

$$U_o = \frac{Z_S}{R_f + Z_S} U_f \qquad (4-5)$$

当取 $R_f >> |Z_S|$ 时，式（4-5）可以改写为

$$U_o = \frac{Z_S}{R_f} U_f \qquad (4-6)$$

式（4-6）表明：
——电路输出 U_o 与 Z_S 是线性关系；
——采用电压源 U_f 驱动，容易实现；
——只需要加一支电阻 R_f，电路简单。

但实际上，图 4-3 的电路依然存在很大的不足：
——电路保持线性的前提是 $R_f >> |Z_S|$，不满足该条件时依然存在一定的非线性原理误差。
——$R_f >> |Z_S|$ 时，必然导致电路具有很低的灵敏度 k：

$$k = \frac{U_f}{R_f} \qquad (4-7)$$

特别是，在绝大多数情况下被测物理信号 X 使得阻抗型传感器在一个很大的基础阻抗上产生一个很小的变化量：

$$Z_S(1+\Delta) = \beta X(1+\Delta) \qquad (4-8)$$

式中，X 为被测物理量；β 为传感器的灵敏度系数；Δ 为被测物理量及相应的传感器阻抗的变化量。

式（4-8）也可以改写成微分增量的形式：

$$\Delta Z_S = \beta \Delta X \qquad (4-9)$$

而式（4-6）也可以改写成微分增量的形式：

$$\Delta U_o = k \Delta Z_S \qquad (4-10)$$

结合式（4-9）和式（4-10）可得：

$$\Delta U_o = k \beta \Delta X \qquad (4-11)$$

k 和 β 都是很小的数，说明这种接口电路虽然简单，但灵敏度和信噪比都很低。

4.2.3 桥式测量电路

4.2.3.1 阻抗型传感器的全桥单臂接口电路

为了克服半桥单臂测量电路灵敏度和信噪比都很低的缺点,实际应用中常常采用图 4-4 所示的全桥单臂接口电路。电路中往往选取 3 支相同的电阻 R_f(或阻抗):

$$R_f = R_{S0} \tag{4-12}$$

式中,R_{S0} 为被测量处于 0 点或平衡位置时的阻值(或阻抗值,为简便起见,以下均以阻值来讨论)。所以

$$R_S = R_{S0}(1+\Delta) \tag{4-13}$$

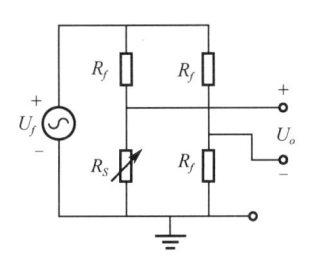

图 4-4 阻抗型传感器的全桥单臂接口电路

图 4-4 电路的输出:

$$U_o = \left(\frac{R_S}{R_f + R_S} - \frac{1}{2}\right) U_f \tag{4-14}$$

或

$$U_o = \left(\frac{1}{R_f + R_S} - \frac{R_S}{(R_f + R_S)^2}\right) U_f \Delta R_S \tag{4-15}$$

显然,存在较严重的非线性。但如果选取 $R_f \gg R_S$,式(4-15)可以改写为:

$$U_o = \frac{U_f}{R_f} \Delta R_S \tag{4-16}$$

这样可以提高测量的线性,但降低了灵敏度。

如果采用恒流源 $2I_f$ 替代恒压源 U_f 驱动电桥,依然取 $R_f = R_{S0}$,假定传

感器臂与参考臂中的电流相同均为 I_f：

$$U_o = (R_S - R_f)I_f$$
$$\Delta = R_S I_f \qquad (4\text{-}17)$$

说明采用恒流源激励测量电桥既可获得较好的线性，又能得到较高的灵敏度。代价是需要采用恒流源。

4.2.3.2 阻抗型传感器的全桥双臂接口电路

有的阻抗型传感器可以实现差动形式，如电容、电感和电阻传感器，可以采用图 4-5 所示的阻抗型传感器的全桥双臂接口电路，其电路输出

$$U_o = \left(\frac{R_{S2}}{R_{S1}+R_{S2}} - \frac{1}{2}\right)U_f \qquad (4\text{-}18)$$

式中，$R_{S1} = R_{S0} + \Delta R_S$，$R_{S2} = R_{S0} - \Delta R_S$。式（4-18）可以改写成

$$U_o = \frac{U_f}{2R_{S0}}\Delta R_S \qquad (4\text{-}19)$$

则可得到较高的线性。

如果采用恒流源 $2I_f$ 替代恒压源 U_f 驱动电桥，依然取 $R_f = R_{S0}$，假定传感器臂与参考臂中的电流相同均为 I_f：

$$U_o = 2I_f \Delta R_S \qquad (4\text{-}20)$$

说明采用恒流源激励测量电桥既可获得较好的线性，又能得到较高的灵敏度。代价是恒流源带来复杂的电路和稍高的成本。

4.2.3.3 阻抗型传感器的全桥接口电路

压阻传感器是一种压力传感器，其中的压敏元件是可以做成所示的完全差动形式（图 4-6）。不难得出其电路输出

$$U_o = \frac{U_f}{R_S}\Delta R_S \qquad (4\text{-}21)$$

表明该电路既有良好的线性，又有较高的灵敏度。

如果采用恒流源 $2I_f$ 替代恒压源 U_f 驱动电桥，依然取 $R_f = R_{S0}$，每个传感器臂中的电流相同均为 I_f：

$$U_o = 4I_f \Delta R_S \qquad (4\text{-}22)$$

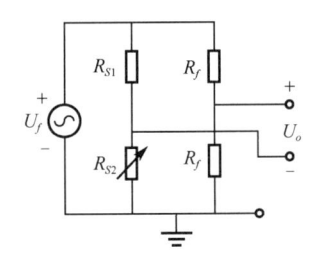

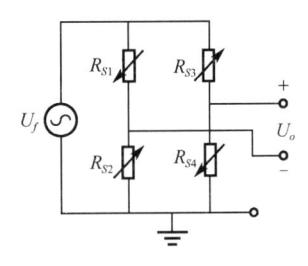

图 4-5 阻抗型传感器的全桥双臂接口电路　　图 4-6 阻抗型传感器的全桥接口电路

表明该电路既有良好的线性,又有很高的灵敏度。

4.2.4 四线制阻抗(电阻)型传感器测量电路

由于多数的阻抗型传感器的电阻值、电容值或电感值较小,如热电阻本身的阻值较小,随温度变化而引起的电阻变化值更小,例如,铂电阻在零度时的阻值 $R_0=100\Omega$,铜电阻在零度时 $R_0=100\Omega$。因此,在传感器与测量仪器之间的引线过长会引起较大的测量误差。在实际应用时,通常采用所谓的两线、三线或四线制的方式,如图 4-7 所示。

在图 4-7(a)所示的电路中,电桥输出电压 U_o 为

$$U_o = \frac{IR}{2R + R_t + R_r}(R_t - R_r) \qquad (4-23)$$

当 $R \gg R_t$、R_r 时,

$$U_o = \frac{I}{2}(R_t - R_r) \qquad (4-24)$$

式中,R_t 为铂电阻,R_r 为可调电阻,R 为固定电阻,I 为恒流源输出电流值。

(1)二线制

二线制的电路如图 4-7(b)所示。这是热电阻最简单的接入电路,也是最容易产生较大误差的电路。

图中的两个 R 是固定电阻。R_r 是为保持电桥平衡的电位器。二线制的接入电路由于没有考虑引线电阻和接触电阻,有可能产生较大的误差。如果采用这种电路进行精密温度测量,整个电路必须在使用温度范围内校准。

(2)三线制

三线制的电路如图 4-7(c)所示。这是热电阻最实用的接入电路,可得

到较高的测量精度。

图中的两个 R 是固定电阻。R_r 是为保持电桥平衡的电位器。三线制的接入电路考虑了引线电阻和接触电阻带来的影响。R_{11}、R_{12} 和 R_{13} 分别是传感器和驱动电源的引线电阻，一般说来，R_{11} 和 R_{12} 基本上相等，而 R_{13} 不引入误差。所以这种接线方式可取得较高的精度。

（3）四线制

四线制的电路如图 4-7（d）所示，这是热电阻测量精度最高的接入电路。

图中 R_{11}、R_{12}、R_{13} 和 R_{14} 都是引线电阻和接触电阻。R_{11} 和 R_{12} 在恒流源回路，不会引入误差。R_{13} 和 R_{14} 则在高输入阻抗的仪器放大器的回路中，带来误差很小。

上述三种热电阻传感器的引入电路的输出，都需要后接高输入阻抗、高共模抑制比的仪器放大器。

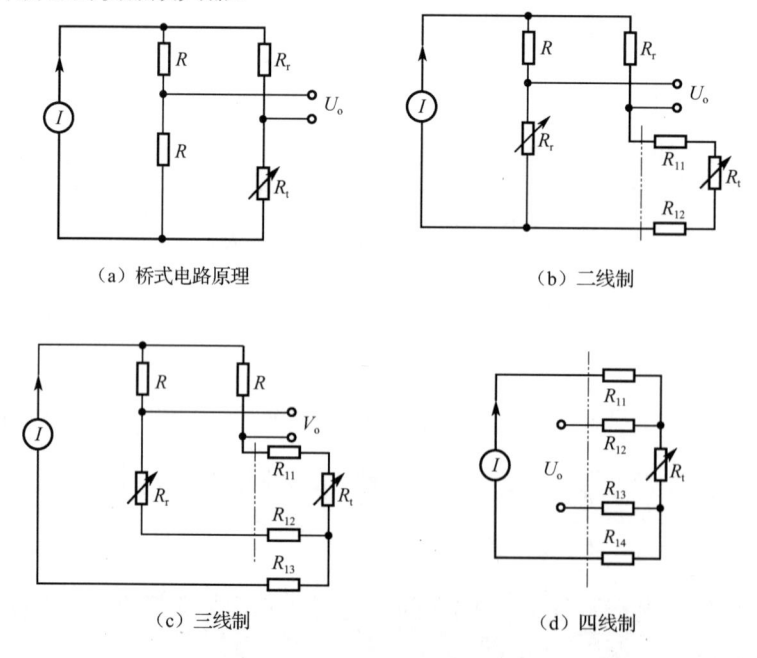

图 4-7 热电阻的接入方式

4.3 阻抗型传感器的集成接口电路

无源传感器必定需要激励信号才能工作，而激励信号的精度又决定了传感器的精度；不同的传感器对激励信号的形式又各有不同，如电压源与电流源、交流与直流，因而对激励信号的产生电路有很高的要求。本节介绍几款典型的集成激励信号的产生电路、无源传感器集成接口电路的工作原理和性能。

对于像电容、电感这样一些传感器，需要为其提供激励信号才能进行测量，与前一类传感器接口电路不同在于电路本身还具备激励信号产生电路。

由于激励信号通常为交流信号（对于电容、电感这样一些传感器也是必需的），为了提高性能，这类传感器接口电路中的信号调理电路通常包含有锁相解调或相敏解调的功能电路。锁相解调或相敏解调的方式可以大幅度提高精度和抗干扰能力。

由于现代集成化传感器的接口电路不仅具有很完备的传统传感器接口电路，需要激励信号、放大和滤波、运算等功能，还集成模式转换器和数据通讯接口等功能，这类集成化传感器的接口电路又被称为"集成化传感器的接口电路"（图4-8）。

图4-8　智能传感器接口集成电路（芯片）之一——传感器信号调理芯片

混合信号微处理器（图4-9）可以看作在第2类智能传感器接口电路的基础上集成有微控制器。因此，这是一类更高级的智能传感器接口电路。

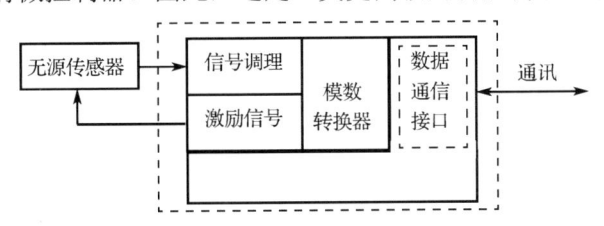

图4-9　智能传感器接口集成电路（芯片）之二——混合信号微处理器

4.3.1　热敏电阻及其数字转换接口电路

4.3.1.1　负温度系数热敏电阻的基本知识

半导体热敏电阻按电阻值随温度变化的特性可分为三种类型，即负温度系数热敏电阻（Negative Temperature Coefficient，NTC）、正温度系数热敏电阻（Positive Temperature Coefficient，PTC）及在某一特定温度下电阻值会发生突变的临界温度电阻器（CritiCal Temperature Resistor，CTR）。

NTC 热敏电阻具有温度特性波动小、对各种温度变化响应快的特点，可实现高灵敏度、高精度的检测，但也存在严重的缺点：原理上的非线性和一致性较差。即便如此，因其价格低廉，NTC 依然是数字体温计用传感器首选！人们想方设法基本解决了在数字体温计应用 NTC 时的"原理上的非线性（图4-10）和一致性较差"等问题，同时保证很好的工艺性和产品的低成本。

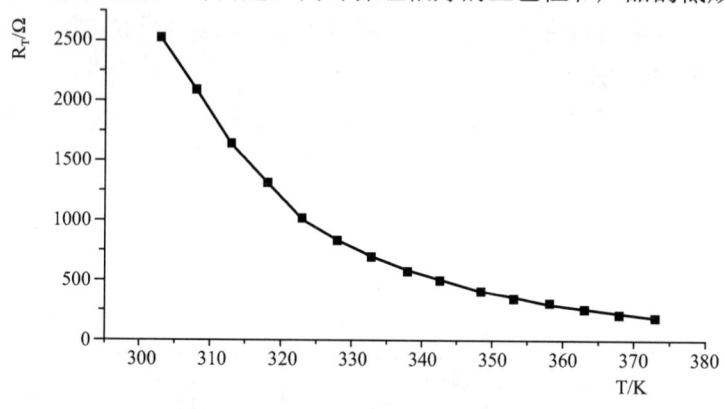

图 4-10　NTC 的阻值/温度特性

4.3.1.2　热敏电阻到数字转换器 MAX6682

MAX6682（图 4-11）不会对典型的负温度系数（NTC）热敏电阻的高度非线性传输函数进行线性化，但通过采用适当阻值的外部电阻可以在有限的温度范围内提供线性输出数据。在 0°C 至 50°C 温度范围内，只要选择适当的热敏电阻和外部电阻阻值，MAX6682 就可以按照 8 LSB/°C（0.125°C 分辨率）的比例输出数据。同样适合其他温度范围，但输出数据不一定按照每度偶数个 LSB 的比例。

MAX6682 具有如下特性：
- 将热敏电阻温度转换为数字数据；
- 低热敏电阻平均电流减小自加热误差；
- 低电源电流，21μA（典型值），包括 10kΩ 热敏电阻电流；
- 内部基准隔离热敏电阻与供电电源的噪声；
- 10 位分辨率；
- 支持任意热敏电阻温度范围；

- 输出数据按照比例直接读取温度，温度范围 0℃至 50℃；
- 简单的 SPI 兼容接口；
- 小尺寸、8 引脚的 μMAX 封装。

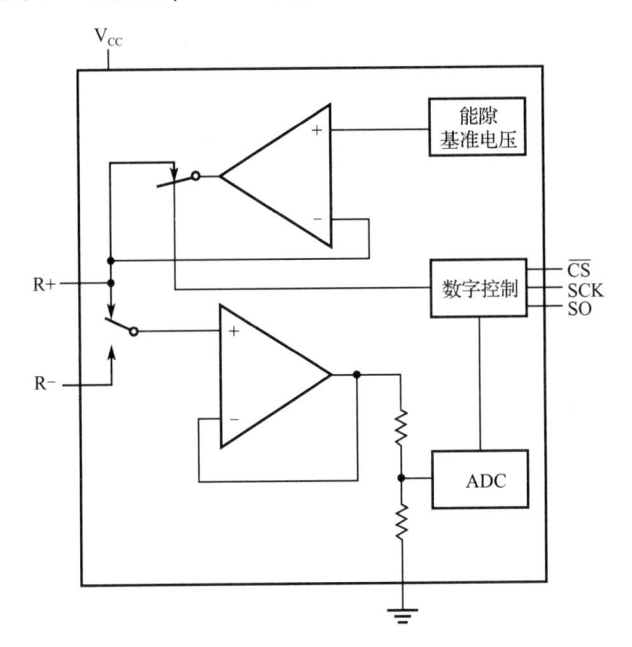

图 4-11 MAX6682 的内部功能框图

3 线 SPI™兼容接口可方便地与不同的微处理器连接（图 4-12）。MAX6682 是只读器件，简化了那些只需要温度数据的系统的应用。电源管理电路可降低热敏电阻的平均电流，从而降低自加热效应。在两次转换中间，电源电流被降至 21μA（典型值）。内部电压基准在两次测量之间被关断。MAX6682 采用小尺寸、8 引脚的 μMAX 封装，工作于-55℃至 125℃温度范围。

MAX6682 使用内部 10 位 ADC 将电阻 R_{EXT} 的电压降转换为数字输出。通过测量 R_{EXT} 上的电压，当使用一个 NTC 热敏电阻时，输出代码与温度直接相关。虽然热敏电阻的电阻与其温度之间的关系是非常非线性的，但只要正确选择 R_{EXT}，R_{EXT} 上的电压在有限的温度范围内是合理线性的。例如，在 10℃至 40℃的范围内，R_{EXT} 的电压与温度之间的关系在约 0.2℃范围内呈线性关系。温度范围越宽，误差越大。数字输出为 10 位+符号字。11 位数字与 R_{EXT}（标准化为 V_{R+}）电压之间的关系如下：

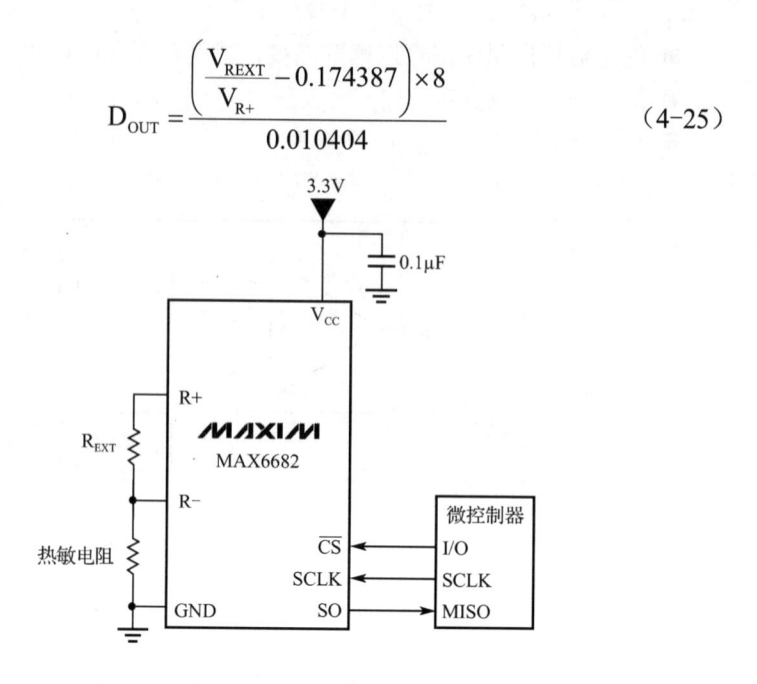

$$D_{OUT} = \frac{\left(\dfrac{V_{REXT}}{V_{R+}} - 0.174387\right) \times 8}{0.010404} \quad (4-25)$$

图 4-12　MAX6682 的典型工作电路

4.3.1.3　集成数字体温计芯片 HT7500

为了解决 NTC 的"原理上的非线性和一致性较差"等问题和降低数字体温计的成本，人们设计了专用的集成电路芯片，即图 4-13 所示的集成数字体温计芯片 HT7500。图 4-14 所示为由 HT7500 构成的体温计原理电路。

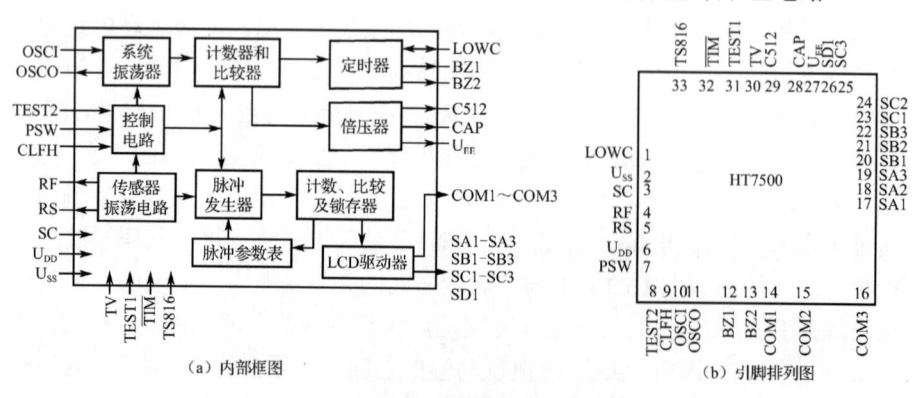

图 4-13　集成数字体温计芯片 HT7500

(a) 内部框图　(b) 引脚排列图

为了更深入了解一支实用的体温计的设计，图 4-15 给出了数字体温计的工作流程图。

采用温度/频率转换（Temperature/Frequency Conversion，T/FC）或电阻/频率转换（Resistance/Frequency Conversion，R/FC）原理如图 4-16 所示。

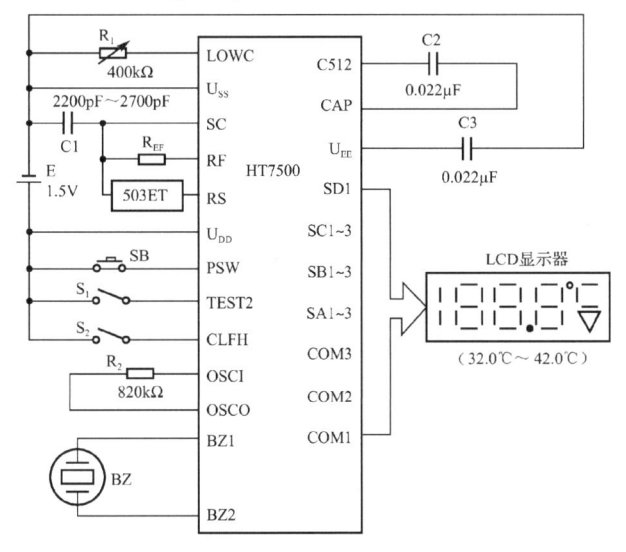

图 4-14 数字式摄氏体温计的电路

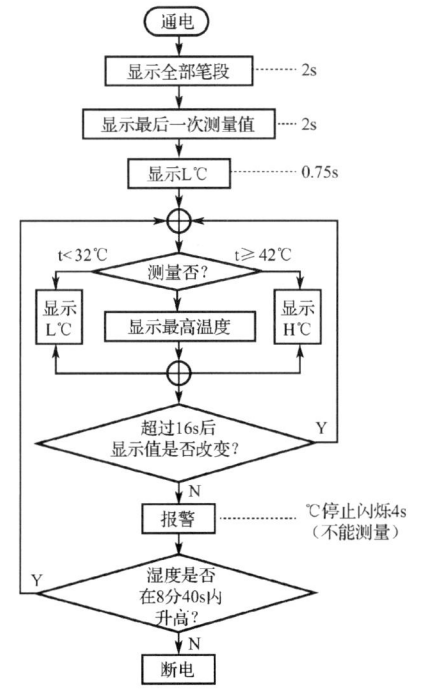

图 4-15 数字体温计的工作流程图

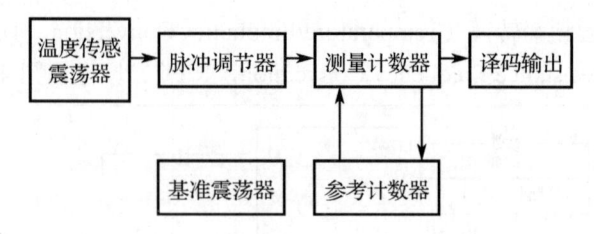

图 4-16　数字体温计 T/FC 原理框图

RTC 的阻值和温度的关系可表示为

$$R_a = R_b e^{\beta\left(\frac{1}{T_a}-\frac{1}{T_b}\right)} \quad (4\text{-}26)$$

式中，R_a 为绝对温度 T_a 时 R_t 的阻值；R_b 为绝对温度 T_b 时 R_t 的阻值；β 为取决 R_t 的材料的常数。

图 4-17 所示为数字体温计常用的 R/FC——基于施密特触发器的 RC 振荡器。图中 R/M 是参考和测量开关，R_t 是 RTC 传感器，R_r 是参考电阻。

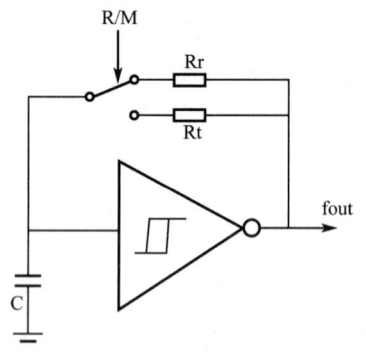

图 4-17　基于施密特触发器的 RC 振荡器

通常 RC 振荡器的振荡频率可简略表示为 $f=k/R_tC$，k 为振荡器电路固有常数，其频率同 R_tC 成反比，当 C 固定，f 将随 R_t 的变化作相应变化：

$$f = \frac{k}{R_b C} e^{\beta\left(\frac{1}{T_a}-\frac{1}{T_b}\right)} \quad (4\text{-}27)$$

所以

R/M=1：$R=R_r$；$f_{out}=f_r$
R/M=0：$R=R_t$；$f_{out}=f_t$

正常工作期间，振荡器在 R/M 信号控制下交替输出参考频率和温度频率。

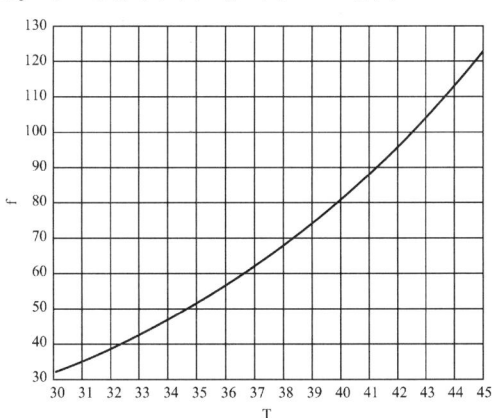

式（4-27）的 f 与 T 的关系曲线如图 4-18 所示。

图 4-18 RC 振荡器 f 与 T 的关系曲线

4.3.2 12 位阻抗转换器网络分析仪（IC）AD5934

AD5934 是一款高精度的阻抗转换器系统解决方案，片上集成一个频率发生器和一个 12 位、250 kSPS 模数转换器（ADC）（图 4-19）。用频率发生器产生的信号来激励外部复阻抗，外部阻抗的响应信号由片上 ADC 进行采样，然后由片上 DSP 进行离散傅里叶变换（DFT）处理。DFT 算法在每个频率上返回一个实部（R）数据字和一个虚部（I）数据字。

校准后，使用以下两个公式很容易算出各扫描频率点的阻抗幅度和相应的阻抗相位：幅度 $=\sqrt{R^2 - I^2}$；相位 $= \text{Tan}^{-1}$（I/R）。

ADI 公司还提供一款类似器件 AD5933，它是一款 2.7V 至 5.5V、1MSPS、12 位阻抗转换器，内置温度传感器，并采用 16 引脚 SSOP 封装。

AD5933 的特点和优势：
- 可编程输出峰峰值激励电压，输出频率最高达 100kHz；
- 可编程频率扫描功能和串行 I^2C 接口；
- 频率分辨率为 27 位（小于 0.1Hz）；
- 阻抗测量范围为 1kΩ 至 10MΩ；
- 利用附加电路可测量 100Ω 至 1kΩ 阻抗；
- 相位测量功能；
- 系统精度为 0.5%；
- 电源电压为 2.7V 至 5.5V；

- 温度范围为-40℃至125℃;
- 16 引脚 SSOP 封装。

图 4-20 给出了 AD5934 的生物阻抗测量电路。

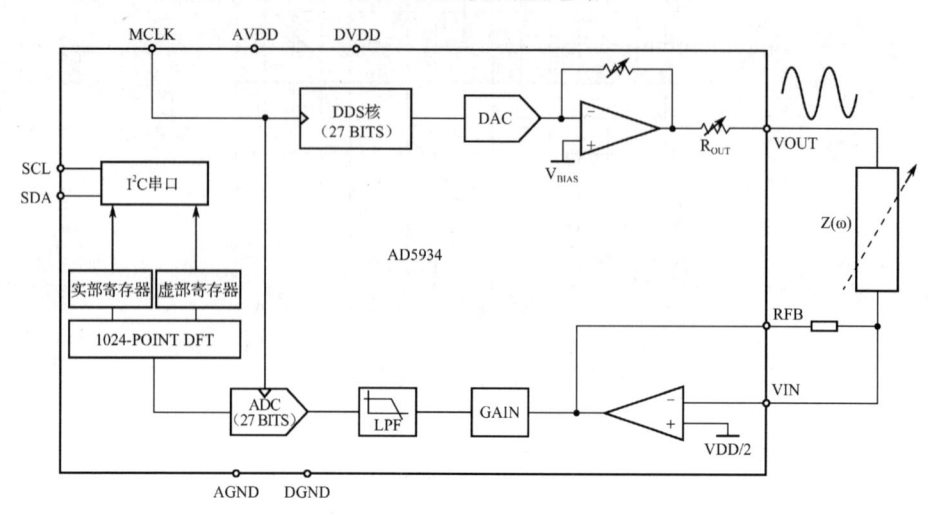

图 4-19 AD5934 的内部功能框图

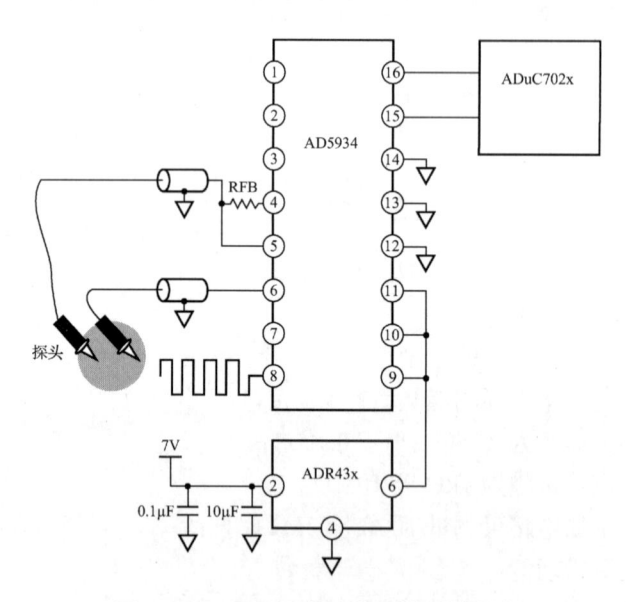

图 4-20 AD5934 的生物阻抗测量电路

4.3.2.1 LDC电感数字转换器LDC1000

采用电感的涡流感应测量是一种非接触、短距离传感技术,这种技术可以在粉尘、油和雾水等恶劣环境下实现低成本、高精度对导电物体的距离测量。LDC1000只需要使用PCB上印制线圈就可以实现测量(图4-21)。

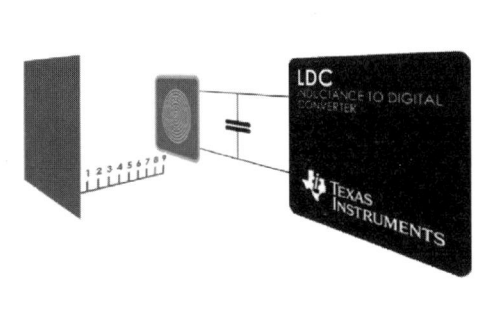

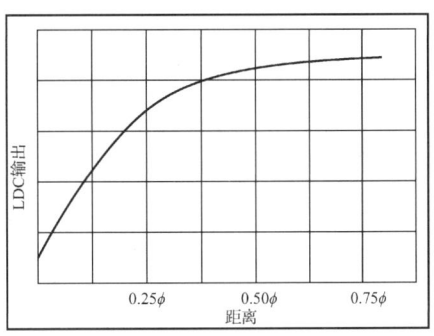

图4-21 轴向距离传感

涡流感应测量可以实现精密的线性位移/角度、位置、运动、压力、振动、金属成分的测量,这些测量在汽车、家用电气、工业、医疗等领域有着极为广泛的应用,而LDC1000在性能、可靠性和成本上极具优势。

LDC1000是世界上第一枚电感数字转换器(图4-22),芯片功耗低、管脚少,采用SON-16封装(图4-23),提供几种测量模式和与MCU便捷连接的SPI串口(图4-24)。

LDC1000具有如下的特性:

- 无磁工作;
- 可达亚微米(0.8~0.35μm)精度;
- 可调测量范围(通过线圈设计);
- 极低的系统成本;
- 远距测量;
- 高耐用,对环境不敏感(如粉尘、水和油等);
- 单电源供电,范围为4.75~5.25V;
- I/O电平,范围为1.8~5.25V;
- 工作电流为1.7mA;
- RP分辨率为16位;
- L(电感)分辨率为24位;
- LC频率范围为5kHz~5MHz。

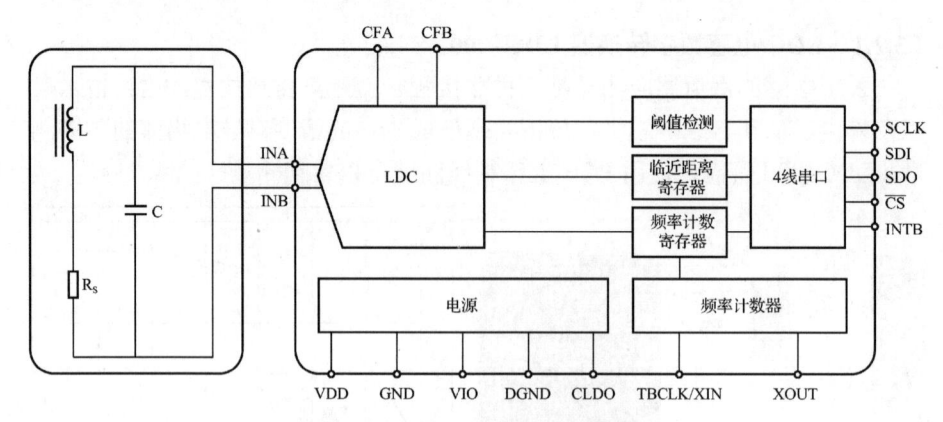

图 4-22　LDC1000 的内部功能框图

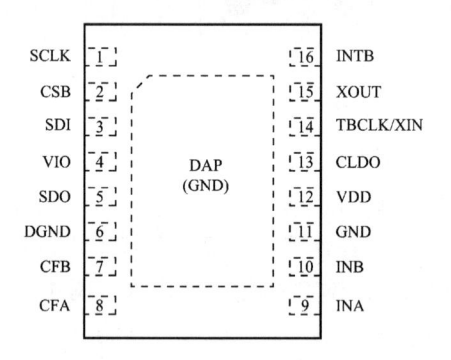

图 4-23　LDC1000 的引脚图

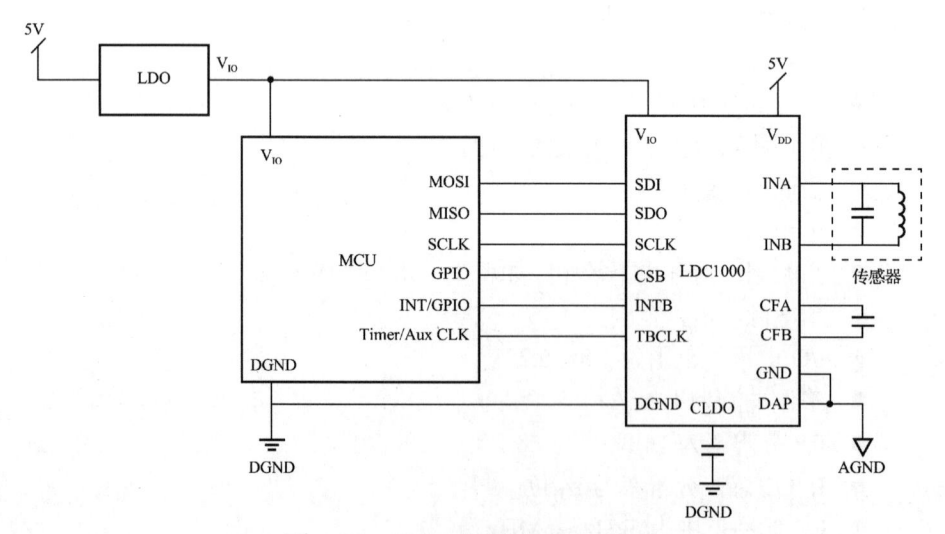

图 4-24　LDC1000 的典型应用电路

4.3.2.2 电容传感器的集成接口电路 AD7745

AD7745 是 AD 公司生产的具有高的分辨率、低功耗的电容数字转换器。该芯片性能稳定，操作方便，可以和多种电容传感器一起开发各种实际产品。AD7745 的主要特点如下：

- 电容数字转换器

具有单端电容探测器或者差分式电容探测器接口；

分辨率为 4aF，精确度为 4fF，线性度为 0.01；

在普通模式下，电容高达 17pF；

可测量电容范围为-4～4pF；

可容忍高达 60pF 的寄生电容；

更新频率为 10～60Hz。

- 片上温度传感器

分辨率为 0.1℃，精确度为±2℃；

电压输入通道；

内部时钟振荡器。

- 两线串行接口

与 I^2C 兼容。

- 电源

2.7～5.25V 单电源供电。

AD7745 的核心是一个高精度的转换器，由 1 个二阶调制器和 1 个三阶数字滤波器构成。AD7745 可以配置成一个电容数字转换器（CDC），也可以配置成一个经典的模数转换器（ADC）。除了转换器外，AD7745 集成了一个多路复用器、一个激励源和电容数模转换器（CAPDAC）作为电容的输入、一个温度传感器、一个时钟发生器、一个控制校正逻辑、I^2C 接口。AD7745 的功能框图如图 4-25 所示。下面对图中的主要部分进行功能说明。

①Σ-Δ调制器

Σ-Δ调制器是 AD7745 的核心，它是将模拟信号转换成数字信号的器件，其工作原理是：被测的电容连接在 CDC 激励输出（EXCA 或者 EXCB）与 Σ-Δ调制器输入［VIN（+）］之间，在 1 个转换周期，一个方波激励信号（从 EXCA 或 EXCB 输出）加到被测电容上，Σ-Δ调制器连续采样经过的电荷。数字滤波器处理 Σ-Δ调制器的输出，数据经过数字滤波器输出，经过校正，由 I^2C 串行接口将数据输出。

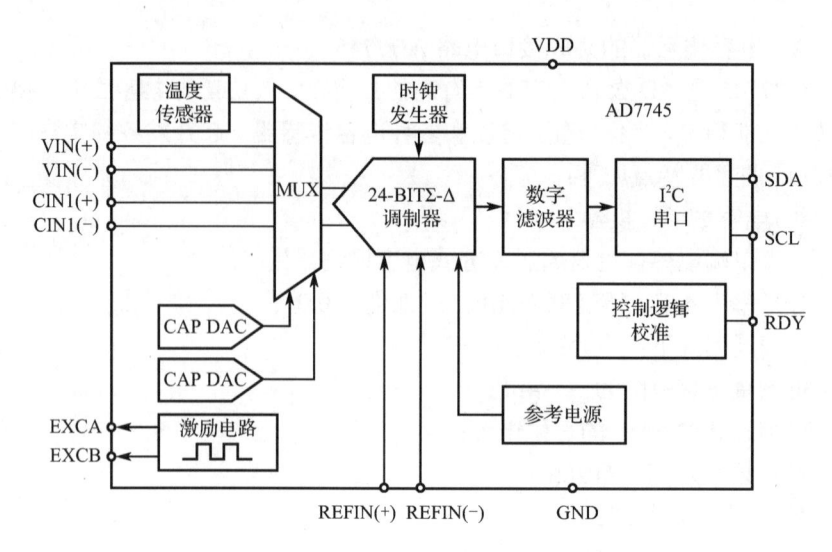

图 4-25 AD7745 的内部功能框图

②电容数模转换器（CAPDAC）

电容数模转换器（CAPDAC）可以被理解成一个负电容直接内部连接到 CIN 引脚。在 AD7745 中有 2 个 CAPDAC，一个连接到 CIN1（+），另一个连接到 CIN1（-），如图 4-26 所示。输入电容 C_Y（差分模式下）与输出数据（DATA）之间的关系：$DATA \approx [C_X\text{-}CAPDAC（+）] - [C_Y\text{-}CAPDAC（-）]$。

电容数模转换器可以用来编程被测电容的输入范围，通过设置 $CAPDAC$（+）和 $CAPDAC$（-）的值，可以改变被测电容的范围，比如在单端模式下，将 CAPDAC 设置成±4pF，被测电容的变化范围成了 0～8pF。

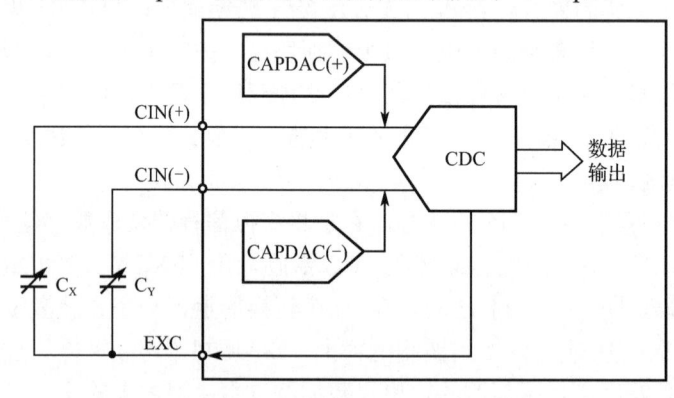

图 4-26 使用 CAPDAC

4.4 有源传感器的接口电路

在本书中,有源传感器是指能够把被测物理量的能量转换成电能信号的形式输出的一类传感器,主要包括下面几种。

光电池:输出电压或电流信号。

光电二极管:输出电流信号。

热电偶:输出电压信号。

压电晶体:输出电荷或电压信号。

pH 电极:输出电压信号。

作为传感器,其输出信号的"能量"都很低或极低,因而导致其接口电路各有特殊的要求:热电偶输出电压信号,但幅值仅有 10μV/℃量级;pH 电极也是输出电压信号,但其内阻高达 GΩ量级。因而,每种传感器的接口电路均需要针对传感器的特性及其应用场合和要求设计或选用合适的接口电路。

下面介绍几种典型的传感器接口电路。

4.4.1 光电二极管的接口电路

光电二极管(或光电池)是基于阻挡层光生伏特效应的光电器件,其作用是把将输入光量的变化转换为电流变化的输出。光电二极管(或光电池)是一种基本的敏感元件,它不仅可以直接测量光强,也可以与二次转换元件,如光纤等配合用于测量其他物理量或化学量。

4.4.1.1 光电二极管的工作原理

当 PN 结接触区域受到光照射时,便产生光生电动势,这就是结光电效应,又称为阻挡层光生伏特效应。以半导体 PN 结为例,具有过剩空穴的 P 型半导体与过剩电子的 N 型半导体结合时,N 区的电子向 P 区扩散,P 区的空穴向 N 区扩散。扩散的结果,N 区失去电子而形成带正电的空间电荷区,P 区失去空穴而形成带负电的空间电荷区,并建立一个指向 P 区的内建电场,如图 4-27(a)所示。它将阻止空穴、电子的进一步扩散,故又称"阻挡层"。最后,内建电场的作用将完全抵消扩散,这时便达到动平衡。在阻挡层中空间电荷区里没有导电的载流子,但受到光照射时,设光子能量大于禁带宽度 E_g,使介带中的束缚电子吸收光子能量后能够跃迁到导带中来成为自由电子,从而产生光电子空穴对——光生载流子。在一个扩散长度内,进入阻挡层区的光生载流子都将受到内建电场的作用,电子推向 N 区外侧,空穴推向 P 区位正,N 区为负的光生电动势 U_{oc}。如果用导线连接,如图 4-27(b)所示,便有光生电流 I 产生,这就是利用阻挡层光生伏特效应的光电池原理。

光电池的伏安特性如图 4-28(a)所示。当光电池不受光照时,它就是一个 PN 结二极管。光电池受一恒定的光照时,光电池则相应地产生光生电动势 U_{oc}。特性与纵轴的交点为短路电流,特性与横轴的交点为开路电压,如图 4-28(b)所示。光电池实际的工作方式是在图 4-28(a)的第Ⅰ象限,故第Ⅰ象限的特性代表光电池的实际工作方式的伏安特性。

(a)PN 结　　　　　　　(b)等效电路与符号

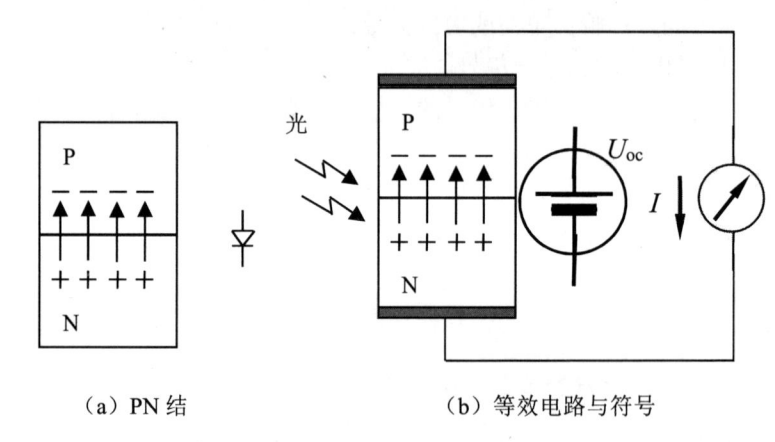

图 4-27　PN 结及其等效电路与符号

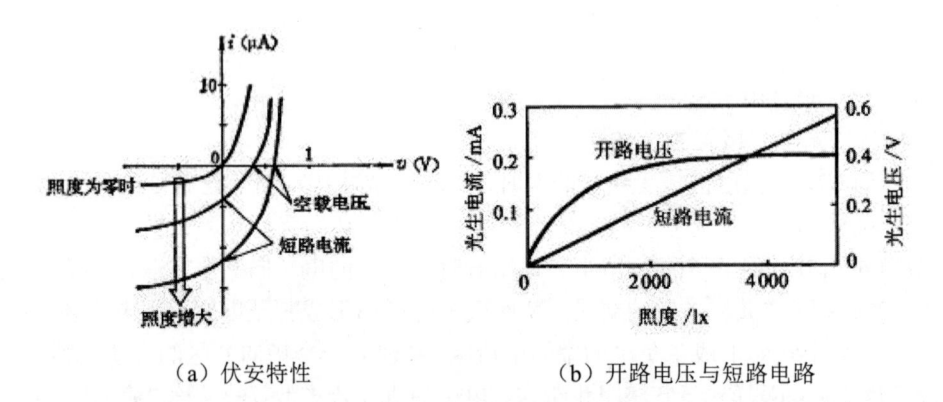

(a)伏安特性　　　　　　　(b)开路电压与短路电路

图 4-28　硅光电池的光照特性

光电二极管也有一个可接受光照的 PN 结,在结构上与光电池相似。以 P 型硅为衬底,进行 N 掺杂形成 PN 结的硅光电二极管为 2DU 型,形成的硅光电池为 2DR 型；以 N 型硅为衬底，进行 P 掺杂形成 PN 结的硅光电二极管为 2CU 型，形成的硅光电池为 2CR 型。其区别在于硅光电池用的衬底材料的电阻率低，约为 0.1～0.01 Ω·cm，而硅光电二极管衬底材料的电阻率高，约为 1000 Ω·cm。

光电二极管在电路中通常处于反向偏置工作状态。在无光照射时，处于截止状态，反向饱和电流（也称暗电流）极小；当受光照射时，产生光生载流子——电子—空穴对，使少数载流子浓度大大增加，致使通过 PN 结的反向饱和电流大大增加，约能比无光照反向饱和电流大 1000 倍。光生反向饱和电流随入射光照度的变化而成比例地变化，它的伏安特性如同图 4-28（a）中第 III 象限特性。在很大范围内，光生反向饱和电流与所施加的反向电压 $U \leqslant 0$ 的数值无关，而呈一条几乎平行于横轴的水平线，说明光电二极管输出的光生反向饱和电流随入射光照度变化有极好的线性。光电二极管处在反向偏置工作方式，使空间电荷区域宽度增加，结电容减小，因此改善了光电二极管的频率特性。光电池最高能跟踪几千赫兹频率光照度的变化，而光电二极管却能跟踪 MHz 频率光照度的变化。

对于 PIN 型光电二极管，它是在 P 区和 N 区之间有很厚的一层高电阻率的本征半导体（I），同时将 P 区做得很薄，它的 PN 结势垒区扩展到整个 I 型层，入射光主要被较厚的 I 层吸收，激发出较多的载流子形成光电流，提高了对能渗透到半导体内的红外线的灵敏度。由于工作在更大的反差状态，空间电荷区加宽，阻挡层（PN 结）结电容进一步减小，因此响应速度进一步加快。

4.4.1.2 光电二极管的接口电路

由于光电二极管的输出短路电流与输入光强有极好的线性关系，因此，为得到良好的精度和线性，光电二极管通常都采用电流/电压转换电路作为接口电路，如图 4-29（a）所示。不难得出，电路的输出为：

$$V_O = -I_g R_f \tag{4-28}$$

为了抑制高频干扰和消除运放输入偏置电流的影响，实际应用的电路如图 4-29（b）所示。

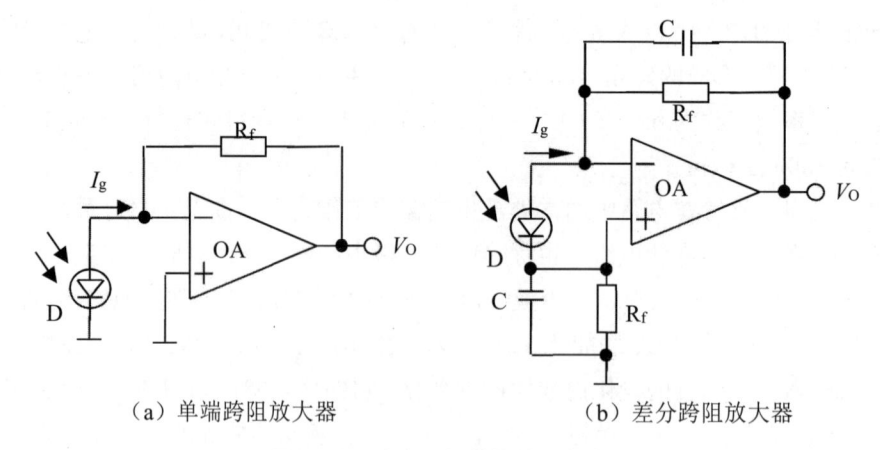

(a) 单端跨阻放大器　　　　　　　(b) 差分跨阻放大器

图 4-29　光电二极管的接口电路

IVC102 是一种集成化的光电传感器，其内部的结构和外部的接线及工作波形如图 4-30 所示。IVC102 内置高精度运算放大器，该运算放大器的输入偏置电流仅有 750fA，更重要的是，IVC102 采用电流积分式的原理，可以消除常规电路中由于反馈电阻而产生的电阻热噪声，而且，IVC102 内部集成大小不等的 3 只电容，可以得到不同的增益值。在外部时钟脉冲的控制下，IVC102 内部集成的模拟开关可以按照一定占空比对光电流进行积分。显然，采用集成化的光电传感器可以大幅度简化电路，提高系统的抗干扰能力和性能。

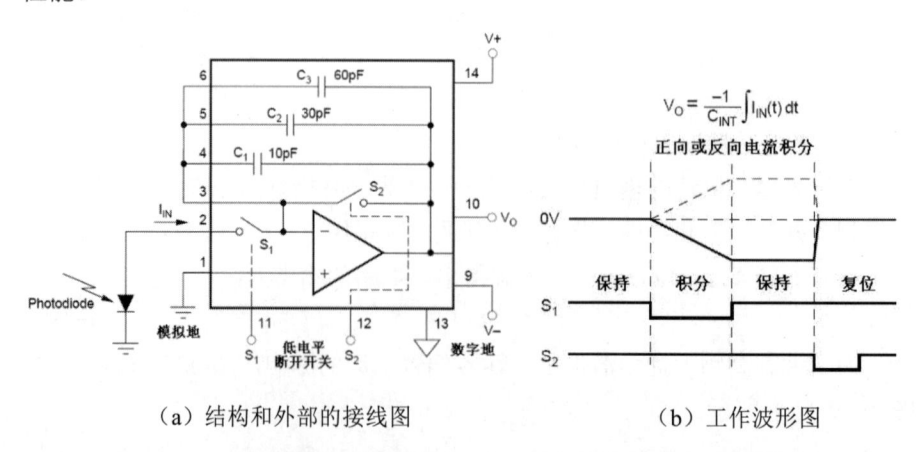

(a) 结构和外部的接线图　　　　　　　(b) 工作波形图

图 4-30　集成化的光电传感器 IVC102 的内部结构和工作波形图

注意选择运算放大器：其输入阻抗越高越好，偏置电流越小越好。在信号频率比较高时，还需注意带宽等参数。

4.4.1.3 256通道、电流至数字转换器模块

ADAS1135是一个256通道、电流到数字、模拟到数字转换器（ADC）模块（图4-31）。它包含256个低功率、低噪声、低输入电流积分器、同步采样和保持，以及两个可配置采样率和高达24位分辨率的高速高分辨率ADC。ADAS1135的信号链和采样架构旨在确保所有通道都能同时采样，并且在整个采样过程中不会丢失电荷。

所有转换后的通道结果都在双低电压差分信号（LVDS）、自时钟串行接口上输出，从而减少了外部硬件。

SPI兼容串行接口允许使用SDI_x输入配置ADC。SDO_x输出允许用户在一条4线总线上用菊花链连接多个ADC。ADAS1135使用独立电源IOVDD，以减少数字噪声对转换的影响。特性如下。

- ◆ 高达24位分辨率。
- ◆ 可变积分时间。
- ◆ 最快积分时间：20位分辨率下最大22.6 kSPS（最小44.2μs）。
- ◆ 低功耗：在任何吞吐量下，每个信道2.3 mW。
- ◆ 积分线性：
  - ➢ 读数的±0.050%，FSR的±1.0 ppm（所有通道工作）；
  - ➢ 噪音非常低。
- ◆ 同步采样：无停滞时间，无电荷损失，100%电荷收集。
- ◆ 用户可调节满刻度范围。
- ◆ 车载温度传感器和参考缓冲器。
- ◆ 15毫米×15毫米，CSP_BGA封装。
- ◆ 简单的印刷电路板（PCB）设计。
  - ➢ 用于电源和参考去耦的集成电容器。
  - ➢ 间距为0.80毫米的BGA，允许采用低成本的PCB技术。

对于PET/CT和PCR等需要对几百路甚至几千路光电二极管、光电倍增管的输出电流信号进行采集时，ADAS1135无疑是一个最佳选择，大大降低电路复杂度和极大地提高系统的性能。

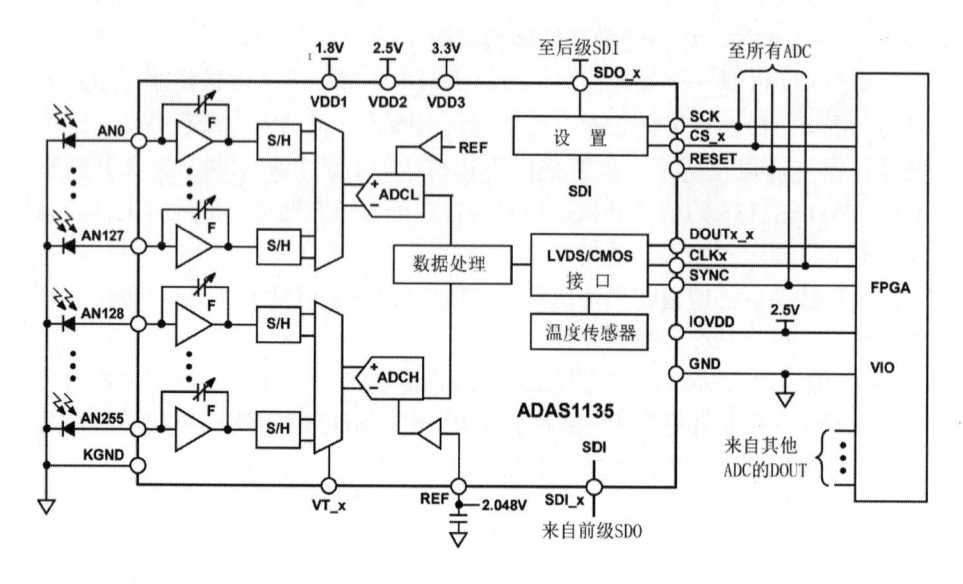

图 4-31　ADAS1135 的内部功能框图

4.4.2　压电晶体（传感器）的接口电路

4.4.2.1　压电晶体（传感器）的简介

　　石英晶体、压电陶瓷和一些塑料等材料在外界机械力的作用下，内部产生极化现象，导致其上下两表面出现电荷，当去掉外压力时，电荷立即消失，这种现象就是压电效应。

　　压电加速度传感器常见的结构形式有压缩型、剪切型、弯曲型和膜盒式等。表 4-1 和表 4-2 分别给出了 PV—96 型和 GIA 型压电式加速度传感器的特性。

表 4-1　PV—96 型压电式加速度传感器特性

参　　数	参　数　值	单　　位
电荷灵敏度	10000 以下	PC/g
静电容	6000 以下	PF
频率范围	0.1~100	Hz
最高工作温度	200	℃
绝缘电阻	大于 10	GΩ
重量	2000	g

表 4-2 GIA 型压电式加速度传感器特性

参　　数	参　数　值	单　位
灵敏度	200	mV/g
测量范围	0.1～25	g
频率范围	0.5～500	Hz
固有频率	1.5	KHz
工作温度	-10～55	°C
重量	8	g
横向灵敏度	小于等于 5	%

4.4.2.2 分立器件构建的压电晶体（传感器）接口电路

压电式加速度传感器是容性、灵敏度很高的传感器。它常配以电荷放大器和电压放大器。其电路如图 4-32 所示。

电荷放大器频带宽，增益由负反馈电路中的电容 C_f 决定，输出电缆的电容对放大器无影响。输出电压为 $V_O = -q/C_f$。

电压放大器信号从同相端输入，实际就是同相比例放大器。其输出电压

$$V_O = S_q / (C_a + C_q) \tag{4-29}$$

式中，S_q 为电荷灵敏度；C_a 为传感器电容；C_q 为电缆电容。由于输出电压易受输出电缆电容的影响，因此，常将放大器置于传感器内。

在实际应用时，主要采用电荷放大器。由于传感器在过载时，会有很大的输出，所以在放大器的输入端需加保护电路。

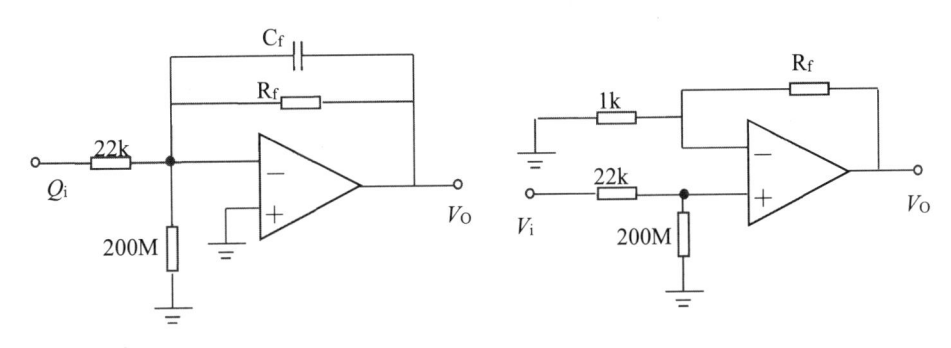

(a) 电荷放大器

图 4-32 压电晶体传感器的基本接口电路

需要特别说明的是：

（1）压电晶体传感器几乎不能响应直流信号，对低频信号的响应也较差。

（2）压电晶体传感器相当于一支电容，因此，图4-32中200MΩ的电阻的作用是给运算放大器提供直流偏置电流通道。

（3）注意选择运算放大器：其输入阻抗越高越好，偏置电流越小越好。

4.4.2.3　集成模拟前端AFE5803

AFE5803是一款高度集成的模拟前端（AFE）解决方案，此解决方案设计用于高性能和小型超声波系统。AFE5803集成了一个完全时间增益控制（TGC）成像路径。它还使得用户可以选择不同的功率/噪音组合来优化系统性能。因此，AFE5803适用于便携式系统的超声波模拟前端解决方案。

AFE5803包含8通道电压控制放大器（VCA），14/12位模数转换器（ADC）。此VCA包括低噪音放大器（LNA）、电压控制衰减器（VCAT）、可编程增益放大器（PGA），和低通滤波器（LPF）（图4-33）。LNA增益可编程以支持250mV$_{PP}$至1V$_{PP}$的输入信号。LNA还支持可编程主动终止。此超低噪音VCAT提供了一个40dB的信噪比（SNR）衰减控制范围并提升了有益于谐波成像和近场成像的总输出体低增益SNR。PGA提供了24dB和30dB的增益选项。在ADC之前，一个LPF可被配置为10MHz、15MHz、20MHz或者30MHz以支持不同频率下的超声波应用。AFE5803中的高性能14位/65MSPSADC可实现77dBFSSNR。它确保了低链路增益下的出色SNR。ADC的LVDS输出可实现小型化系统所需的灵活系统集成。

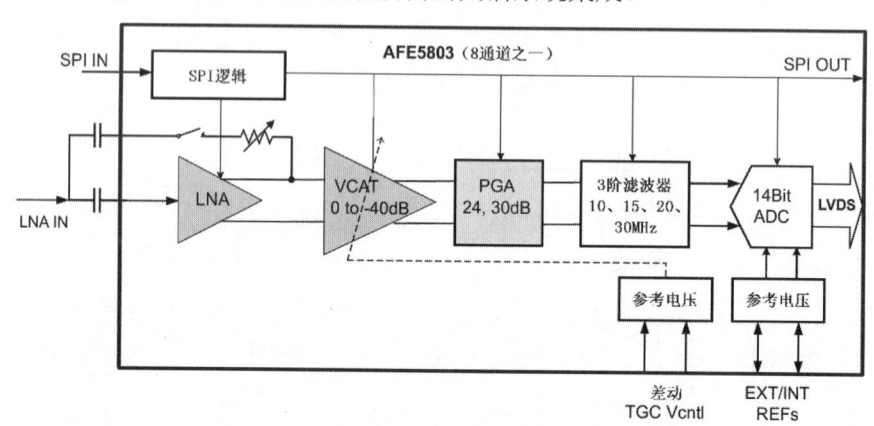

图4-33　AFE5803内部功能框图

AFE5803采用15mm×9mm、135引脚球状引脚栅格封装，并且其额定运行温度为0℃至85℃。此器件与AFE5807、AFE5808和AFE5808A引脚至引脚兼容。

AFE5803 具有如下的特性：
- 8 通道完全模拟前端
  - LNA, VCAT, PGA, LPF, ADC
- 可编程增益低噪音放大器（LNA）
  - 24/18/12dB 增益
  - 0.25/0.5/1 V_{PP} 线性输入范围
  - 0.63/0.7/0.9 nV/rtHz 输入参考噪音
  - 可编主动终止
- 40dB 低噪音电压控制衰减器（VACT）
- 24/30dB 可编程增益放大器（PGA）
- 3rd 次序线性相位低通滤波器（LPF）
  - 10、15、20、30MHz
- 14 位模数转换器（ADC）
  - 65MSPS 时为 77dBFS
  - LVDS
- 噪音/功率优化（完全链路）
  - 0.75nV/rtHz，65MSPS 时为 158mW/CH
  - 1.1nV/rtHz，40MSPS 时为 101mW/CH
- 出色的器件到器件增益匹配
  - ±0.5dB（典型值）和±0.9dB（最大值）
- 低谐波失真
- 快速且持续的过载恢复
- 小型封装：15mm x 9mm，135-BGA（BGA）

4.4.3 pH 电极的接口电路

4.4.3.1 pH 电极基本知识

离子电极（电化学传感器）的共同特点是具有极高的内阻，大约在 10～1000MΩ。不失一般性，下面以 pH 电极（氢离子电极）为例说明离子电极型电化学生物传感器的接口设计。

溶液的 pH 值取决于溶液中氢离子的浓度，可以通过测量电极与被测溶液构成的电池电动势，得到被测溶液氢离子活度。从传感器电极中获得的电压信号 E 与氢离子 $H+$ 的活度有一一对应关系，理论依据是能斯特方程，它是指电极反应中物质从一相转移到另一相时，需要消耗的功。其表达形式为：

$$E = E^0 - \frac{2.30259RT}{F}\text{pH} \qquad (4-30)$$

式中，E 为电极电位；E^0 为标准电极电位，对某一确定电极 E^0 为常量；R 为摩尔气体常数，即 8.314Jmol^{-1}K^{-1}；T 为绝对温度，即 273.15e；F 为法拉第常数，即 96487C/mol；pH 为溶液的酸碱度。

因此，要测量溶液中的酸碱度值，只要对系统中的电极电位进行测量，并按照能斯特方程进行计算就可得到。但由于玻璃电极内阻很高，要求采用高输入阻抗的测量电路。同时由式（4-30）可以看到，电极电位 E 随被测溶液的温度变化而变化，而溶液的 pH 值跟温度并无关系。因此必须有精确的温度补偿措施，才能保证仪表的精确测量。被测溶液温度为 25℃时，标准传感器输出电压和 pH 值之间的关系如表 4-3 所示。pH 值变化 1 时，电压变化 59.16mV。但若电极传感器长时间使用或由于环境温度变化，传感器输出电压和 pH 值之间就不再满足该对应关系。

表 4-3 传感器电压与 pH 值（溶液温度 25℃时）

高阻输出/mV	pH 值	高阻输出/mV	pH 值
−414.12	14	59.16	6
−354.96	13	118.32	5
−295.80	12	177.48	4
−236.64	11	236.64	3
−177.48	10	295.80	2
−118.32	9	354.96	1
−59.16	8	414.12	0
0.00	7		

4.4.3.2 pH 电极的分立元件接口电路

pH 传感器是电压信号输出，由于其内阻非常高（10～1000MΩ），通常采用极低输入偏置电流（I_B＜1pA）运放构成跟随器作为接口电路。图 4-34 所示采用 MAXIM 公司 MAX406 构成的 pH 电极的接口电路，由于 MAX406 的功耗极低，约为 1.2μA 的静态工作电流，因此可以把电路做到电极里并不需要关闭电源。其额外带来的好处是运放本身也得到较好的保护而无需额外的保护电路。

图 4-34 中，MAX130A 是用于数字表头、内置带隙电压基准的 3 1/2 位 ADC；有两支 10k 的电位器分别用以调节零点（标有 ZERO）和增益（即灵

敏度系数)。

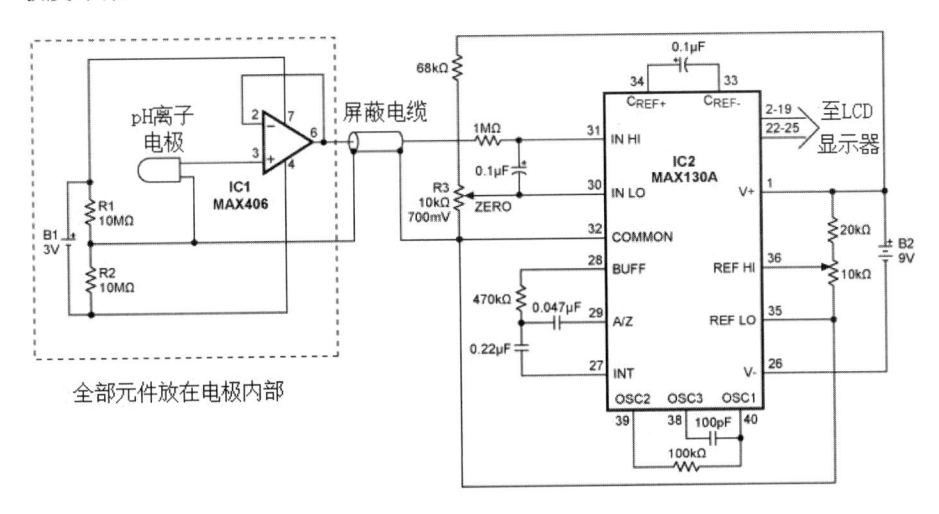

图 4-34 pH 计电路之一

图 4-35 是另外一款基于单片机数据采集的设计，采用 Analog 公司运放 AD8663 设计的电压跟随器作为前端放大隔离电路。AD8663 是 ADI 公司生产的专门用于 pH/ORP 仪表的传感器输入端使用的高输入阻抗运算放大器，其具有极高的输入阻抗。如表 4-3 所示，传感器输出是正负电压信号，而一般单片机内部的 A/D 变换只能采样 0~2.5V 的正电压，因此，调节 R36 可以将零点电平平移到合适的位置。运放 U2A 设计了一个加法器，将传感器的电压抬升到正电平，运放 U2B 设计了反向放大器，实现了电压信号的极性变换。该模拟通道设计时考虑到需能同时工作在 pH 和 ORP 模式，而 ORP 模式下的电压输入范围是-1000~1000mV，所以模拟通道没有做电压增益设计，放大倍数大约为 1。图 4-35 中的电容 C_{21} 采用低漏电的瓷片电容，用于消除输入端干扰。

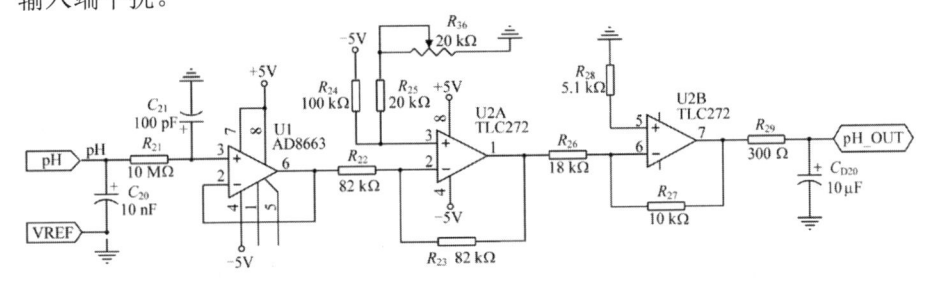

图 4-35 pH 计电路之二

4.4.3.3　集成 pH 电极接口电路 AFE LMP91200

高集成 LMP91200 pH 值传感 AFE（图 4-36）可用于各种分析平台的双电极 pH 值传感器，充分满足排放监控、蒸汽及水质监控、化工／石化工厂和食品加工等应用需求。

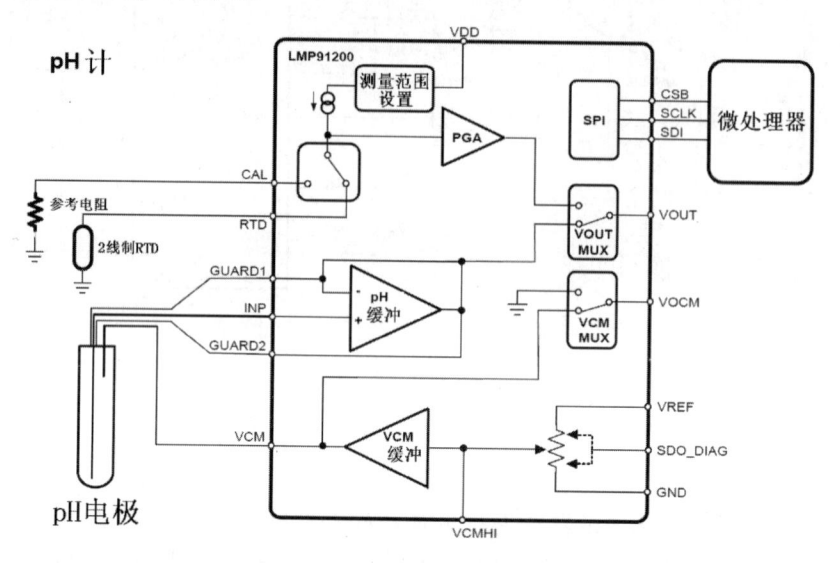

图 4-36　LMP91200 的功能框图

LMP91200 pH 值传感 AFE 的主要特性与优势：

- 完整的 pH 值传感解决方案。该 AFE 高度集成 PGA、超低输入偏置 pH 值缓冲器、信号保护、温度与测量校准，以及共模生成与诊断电路，可使用单芯片连接市面大多数 pH 值传感器。

- 更高的可靠性与系统精度。板载传感器测试可确保正确的连接与功能，0.4pA（最大值）超低偏置电流，可提高系统可靠性与准确性，在没有供电的情况下保护 pH 值电极。

- 宽泛的工作范围。1.8 V 至 5.5 V 的工作电压与-40℃至 125℃的工作温度（在该工作范围内可确保低 pH 值缓冲器输入偏置电流），可实现最大的灵活性。

- 小巧的外形。高集成度支持 5 mm×6.4 mm 的封装尺寸，可实现更小尺寸的终端产品（图 4-37）。

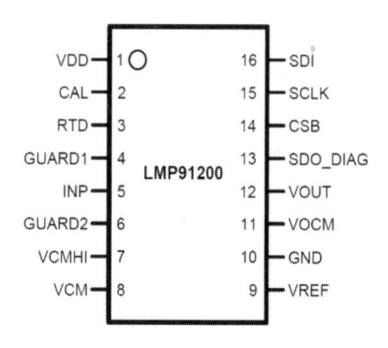

```
VDD   1○   16  SDI
CAL   2    15  SCLK
RTD   3    14  CSB
GUARD1 4  LMP91200  13  SDO_DIAG
INP   5    12  VOUT
GUARD2 6   11  VOCM
VCMHI 7    10  GND
VCM   8     9  VREF
```

图 4-37　LMP91200 的引脚图

4.4.4　热电（热释电型与热电堆型）红外传感器的接口电路

热释电型红外探测（传感）器都是用硫酸三甘酞（TGS）和钽酸锂（LiTaO$_3$）等优质热释电材料（p 的数量级为 10^{-8}C/Kcm^2）的小薄片作为响应元，加上支架、管壳和窗口等构成。它在室温工作时，对波长没有选择性。

热电堆的结构辐射接收面分为若干块，每块接一个热电偶，把它们串联起来，就构成热电堆。按用途不同，实用的热电堆可以制成细丝型和薄膜型，亦可制成多通道型和阵列型器件。

热释电和热电堆型红外探测器的根本区别在于，后者利用响应元的温度升高值来测量红外辐射，响应时间取决于新的平衡温度的建立过程，时间比较长，不能测量快速变化的辐射信号。而热释电型探测器所利用的是温度变化率，因而能探测快速变化的辐射信号。这种探测器在室温工作时的探测率可达 10^9～$2×10^9$ 厘米·赫/瓦。

4.4.4.1　热释电型红外探测（传感）器接口电路

热释电型红外检测器就是利用热释电材料的热释电效应检测引起温度变化的辐射能量的一种红外检测器。热释电红外检测器的原理如图 4-38 所示：在热释电材料上下表面设置电极，在上表面电极上加以黑化膜提高红外吸收红外光效率，红外线间歇地照射时，其表面温度上升ΔT，导致内部原子排列变化，引起自发极化电荷，在上下电极之间产生电压ΔU。热释电红外检测器的常见结构参如图 4-39 所示：热释电红外检测器的基本结构组成类似电容器的构造，制作时，热释电元件、输入电阻器、第一级 JET 通常被封装在一个管壳内，成为不可分割的整体，并在垂直极化轴的方向上把具有热释电效应的材料切成薄片，再研磨成厚度为 5～50Fm 的极薄片，在两面蒸镀上电极，其中吸收层上方的硅窗口材料只允许特定波段的红外辐射入射到吸收层，而热释电材料则应被悬空装配或贴在绝缘衬底上以遏制热传导。

某些强介电物质（PZT、LiTaO3 等）的表面接受了红外线的辐射能量，其表面产生温度变化，随着温度的上升或下降，这些物质表面上就会产生电荷的变化，这种现象称为热释电效应。图 4-38 为晶体表面电荷随温度变化的移动情况。

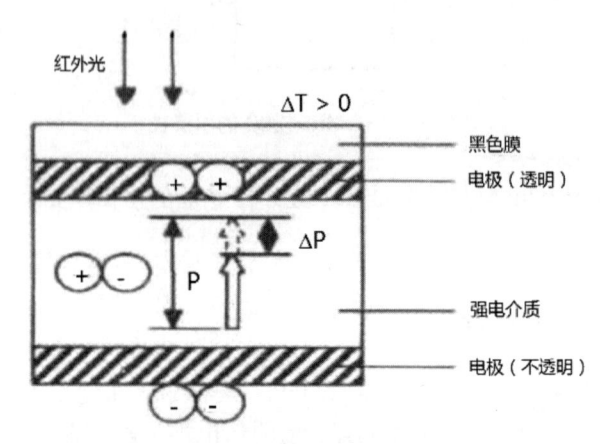

图 4-38　热释电红外检测器原理图

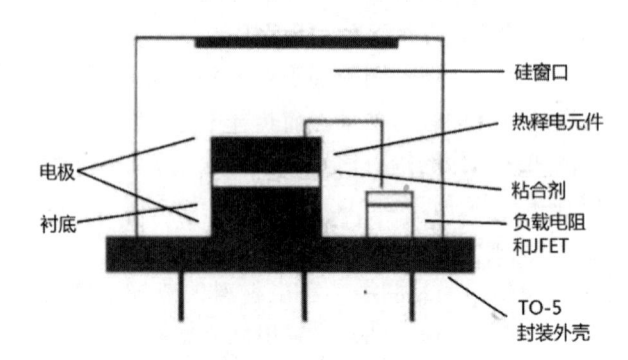

图 4-39　热释电红外检测器结构

可见，当红外线照射热释电元件时，其内部极化作用发生很大的变化，其变化部分作为电荷释放出，从辨部取出该电荷就变成传感器的输出电压。由此可见，热释电传感器只有在温度变化时才有输出电压。

常见的热释电传感器有 P3782、P7187 等。根据法拉第法则，人体的体温约为 37℃，辐射最多红外线的波长是 10μm 左右，而 P7187 对 7～20 μm 范围波长比较灵敏，它采用了 2 个热释电元件 PZT 板，PZT 板表面吸收红外线，并在受光面的内外各自安装取出电荷的一对电极，能敏感地捕捉到被测物体或光源，具有很高的灵敏度。这2个受光电极反向串联，可有效地防止背景波动及干扰光照射时的误动作（一是环境变化引起的误动作，二是使用光调制器时的误动作）对传感器的影响，当2个受光电极同时受到红外线照射时，输出电压相互抵消而无输出，只有当人体移动时才有电压的输出，输出电压比较精确地反映了人体移动的情况。P7187等效电路如图4-40所示。

测量系统基本电路如图4-41所示。传感器输出信号经放大、选频滤波后，与室温测量元件输出进行相加和修正，传感器输出的信号经47 pF电容耦合到同相放大器A1，A1的闭环增益为23～24之间。同时A1还兼做高通滤波器，其截止频率为$f_L = 0.3$ Hz。A2是一个低通滤波器，其闭环增益约为1，截止频率为$f_H = 7$ Hz。A1、A2分别把低于0.3 Hz和高于7 Hz的信号滤掉，使输出的信号仅是经过调制器调制的1 Hz红外辐射信号。由温敏二极管和运算放大器A4组成温度补偿部分，可以检测调制器的温度T_a，利用温敏二极管的非线性作温度补偿。根据斯忒藩—波耳兹曼定律，当调制器装置温度为T_a，被测温体的温度为T_o时，红外线传感器的输出电压为：

$$U_t = C(\varepsilon T_o^4 - T_a^4) \qquad (4-31)$$

式中，ε 为被测物体发射率；C 为与传感器结构有关的系数。

由式（4-31）可知，要获得正比于待测物体的绝对温度的电压 U_o，应将 $U(T_a) = KT_a^4$ 信号加到上式中进行补偿叫，$U(T_a)$ 由温度补偿电路提供，温度补偿曲线可近似地看作四次方曲线，这个过程将在加法器A3中完成。A3的作用是将信号电压与温度校正部分的输出进行加法计算。

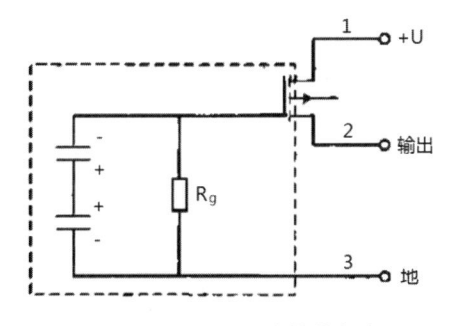

图4-40 P7178的等效电路

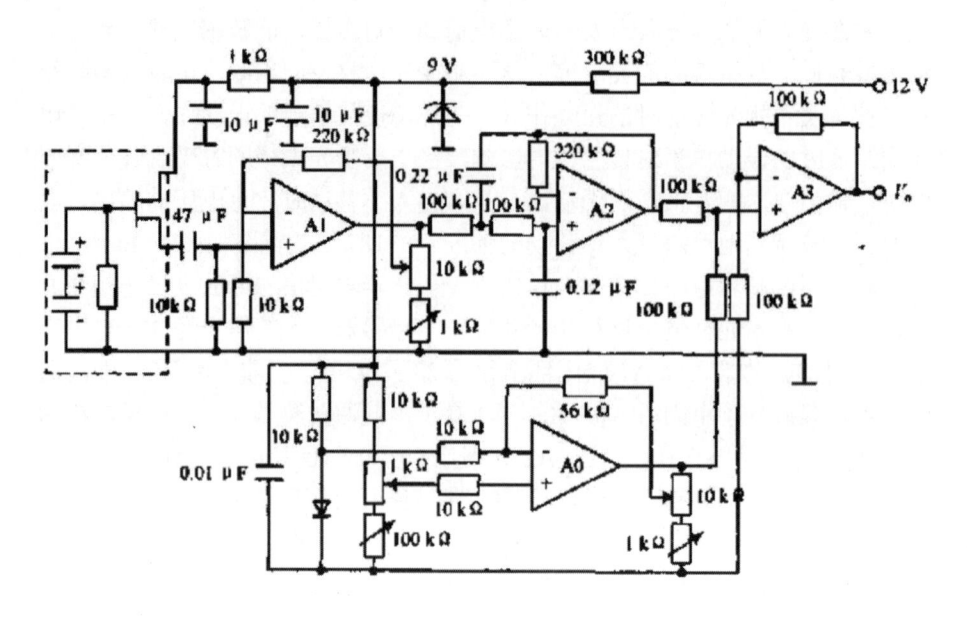

图 4-41　红外测温的基本电路

4.4.4.2　热电堆型红外探测（传感）器接口电路

一款典型的用于耳温测量的热电堆红外传感器 MLX90615 如图 4-42 所示。红外热电堆传感器吸收红外线能量并输出一个与温度成比例关系的电压信号。传感器的核心一般由两部分组成：热电堆和热敏电阻。测量原理图、引脚图与典型应用电路图分别如图 4-43 和图 4-44 所示。

热电堆利用红外线辐射热效应，多数情况下是通过赛贝克效应来探测辐射，将辐射转化为电压后进行测量。该电压的变化为 mV 级。热敏电阻用于感知环境的温度变化即背景温度，可通过分压，将电阻的变化转变为电压的变化。两个测量电压通过计算即可获得实测温度，参见式（4-31）。

图 4-42　MLX90615 的实物图

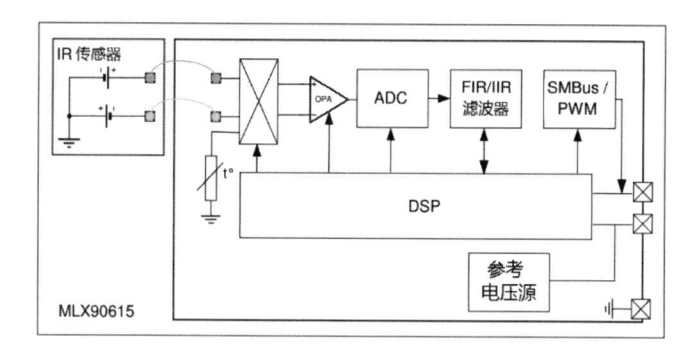

图 4-43 MLX90615 传感器原理图

（a）引脚图　　（b）典型应用电路图

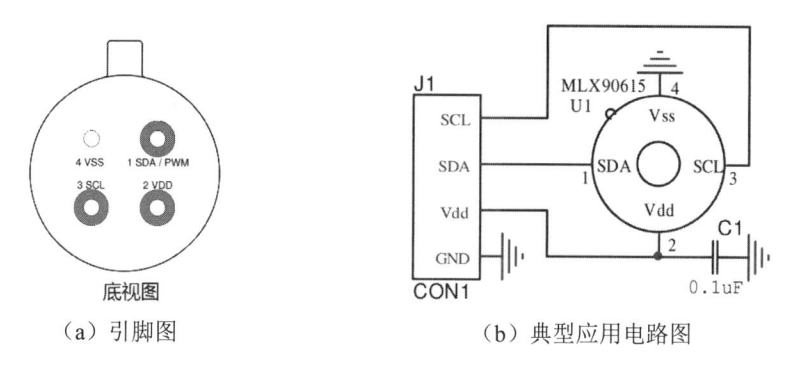

图 4-44 MLX90615 的引脚图与典型应用电路图

传统的红外热电堆传感器为两路模拟输出，信号需要经过滤波、放大和 A/D 转换后才能送入 MCU 进行计算。采用模拟传感器电路设计较为复杂，使用器件多，占用空间较大；而且需要考虑阻抗匹配、器件温漂、噪声、动态范围等一系列问题，稳定性不好；软件设计上，需要开辟一个较大内存空间用于存放两张二维数据表，用于进行温度与电压转换，而单片机内部存储空间有限，一般不建议这么做。常见的模拟传感器有 10TP583T、TS118-3、ZTP135S-R 等。近年来逐渐有数字式的红外热电堆传感器推出，如 MELEXIS 公司、TI 公司的传感器等。数字式传感器在出厂前都经过了调试，避免了模拟传感器的诸多问题，MCU 可根据输出信号直接计算出被测体温度，非常方便。数字式传感器外形和体积与模拟传感器基本相同。

人体辐射的红外线以波长为 9～10 mm 为最强，其辐射能量与距离成反比。根据人体辐射的这些特性，本实验选取了 MELEXIS 公司生产的 MLX90615 医用级数字式红外热电堆传感器，该传感器内部集成了红外热电堆传感器和信号处理器，出厂校准数据保存在传感器内部的 E2PROM 中。该传感器在目标温度在 36~39℃时测量精度达到±0.1℃，分辨率 0.02℃，完全可以用于医疗诊断。

MLX90615 传感器有 4 个管脚，SMBus 连接 MCU 的方式如图 4-45 所示，PWM 输出方式如图 4-46 所示。

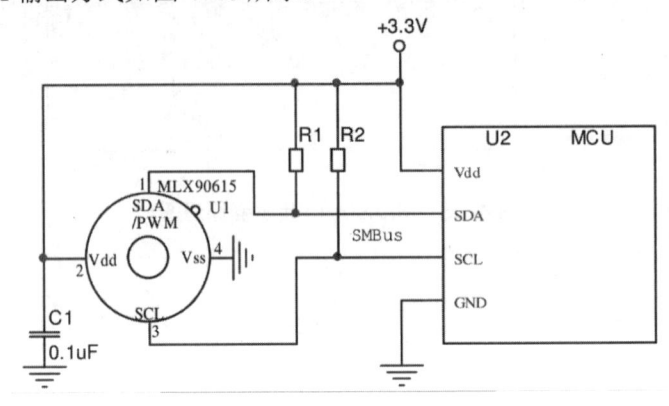

图 4-45　SMBus 连接 MCU

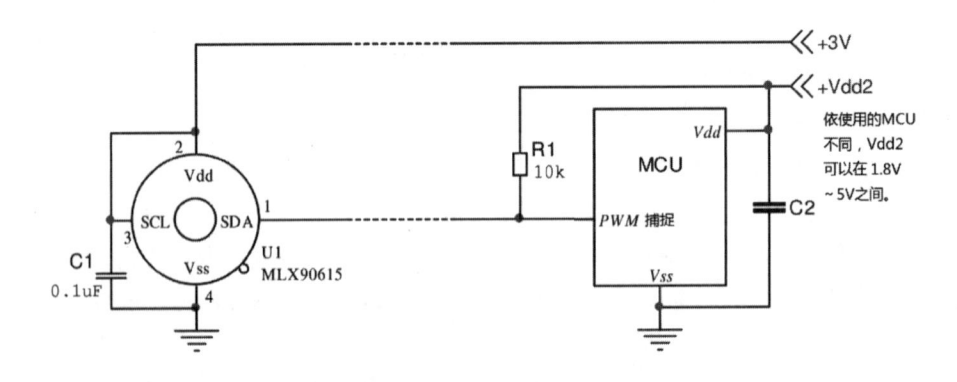

图 4-46　PWM 输出方式连接 MCU

LMP91050 NDIR 气体传感 AFE 支持多种热电堆传感器，适用于 NDIR 传感、室内 CO_2 监控、指定通风控制、HVAC、酒精呼吸分析、温室气体监控及氟利昂检测等应用。LMP91050 NDIR 气体传感 AFE 的主要特性与优势如下：

• 完整的气体传感解决方案（图 4-47）。AFE 高度集成可编程增益放大器（PGA）、"黑暗相位"失调消除电路、可调共模发生器以及 SPI 接口，可简化系统设计。

• 可编程增益放大器。支持低增益范围与高增益范围，可使用不同灵敏度的热电堆。

- 优异的性能。每摄氏度 100ppm（最大值）的低增益漂移、每摄氏度 1.2mV 的输出失调漂移、500ns 的相位延迟量、0.1 uV rms（0.1 至 10Hz）的低噪声与-40°C至 105°C的宽泛工作温度可提供最佳的系统性能。
- 小巧的外形。高集成度支持 3 mm×4.9 mm 的封装尺寸，可实现更小尺寸的终端产品。

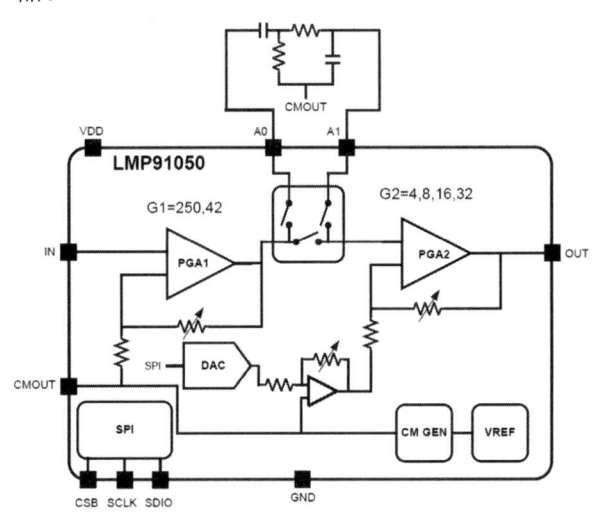

图 4-47　LMP91050 的内部功能框图

图 4-48 给出了 LMP91050 的典型应用电路图。

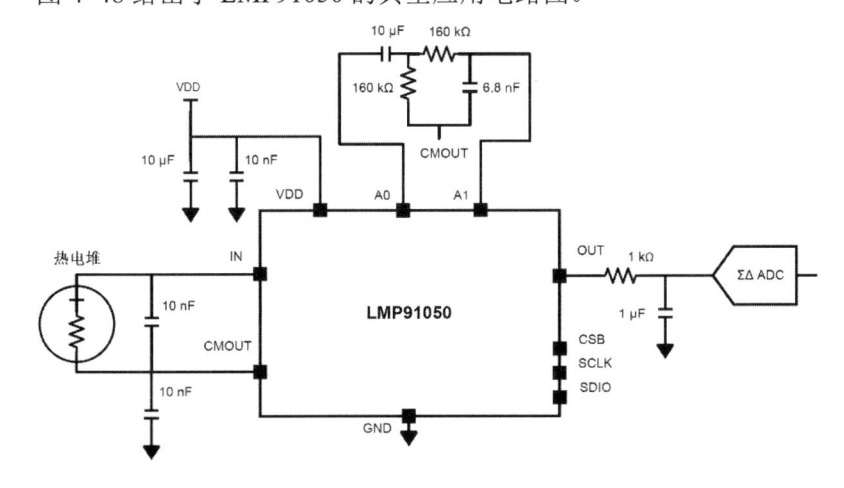

图 4-48　LMP91050 的典型应用电路图

4.4.5 电化学与生物传感器的接口电路

生物传感器是对生物物质敏感并将其浓度转换为电信号进行检测的传感器。生物传感器由固定化的生物敏感材料作识别元件（包括酶、抗体、抗原、微生物、细胞、组织、核酸等生物活性物质）与适当的理化换能器（如氧电极、光敏管、场效应管、压电晶体等）构成。生物传感器具有接收器与转换器的功能。

生物传感器主要有下面三种分类命名方式：

（1）根据生物传感器中分子识别元件即敏感元件可分为五类：酶传感器、微生物传感器、细胞传感器、组织传感器和免疫传感器。显而易见，所应用的敏感材料依次为酶、微生物个体、细胞器、动植物组织、抗原和抗体。

（2）根据生物传感器的换能器，即信号转换器可分为：生物电极传感器、半导体生物传感器、光生物传感器、热生物传感器、压电晶体生物传感器等，换能器依次为电化学电极、半导体、光电转换器、热敏电阻、压电晶体等。

（3）以被测目标与分子识别元件的相互作用方式进行分类：生物亲合型生物传感器、代谢型或催化型生物传感器。

本节主要讨论电化学生物传感器的接口电路。电化学生物传感器是指由生物体成分（酶、抗原、抗体、激素等）或生物体本身（细胞、细胞器、组织等）作为敏感元件，电极（固体电极、离子选择性电极、气敏电极等）作为转换元件，以电势或电流为特征进行检测。

本节主要讨论电化学生物传感器的接口电路，其他形式的生物传感器可以参考光电、热敏等敏感物理特征相同传感器的接口电路。

电化学生物传感器的原理结构如图 4-49 所示。

图 4-49　电化学生物传感器基本构成示意图

生物传感器利用生化反应所产生的或消耗的物质的量，通过电化学元件转换成电信号，进而选择性地测定出某种成分的器件。电化学装置转换成电信号的方式有电位法和电流法两种。

电位法是指根据各种离子在感应膜上产生的电位，进一步显示出参与反应的各种离子浓度的方法，采用电化学元件有氨电极、氢电极和二氧化碳电极等。

电流法是指通过电极活性物质（如某些离子）的正负电极处发生化学反应所产生的电流值来检测被测物质浓度的方法，采用电化学元件有氧电极、过氧化氢电极等。

4.4.5.1 电流法电化学生物传感器接口电路

（1）恒电位仪的工作原理

三电极电化学传感器包含工作电极（WE）、参比电极（RE）和辅助电极（AE）。WE 的作用是在电极表面产生化学反应；RE 在没有电流通过的前提下，用来维持工作电极与参比电极间电压的恒定；AE 用来输出反应产生的电流信号，由测量电路实现信号的转换和放大。

如果直接在工作电极和参比电极间加电压，在电压的作用下，工作电极表面产生化学反应。由于此时工作电极和参比电极间形成回路，反应所产生的电流将通过参比电极输出，随着反应电流的变化，工作电极和参比电极间的电压也会发生改变，无法保持恒定。加入辅助电极，就是要通过反馈作用使工作电极和参比电极间的电压保持恒定，保证参比电极没有电流流过，强迫反应电流全部通过辅助电极输出。

恒电位仪就是用来维持工作电极和参比电极间电位差恒定的电子设备，其中控制部分的精简电路如图 4-50 所示。图中把工作电极接实地，可以防止寄生信号的干扰，从而提高了电路中电流和电压的稳定性和精度。这样，恒定电位就变成了保证参比电极没有电流流过的前提下，其电位恒定在某固定值。把参比电位加到控制放大器（OA）的反相端，在 OA 同相输入端加控制电压作为基准电位，控制放大器的输出端接辅助电极形成闭环负反馈调节系统。反相输入端的电位随同相输入端的电位变化而变化，因此当同相端的基准电位恒定时，电极中电流变化时，参比电位相对于工作电极电位的任何微小变化，均将为电路的电压负反馈所纠正，从而达到自动恒定电位的目的。

综上所述，恒电位仪通过运放 OA 的巧妙使用，既保证了 AE－WE 之间的电压恒定为给定的 V_{ref}，又使得 RE－WE 或 RE－AE 之间没有电流通过，这也保证了 WE 上的电流 I 与被测化学物质的浓度成正比和处于线性工作范围（通过给 V_{ref} 设置为合适的电压）。

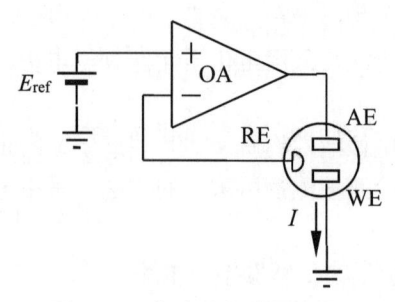

图 4-50　恒电位仪的原理图

（2）实用化恒电位仪

为了能够读出 WE 上的电流，并进一步降低 RE 电极的电流，通常采用 3 运放电路（图 4-51）：除采用一个运放作为恒压反馈控制外，另外增加两个运放，OA2 作为电流读出电路（电流/电压转换电路），OA3 作为跟随器。对于 OA2 和 OA3 的输入偏置电流均有很高的要求：小于等于 1pA。

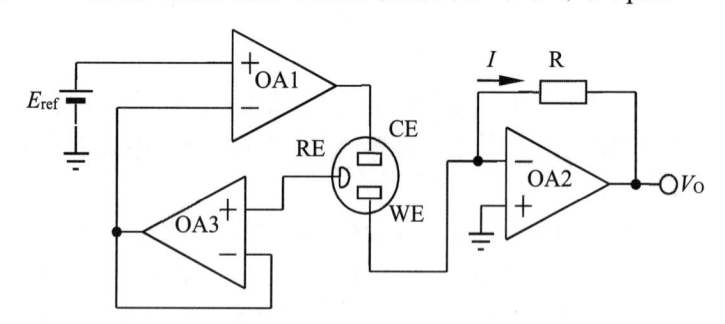

图 4-51　3 运放电化学生物传感器电流法接口电路

4.4.5.2　微功耗电化学感测应用的可编程模拟前端（AFE）LMP91002

LMP91002 是一款用于微功耗电化学感测应用的可编程模拟前端（AFE）（图 4-52）。它可提供非偏置气体传感器与微控制器之间的完整信号路径解决方案，此方案能够生成与电池电流成比例的输出电压。LMP91002 的可编程性使它能够用一种单一设计支持非偏置电化学气体传感器。LMP91002 支持 0.5nA/ppm 至 9500nA/ppm 的气体灵敏度。它可实现 5μA 至 750μA 满刻度电流范围的简单转换。LMP91002 的互阻抗放大器（TIA）增益可通过 I²C 接口编程。I²C 接口也可用于传感器诊断。LMP91002 针对微功耗应用进行优化，并在 2.7V 至 3.6V 的电压范围内运行。总流耗可少于 10μA。可通过关闭 TIA 放大器及使用一个内部开关来将参比电极与工作电极短接来进一步节能。

LMP91002 的可调节电池偏置和互阻抗放大器（TIA）增益可通过 I²C 接口编程。I²C 接口也可用于传感器诊断。集成温度传感器可由用户通过 VOUT 引脚读取，并且可被用于提供额外信号校正（单位：μC），或者被监控以验证传感器的温度情况。

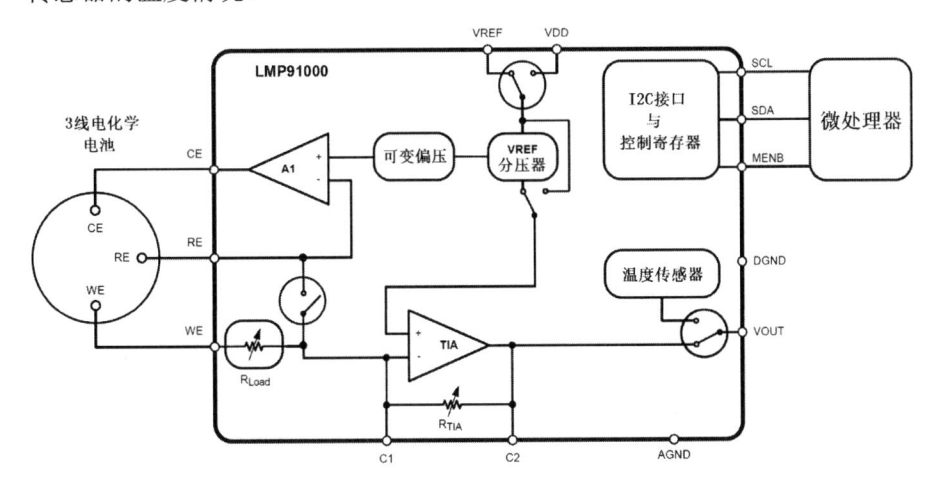

图 4-52　LMP91002 的内部功能框图与气体检测应用电路

LMP91002 针对微功耗应用进行优化，并在 2.7V 至 5.25V 的电压范围内运行。总流耗可少于 10μA。可通过关闭 TIA 放大器，以及使用一个内部开关来将参比电极与工作电极短接来进一步节能。

特性如下：

- 典型值，TA=25℃；
- 电源电压为 2.7V 至 5.25V；
- 电源电流（使用时间内的平均值）小于 10μA；
- 电池调节电流高达 10mA；
- 参比电极偏置电流（85℃）为 900pA（最大值）；
- 输出驱动电流 750μA；
- 与大多数化学电池对接的完整稳压器电路；
- 可编程电池偏置电压；
- 低偏置电压漂移；
- 可编程互阻放大器（TIA）增益 2.75kΩ 至 350kΩ；
- 灌电流和拉电流能力；
- I²C 兼容数字接口；

- 环境工作温度范围为-40℃至85℃；
- 14 引脚晶圆级小外形尺寸（WSON）封装（图 4-53）。

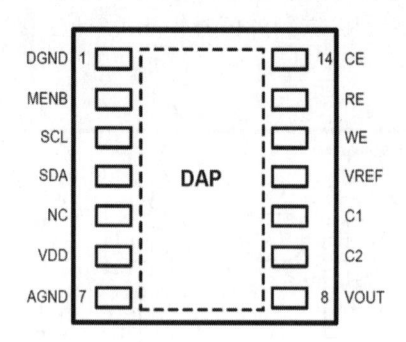

图 4-53 LMP91002 的引脚图

4.4.6 近红外气体传感器接口电路

NDIR（Non-Dispersive Infrared，非色散红外）技术是一种红外光谱技术，它是基于气体分子在特定波长上具有一定的吸收的原理。通常，内置光学滤波器的热电堆用于检测特定气体的量。例如，由于 CO_2 在波长为 4.26 微米时具有很强的吸光度，因此使用光学带通滤波器去除该波长之外的所有光。以 CO_2 为例，图 4-54 显示了 NDIR 气体传感器的基本工作原理。

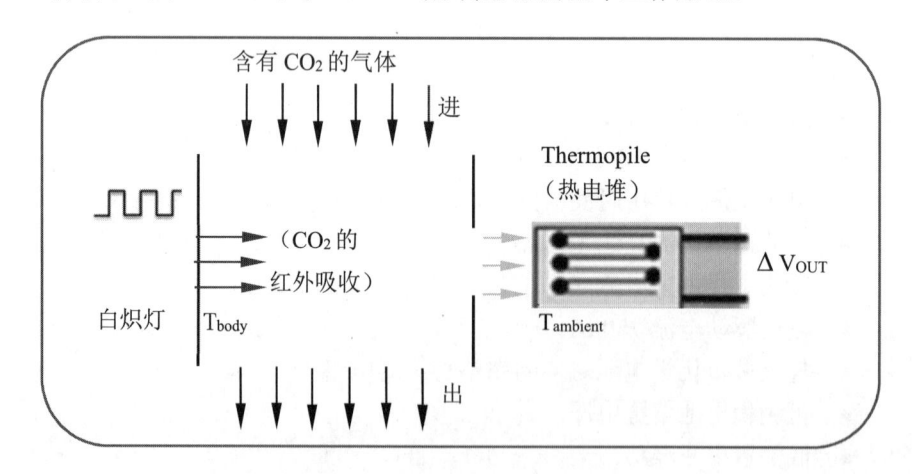

图 4-54 气体红外吸收测量原理

气体分子会从灯的发射光中吸收辐射能量，其吸收吸收遵循朗伯-比尔（Lambert-Beer）定律：

$$I = I_0 e^{-kcl} \tag{4-32}$$

式中，I 为热电偶堆的接收光强；I_0 为 IR 光源（白炽灯）端的输出光强；k 为目标气体的吸收系数；c 为目标气体的浓度；l 为从 IR 光源到热电堆的光学路径长。

采用热电堆测量 IR 强度的变化，其输出为：

$$V = n\alpha(T_{body} - T_{amb}) \tag{4-33}$$

式中，α 为热电堆材料塞贝克系数；n 为热电堆中热电偶的对数；T_{body} 为 IR 光源的黑体温度；T_{amb} 为环境温度。

在气室内部，红外灯的辐射能可以看作理想的黑体辐射。黑体由于黑体与周围环境的温差而发出的辐射称为热辐射。根据斯特藩-玻尔兹曼（Stefan-Boltzmann）定律，单位面积的热辐射用以下公式表示：

$$R_T = \left(T_{body}^4 - T_{amb}^4\right) \tag{4-34}$$

假设通过试验箱时没有光强度损失，则 $R_T = I$。改写上述公式后变成：

$$V = n\Delta\alpha \left[I_0 e^{-kcl}\right] / \left[\left(T_{body}^2 + T_{amb}^2\right)(T_{body} + T_{amb})\right] \tag{4-35}$$

如果我们研究这个方程，热电堆输出电压将受到环境温度和红外灯强度不确定性的影响，这是有意义的，两者之间有着复杂的关系。为了保持系统的准确性，在设计实施中应特别考虑这一点。可以看出，温度补偿是保持系统精度的有效方法。为了实现这一点，通常集成热敏电阻到热电堆传感器中，其电阻随周围环境温度的变化而变化。为了得到更好的测量精度，采用一个稳定的恒压来激励热敏电阻。

（1）分立器件的测量电路

可以采用传统的分立运算放大器用于非色散红外系统的增益级，如图 4-55 所示。为了消除信号链偏移，需要交流耦合。要处理双通道系统，即测量通道和参考通道，可以使用四路运放实现双通道 2 级前端放大器，每级具备低通滤波功能。

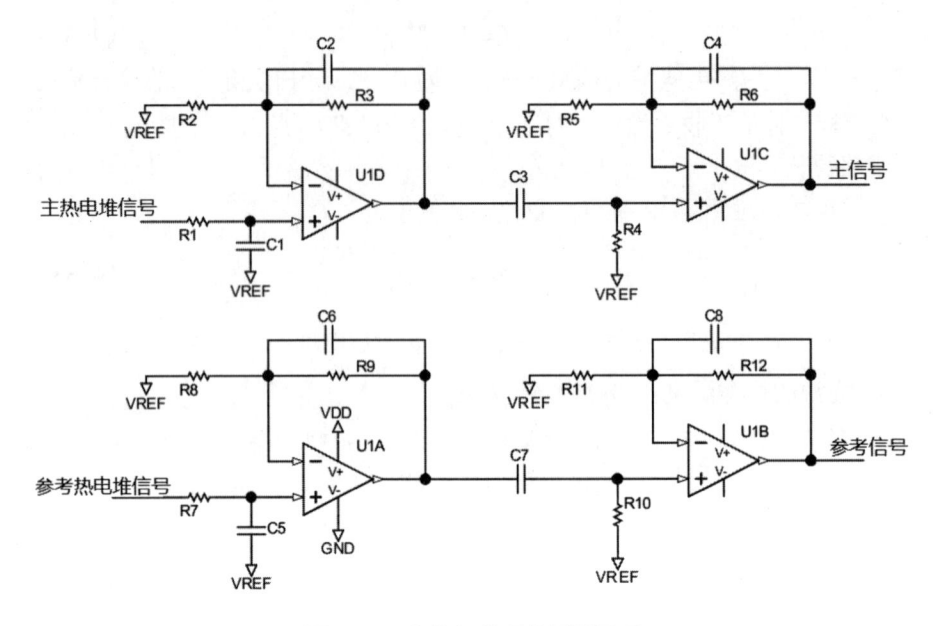

图 4-55　气体红外吸收测量原理

（2）LMP91051 构成的测量电路

LMP91051 是一种双通道可编程集成传感器模拟前端（AFE），专为用于 NDIR 应用的热电堆传感器而优化，它在传感器和微控制器之间提供了一个完整的信号通路解决方案（图 4-56），产生与热电堆电压成比例的输出电压。LMP91051 的可编程性使其能够支持具有单一设计的多个热电堆传感器，而不是多个分立器件的解决方案。

LMP91051 具有可编程增益放大器（PGA）、"暗相位"抵消和可调共模发生器（1.15V 或 2.59V），可增加输出动态范围。PGA 提供 167V/V 至 1335V/V 的低增益范围，以及 1002V/V 至 7986V/V 的高增益范围，使用户能够使用具有不同灵敏度的热电堆。PGA 以低增益漂移（20 ppm/°C）、输出偏移漂移（G=1002 V/V 时为 230 mV/°C）、相位延迟漂移（300 ns）和噪声规格（0.1μVrms 0.1 至 10Hz）突出显示。偏移抵消电路通过向第二级输入增加相等和相反的偏移量来补偿"暗信号"，从而从输出信号中去除原始偏移量。这种抵消电路允许优化使用的 ADC 满刻度和放松 ADC 分辨率的要求。

LMP91051 允许额外的信号过滤（高通、低通或带通）通过专用引脚 A0 和 A1，以消除带外噪声。用户可以通过车载 SPI 接口进行编程。LMP91051 采用小型 14 针 TSSOP 封装，工作温度为-40 至 105°C。

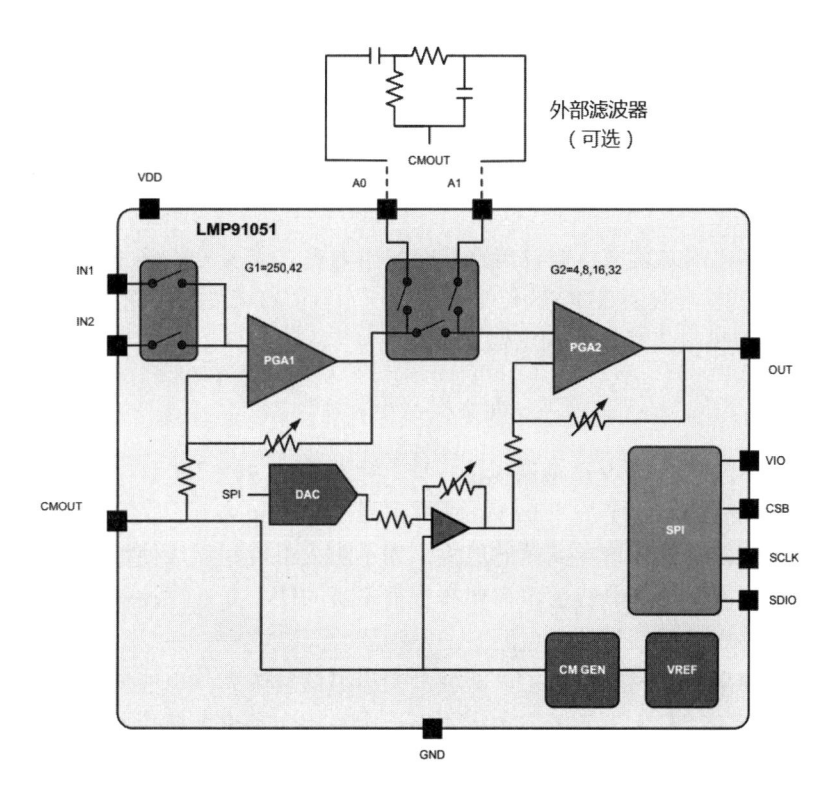

图 4-56 LMP91051 的内部功能框图

图 4-57 给出了 LMP91051 的气体红外吸收测量的应用电路。

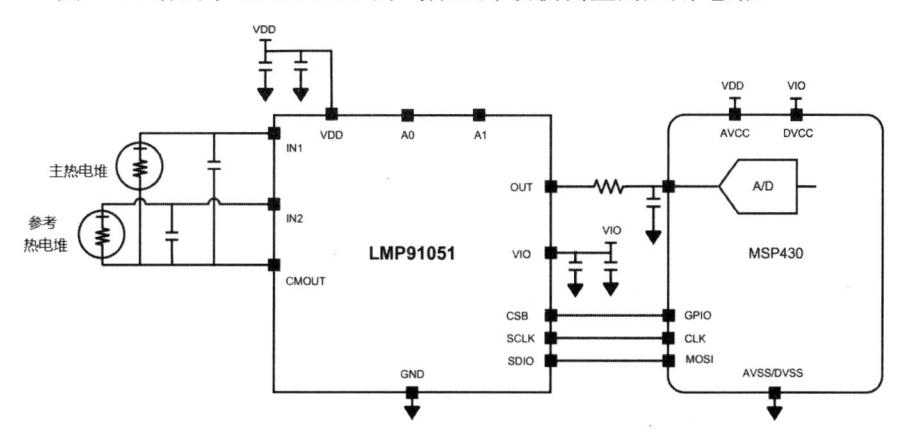

图 4-57 LMP91051 的气体红外吸收测量的应用电路

4.5 直接数字化与过采样

4.5.1 直接数字化

在数字化的系统中，假设传感器的输出为 V_S，需要分辨信号的动态范围为 $D = 10^3$，即相当于 ADC 的位数需要 10 位，而 ADC 的输入范围为 $V_{ADCi} = 3.3\text{ V}$，可得模拟信号放大的增益：

$$A_V = V_{ADCi} / V_S \tag{4-36}$$

如果信号 $V_S = 1\text{mV}$，则模拟信号放大电路需要 $A_V = 3300$。这时 ADC 能够分辨放大后的信号中的 3.3mV，或原信号中的 3.3μV。

对于 $A_V = 3300$ 这样高倍的放大，为了防止干扰和噪声使得放大器进入饱和或截止区而带来非线性，需要布置很多级的低、高通滤波器等电路，以及电平平移等模拟信号处理电路。

但如果采用 22 位的 ADC，即使没有模拟信号放大，也能分辨原信号中的 1μV！没有"放大器"了，也就不用担心干扰和噪声会使得放大器进入饱和或截止区而带来非线性，也就基本上不需要各种滤波器。

4.5.2 过采样

根据奈奎斯特定理，采样频率 f_s 应为 2 倍以上所要的输入有用信号频率 f_u，即

$$f_s \geq 2 f_u \tag{4-37}$$

就能够从采样后的数据中无失真地恢复出原来的信号，而过采样是在奈奎斯特频率的基础上将采样频率提高一个过采样系数，即以采样频率为 $k f_s$（k 为过采样系数）对连续信号进行采样。ADC 的噪声来源主要是量化噪声，模拟信号的量化带来了量化噪声，理想的最大量化噪声为 ±0.5 LSB；还可以在频域分析量化噪声，ADC 转换的位数决定信噪比，也就是说提高信噪比可以提高 ADC 转换精度。信噪比 SNR（Signal to Noise Ratio）指信号均方值与其他频率分量（不包括直流和谐波）均方根的比值，信噪与失真比 SINAD（Signal to Noise and Distortion）指信号均方根和其他频率分量（包括谐波但不包括直流）均方根的比值，所以 SINAD 比 SNR 要小。

对于理想的 ADC 和幅度变化缓慢的输入信号，量化噪声不能看作白噪

声，但是为了利用白噪声的理论，在输入信号上叠加一个连续变化的信号，这时利用过采样技术提高信噪比，即过采样后信号和噪声功率不发生改变，但是噪声功率分布频带展宽，通过下抽取滤波后，噪声功率减小，达到提高信噪比的效果，从而提高 ADC 的分辨率。

$\sum$-Δ 型 ADC 实际采用的是过采样技术，以高速抽样率来换取高位量化，即以速度来换取精度的方案。与一般 ADC 不同，$\sum$-Δ 型 ADC 不是根据抽样数据的每一个样值的大小量化编码，而是根据前一个量值与后一量值的差值即所谓的增量来进行量化编码。$\sum$-Δ 型 ADC 由模拟$\sum$-Δ 调制器和数字抽取滤波器组成，$\sum$-Δ 调制器以极高的抽样频率对输入模拟信号进行抽样，并对两个抽样之间的差值进行低位量化，得到用低位数码表示的$\sum$-Δ 码流，然后将这种$\sum$-Δ 码送给数字抽取滤波器进行抽样滤波，从而得到高分辨率的线性脉冲编码调制的数字信号。

然而，$\sum$-Δ 型 ADC 在原理上，过采样率受到限制，不可无限制提高，从而使得真正达到高分辨率时的采样速率只有几赫兹到几十赫兹，使之只能用于低频信号的测量。

高速、中分辨率的 ADC 用过采样产生等效分辨率和$\sum$-Δ 型 ADC 的高分辨率在原理上基本是一样的，因此本教材在归一化条件下提出的 ADC 等效分辨率公式既可以作为评估数字化前端 ADC 的一个通用性能参数，又可作为 ADC 选用的参考依据。

4.5.3 ADC 等效分辨率

与输入信号一起，叠加的噪声信号在有用的测量频带内（小于 $f_s/2$ 的频率成分），即带内噪声产生的能量谱密度为

$$E(f) = e_{\text{rms}} \left(\frac{2}{f_s}\right)^{\frac{1}{2}} \tag{4-38}$$

式中，e_{rms} 为平均噪声功率；$E(f)$ 为能量谱密度（ESD）。两个相邻的 ADC 码之间的距离决定量化误差的大小，有相邻 ADC 码之间的距离表达式为：

$$\Delta = \frac{V_{\text{ref}}}{2^N} \tag{4-39}$$

式中，N 为 ADC 的位数；V_{ref} 为基准电压。

量化误差 e_q 为：

$$e_q \leqslant \frac{\Delta}{2} \tag{4-40}$$

设噪声近似为均匀分布的白噪声,则方差为平均噪声功率,表达式为:

$$e_{rms}^2 = \int_{-\frac{\Delta}{2}}^{\frac{\Delta}{2}} (\frac{e_q^2}{\Delta}) de = \frac{\Delta^2}{12} \qquad (4\text{-}41)$$

用过采样比[OSR]表示采样频率与奈奎斯特采样频率之间的关系,其定义为:

$$[OSR] = \frac{f_s}{2f_u} \qquad (4\text{-}42)$$

如果噪声为白噪声,则低通滤波器输出端的带内噪声功率为:

$$n_0^2 = \int_0^{f_u} E^2(f) df = e_{rms}^2 (\frac{2f_u}{f_s}) = \frac{e_{rms}^2}{[OSR]} \qquad (4\text{-}43)$$

式中,n_0 为滤波器输出的噪声功率。由式(4-39)、式(4-41)、式(4-43)可推出噪声功率[OSR]和分辨率的函数,表示为:

$$n_0^2 = \frac{1}{12[OSR]} (\frac{V_{ref}}{2^N}) = \frac{V_{ref}^2}{12[OSR]4^N} \qquad (4\text{-}44)$$

为得到最佳的 SNR,输入信号的动态范围必须与参考电压 V_{ref} 相适应。假设输入信号为一个满幅的正弦波,其有效值为:

$$V_{ref} = \frac{V_{rms}}{\sqrt{2}} \qquad (4\text{-}45)$$

根据信噪比的定义,得到信噪比表达式:

$$\frac{S}{N} = \frac{V_{rms}}{n_0} = \left| \frac{2^N \sqrt{12[OSR]}}{2\sqrt{2}} \right| = \left| 2^{N-1} \sqrt{6[OSR]} \right| \qquad (4\text{-}46)$$

$$[R_{SN}] = 20 \lg \left| \frac{V_{rms}}{n_0} \right| = 20 \lg \left| \frac{2^N \sqrt{12[OSR]}}{2\sqrt{2}} \right| = 6.02N + 10 \lg [OSR] + 1.76 \qquad (4\text{-}47)$$

当[OSR]=1 时,为未进行过采样的信噪比,可见过采样技术增加的信噪比为:

$$[R_{SN}] = 10 \lg [OSR] \qquad (4\text{-}48)$$

即可得采样频率每提高 4 倍,带内噪声将减小约 6dB,有效位数增加 1 位。

香农限带高斯白噪声信道的容量公式为:

$$C = W \log_2 (1 + S/N) \qquad (4\text{-}49)$$

其中,W 为带宽。

式（4-49）描述了有限带宽、有随机热噪声、信道最大传输速率与信道带宽信号噪声功率比之间的关系，式（4-49）可变为：

$$\frac{C}{W} = \log_2(1+S/N) \quad (4\text{-}50)$$

式（4-50）用来描述系统单位带宽的容量，单位为 b/s。将式（4-46）代入式（4-50）中，得：

$$\frac{C}{W} = \log_2\left(1+2^{N-1}\sqrt{6[OSR]}\right) \approx (N-1) + \log_4[OSR] + \log_4 6 \approx N + \log_4[OSR] + 0.292 \quad (4\text{-}51)$$

式（4-51）可定义成等效分辨率[ENOB]，单位 bit，即

$$[ENOB] = N + \log_4[OSR] + 0.292 \quad (4\text{-}52)$$

若将信号归一化处理，得

$$[ENOB] = N + \log_4\left(\frac{f_s}{2}\right) + 0.292 = N + \log_4(f_s) - 0.208\,(f_s \geq 2\text{Hz}) \quad (4\text{-}53)$$

其中，f_s 为归一化频率下的采样速率。综上可知，在已知 ADC 归一化采样频率后便可根据等效分辨率式（4-53），得到 ADC 所能提供的最大等效分辨率，以指导正确选择和有效利用 ADC，充分利用其速度换取分辨率，分辨率进一步可以换取信号增益，足够高的分辨率可以代替信号的模拟放大电路，从而简化软件仪器的数字化前端设计，方便仪器功能的软件定义。

4.5.4 等效分辨率的应用

（1）ADC 的选择

表 4-4 为 10 款 ADC 的参数和由式（4-53）计算出的等效分辨率。由表 4-4 可知，No.10 的等效分辨率最高，因此，仅从等效分辨率来看 AD7739 是设计数字化前端的最优选择，但考虑其采样速率较低，No.6 和 No.8 也可以作为优选的型号。总而言之，选择 ADC 时主要参考其等效分辨率和采样速率这两个参数，No.6、No.8 和 No.10 均在考虑之列，其中前二者采样速率较高，适用于中、高频信号；后者采样速率较低，只能用于低频信号的测量。

表 4-4　ADC 等效分辨率的比较

编号	参考电压/V	分辨率/bit	采样速率/SPS	等效分辨率/bit	参考型号
No.1	2.5	8	1.5G	18	ADC08D1500
No.2	2.5	10	300M	19	AD9211-300
No.3	2.5	12	170M	19	AD9430-170
No.4	2.5	12	210M	21	AD9430-210
No.5	2.5	14	150M	21	AD9254
No.6	2.5	14	200M	23	ADS5547
No.7	2.5	16	1M	21	AD7980
No.8	2.5	16	80M	24	AD9460-80
No.9	2.5	18	250k	22	AD7631
No.10	2.5	24	15k	26	AD7739

（2）数字化前端的设计

所谓"数字化前端"是指直接采用 ADC 连接传感器而省却模拟信号处理电路的设计方法，这样可以大幅度简化系统设计，提高系统可靠性和各项性能。

在设计数字化前端设计时，选择 ADC 不仅要考虑 ADC 的性能，还要兼顾控制器的运算能力问题。对于中、高频信号的测量要选用 ADS5547 和 AD9460-80 型 ADC，其采样速率分别为 200MSPS 和 80MSPS。为了与采样速率相匹配，信号处理核心模块一般选用 FPGA、DSP 或 ARM 等高速微处理器；而对于低频信号并选用 AD7739 型 ADC 时，由于其采样速率只有 15kSPS，因此信号处理核心模块可选低档单片机。

4.6　系统比例法激励和采样

激励源的幅值波动制约了传感信号检测系统测量精度的进一步提升，为了在不增加系统成本的前提下有效解决激励源的幅值波动问题，本节介绍一种系统比例法。具体地，将激励源的输出在给传感器提供激励信号的同时，经一定的变换电路后转换为直流电压来作为系统中所用 ADC 的基准电压，利用 ADC 的量化特性建立了激励信号与待测信号的比例关系，从而实现了对激励信号幅值波动的补偿，该方法与绪论中提到的两路 ADC 补偿法相比，既降低了对两路 ADC 的性能要求，也降低了对 ADC 基准电压精度的要求。

该方法能够显著降低激励源幅值波动及 ADC 基准电压波动所造成的系统误差。特别地，对于交流激励的传感信号检测系统，这种方法将有望展现出更加独特的优势。

4.6.1 系统比例法的理论分析

一般传感信号检测系统的整体结构如图 4-58 所示。

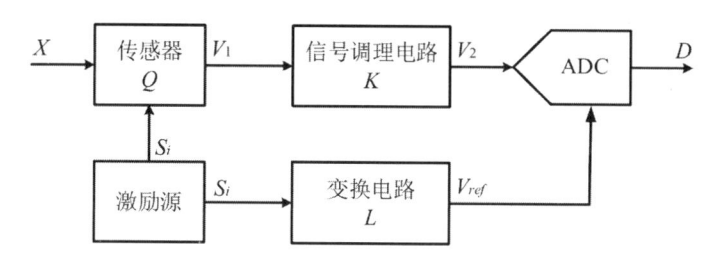

图 4-58 一般传感信号检测系统

在激励源给传感器提供激励信号 S_i 的情况下，传感器会根据待测参量 X 的大小作出响应，并输出响应信号 V_1，理想情况下 V_1 是与 S_i 成比例关系的：

$$V_1 = XQS_i \tag{4-54}$$

其中，X 是待测参量的强度，Q 是所用传感器的灵敏系数，S_i 是激励信号幅值。

通常情况下，传感器的输出信号 V_1 幅值较小或噪声较大，需要经后端的信号调理电路进行信号处理，常用的如放大、滤波等线性处理，经处理后输出信号 V_2：

$$V_2 = KV_1 = KXQS \tag{4-55}$$

其中，K 为信号调理电路的增益系数，当电路结构和器件参数固定时，K 为常数。

信号调理电路的输出信号 V_2 经后端的 ADC 采样后，输出量化的数字量 D。ADC 是将模拟输入信号量化转换为数字量的比例型输出器件，尽管 ADC 有逐次逼近型、双积分型和 Σ-Δ 调制型等众多的类型，但是它们的本质都是将输入电压与基准电压进行比较，然后用量化电平数来标定输入信号的幅值大小，量化输出的数字量为输入电压与基准电压的比值再乘以满量程数：

$$D = \frac{V_2}{V_{\text{ref}}} F_{\text{S}} = KXQF \frac{S_{\text{i}}}{V_{\text{ref}}} \qquad (4\text{-}56)$$

其中，V_{ref} 是 ADC 的基准电压，F_{s} 是 ADC 的满量程数。

由式（4-56）可以看出，在传感信号检测系统的测量过程中，当电路结构和器件参数固定时，K、Q 和 F_{s} 都为常数，系统对待测参量 X 的检测精度主要是由激励源提供的激励信号 S_{i} 和基准源提供的基准电压 V_{ref} 的精度与稳定性所决定的。因此，激励源的幅值波动和 ADC 的基准电压波动会影响系统的测量精度。

4.6.2 基于系统比例法的传感信号检测系统

为了降低激励源的幅值波动和 ADC 的基准电压波动引入的系统误差，提高传感信号检测系统的测量精度，提出了一种系统比例法，具体地，将激励源产生的激励信号 S_{i} 在给传感器提供激励的同时，也经过一定的变换电路转换为稳定的直流电压来给 ADC 提供基准电压 V_{ref}，当激励信号为电流激励信号时，需要先经电流/电压转换电路变换为电压信号后再进行后续处理，整个系统框图如图 4-59 所示。

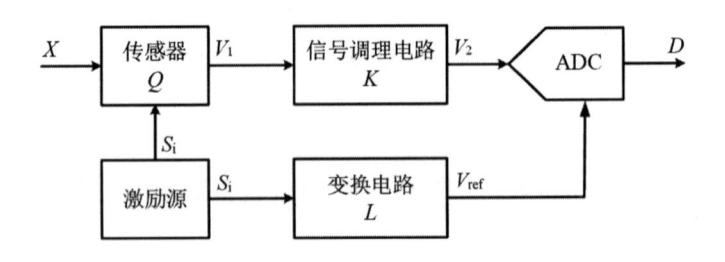

图 4-59 基于系统比例法的传感信号检测系统

激励源提供的激励信号 S_{i} 分为直流激励和交流激励，当 S_{i} 为直流激励信号时，变换电路一般为线性放大电路或分压电路，当 S_{i} 为交流激励信号时，变换电路一般为精密整流电路或 RMS-DC 电路。而不管变换电路采用何种形式，当电路结构和器件参数固定时，变换电路的变换系数 L 就为一常数。则此时：

$$V_{\text{ref}} = LS_{\text{i}} \qquad (4\text{-}57)$$

将式（4-57）代入式（4-56）可得：

$$D = \frac{V_2}{V_{\text{ref}}} F_S = KXQF_S \frac{1}{L} \tag{4-58}$$

由式（4-58）可以看出，在电路结构和器件参数一定的情况下，K、Q、F_S 和 L 都为常数，系统的数字量输出 D 只与待测参量的强度 X 有关，而与激励信号幅值 S_i 和基准电压 V_{ref} 无关。由此可知，将系统比例法引入一般传感信号检测系统中，通过利用 ADC 的量化特性建立了激励信号与待测信号的比例关系，从而以比例的形式补偿了激励信号的幅值波动，同时还克服了 ADC 的基准电压波动，进而提高了传感信号检测系统的测量精度。

4.6.3 比例法测量系统的误差分析

理论上，将系统比例测量法引入一般传感信号检测系统中，能够完全抑制激励信号的幅值波动所造成的系统误差。但实际上，系统中所用的电路器件会存在一定的误差，假设由于传感器、信号调理电路和变换电路的器件误差所造成的信号输出误差分别为 δ_Q、δ_K 和 δ_L，然后根据图 4-59 所示的系统框图，进行如下更符合实际情况的关系推导：

传感器的输出信号 V_1 为：

$$V_1 = XQS_i + \delta_Q \tag{4-59}$$

则信号调理电路的输出信号 V_2 为：

$$V_2 = KV_1 = K(XQS_i + \delta_Q) + \delta_K \tag{4-60}$$

此外，变换电路的输出信号 V_{ref} 为：

$$V_{\text{ref}} = LS_i + \delta_L \tag{4-61}$$

此时，系统的数字量输出 D 为：

$$D = \frac{V_2}{V_{\text{ref}}} F_S = \frac{KXQS_i + K\delta_Q + \delta_K}{LS_i + \delta_L} F_S \tag{4-62}$$

由式（4-62）可知，由于系统所用的器件存在误差，造成了信号调理电路和变换电路的输出直流偏置分别为 $K \cdot \delta_Q + \delta_K$ 和 δ_L，尽管通常情况下该直流偏置相对较小，但仍会影响系统比例法的充分发挥，因此，在使用系统比例法时，为了进一步提高系统的测量精度，通常会引入直流偏置电压补偿电路，实现对直流偏置的补偿。

4.7 工程上采样定律的准确应用

实际上,采样定律在工程上的应用通常包含三个"测量"问题:
①如何不失真(产生混叠)地"采样"(在时间上量化,即保证采样速度)?
②如何保证幅度上的量化精度?
③信号中难以避免的噪声,如电路热噪声,可能导致频率混叠。

只顾及①而有意无意回避了②和③,则不仅使得采样定律的理解变得苍白、空洞,也使得①脱离了工程实践。

为叙述清晰和有具体的印象,假设:被采集的信号是一个100Hz的方波,试问如何确定采集的频率?

一种回答最多的答案为200Hz(sps),因多数人对方波可以分解成无穷次谐波没有感觉(不是没有学过,是"想"不起来)。少数人会陷入迷茫之中,他们知道方波可以分解成无穷次谐波,但不能确定要采集的最高频率为多少次谐波。

(1) 进一步的问题

从测量(精度或误差)的角度,可以确定需要采集的最高谐波的次数。
对于频率为 f 的占空比 50% 的方波可以分解为:

$$f(t) = \frac{4}{\pi}[\sin(2\pi ft) + \frac{1}{3}\sin(2\pi \cdot 3ft) + \frac{1}{5}\sin(2\pi \cdot 5ft) + \frac{1}{7}\sin(2\pi \cdot 7ft) + \cdots]$$

(4-63)

保留 n 次谐波时,功率的百分比误差为

$$e\% = \sum_{k=n}^{k=\infty} P_k^2 / \sum_{k=0}^{k=\infty} P_k^2$$

(4-64)

式中,P_k^2 为 k 次谐波的功率值。

设各次谐波的幅值为 A_k,则用 (4-64) 式可以计算预计误差所需要的谐波数 n,进而可以从"时间"上决定对于方波的最低采样频率

$$f_{\text{s-min}} = 2nf$$

(4-65)

式中,f 为方波频率;$f_{\text{s-min}}$ 为所需最低采样频率。

按照一般"教科书"上的说明:采用低通滤波器滤除高于所需信号的频率,即可达到预期的目标。

(2) 更进一步的问题

似乎问题就是这么简单,但实际上恐怕带来误导:

① "纸上谈兵"就能够学到，缺乏对学习艰巨性的认识，不能"深想三层，外扩三圈"；

② 没有任何与工程实践的关联，违背工程教育之根本。

问题是：假定要保留 5 次谐波，滤除 7 次谐波及以上的频率信号，对低通滤波器的要求是什么？

A. 理想上一阶的滤波器可以衰减 6dB/倍频，区区 7/5=1.4 的倍数，需要多少阶的滤波器才能保留 5 次谐波而滤除 7 次谐波（这里的 7 次谐波不是方波自身的分量，而是代表非方波自身的成分）？

B. 这里还未考虑截止频率在 5 次谐波时，5 次谐波处（信号）不可避免地存在 3dB 或以上的衰减。

C. 经常听到采用 4～10 倍采样频率的说法，既没有依据，也不能较确切地预知效果，这样做并不符合工程实践的原则。

（3）解决问题之道

所谓理论与工程实践相结合，是指对工程实践有充分、全面和深入的认知，在理论指导下，对工程设计或实施措施有确定性的预计，或至少知道结果的边界：预计指标不劣于某个期望值。

对于本节的问题，我们联系模数转换器（ADC）来讨论：

依据式（4-64）（也即期望信号采集的最大误差）不大于 e，同时由式（4-64）可以计算预计误差所需要的谐波数 n，同时也给出了误差值 e，根据式（4-63）可知方波 m（»n）次谐波的幅值为 $1/m$。而截止频率为 n 的一阶低通滤波器在频率处的（幅度）衰减为 m/n，可得方波在 m（»n）次谐波的幅值为

$$A_m = \frac{1}{m}\frac{n}{m} = n/m^2 \qquad (4\text{-}66)$$

假设采用一枚 12 位的 ADC 来进行采样，其最小量化电平为 $1/2^{12}$，因而，只要

$$A_m = n/m^2 < 1/2^{12} \qquad (4\text{-}67)$$

其中，方波中的 m（»n）次谐波的幅值已经小于 ADC 能够分辨的幅值（量化电平），就可以认为既不会产生频率混叠，又可以高精度地采集到低于指定谐波频率的方波信号。

（4）过采样的应用

我们可以增加一个视角——过采样，以多倍于信号带宽 BW 的速率 f_s 对信号进行采样的过程称为"过采样"。

我们定义

$$处理增益（过采样增益）=10log_{10}\frac{f_s}{2BW}$$
$$=10log_{10}4^k$$
$$=10klog_{10}4 ≈ 6.02k \qquad (4-68)$$

式中
$$\frac{f_s}{2BW}=4^k \qquad (4-69)$$

4^k 的物理含义是过采样倍数，即采样频率 f_s 超过奈奎斯特采样频率（$2BW$）的倍数，每过 4 倍的采样率可以等效增加 ADC 的 1 位精度（信噪比）（参见图 4-60）。

综上所述，过采样不仅解决了频率混叠的问题（图 4-61），还能提高采样信号的精度。

至此，更科学地选择采样频率的推理应该为：

①选择采样速度至少能够满足式（4-67）的要求。

②在系统处理速度足够满足下抽样计算的情况下，采样速度越高越好。

实际上，现有低成本的 ADC 的采样速度可在 1Msps 至几十 Msps 或更高，对于数百千赫兹的（方波）信号，足以满足过采样的要求，而微处理器对于几十 Msps 的数据实现下抽样（累加）运算几乎没有压力。何况很多微处理器的片上 ADC 本身可以有下抽样功能。

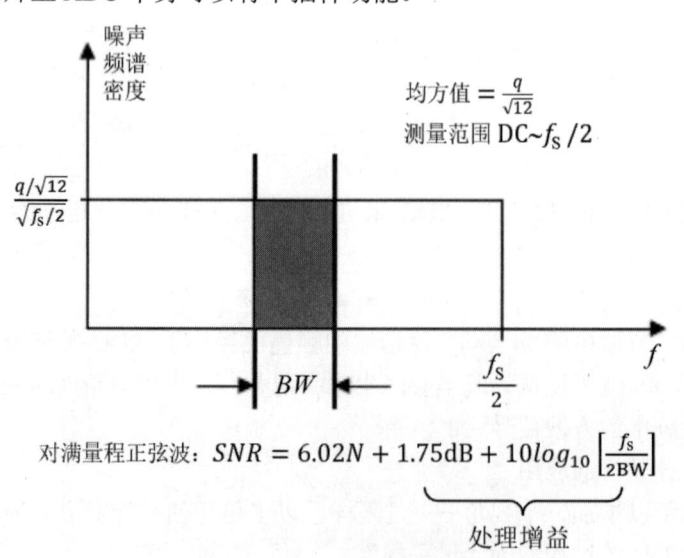

对满量程正弦波：$SNR = 6.02N + 1.75dB + 10log_{10}\left[\frac{f_S}{2BW}\right]$

（处理增益）

图 4-60 处理增益的量化噪声频谱

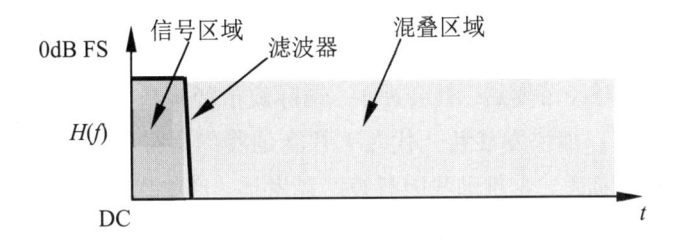

(a) 奈奎斯特定理需要高阶的滤波器才能抑制带外噪声

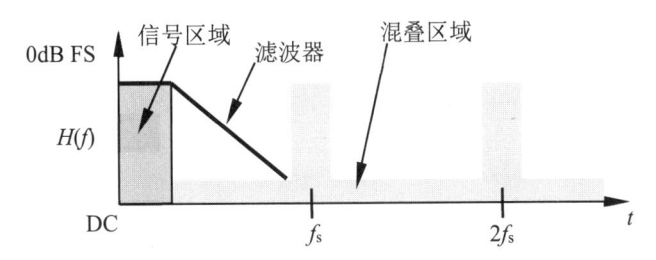

(b) 过采样可以用低阶滤波器滤除带外噪声

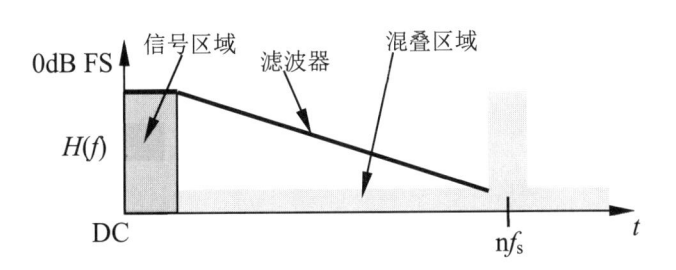

(c) 更高的过采样可以用简单滤波器滤除噪声和提高精度

图 4-61　过采样分布在-3dB 条件下截止频率与阻带起点之间的过渡带

关于课程思政的思考：

　　习近平总书记强调，人工智能是引领这一轮科技革命和产业变革的战略性技术，具有溢出带动性很强的"头雁"效应。在移动互联网、大数据、超级计算、传感网、脑科学等新理论新技术的驱动下，人工智能加速发展，呈现出深度学习、跨界融合、人机协同、群智开放、自主操控等新特征，正在对经济发展、社会进步、国际政治经济格局等方面产生重大而深远的影响。加快发展新一代人工智能是我们赢得全球科技竞争主动权的重要战略抓手，是推动我国科技跨越发展、产业优化升级、生产力整体跃升的重要战略资源。

第 5 章 传感与检测中的调制与解调

5.1 引言

所谓"调制",是指把信息加到作为载体的某种能量上,以便传感信息,传输信号(信息)和更准确的实现测量。

举例:

(1)伏安法测量电阻。施加电压 V 测电流 I,电流 I 受到被测电阻 R 的调制;或施加电流 I 测电压 V,电流 V 受到被测电阻 R 的阻值调制。

(2)照相或拍视频。获得被测对象反射光的空间分布信息;如果照明光是理想的"白光"(亮度在波长均匀分布的光),则可以得到被测对象在色彩上的空间分布的反射率信息;更进一步,使用多(高)光谱相机时,还能够得到被测对象在多个波长上的空间反射率分布信息。这是被测对象对照明光强的调制。

(3)光电溶剂脉搏波 PPG(photoplethysmographic)。用一束强度稳定的光透过手指,在手指的对侧的光电传感器接收到的光转换成电流信号,其中有随着动脉血液厚度(容积)变化而引起的光电流变化的信号,即为 PPG 信号,也可以认为动脉血液厚度(容积)变化调制光电流的幅值。

(4)压电传感器。在受到外力作用时,压电传感器输出电压或电荷随外力大小的变化而变化,这是外力直接调制压电传感器的输出。

(5)热电偶。具有很宽的测量范围和稳定性,但其灵敏度小于 40 μV,只有很少的放大器器件能够有适应这种场合应用的低失调电压及其温漂。但采用"斩波"将低幅值信号转换成交流(方波)信号,再用高倍的交流放大器,巧妙地避开热电偶对高精度、低失调放大器的要求。

……

综上所述,调制—解调在测量领域有着广泛地应用,且形式多种多样。

就载波信号而言,通常有两种:正弦波和方波。

就解调方式而言,也有两类:模拟和数字。相对而言,如果载波频率不超过 1MHz,数字解调方式可以得到高得多的精度。

生物医学信号的与众不同、尤为突出的挑战就在于：信号极其微弱，各种伴生干扰种类繁多而强大，因而是各种最新信号检测与处理技术和器件的最佳"试验场"。君不见：任何一本高深的信号处理教材或专著无不把生物医学信号处理作为实例来表现某种信号处理方法的有效性。调制解调技术作为最经典的检测微弱信号的手段，当然不会缺席。

载波调制还有多通道信号调制、复合调制等五花八门、眼花缭乱调制方式（图 5-1），以及对应的解调方法。

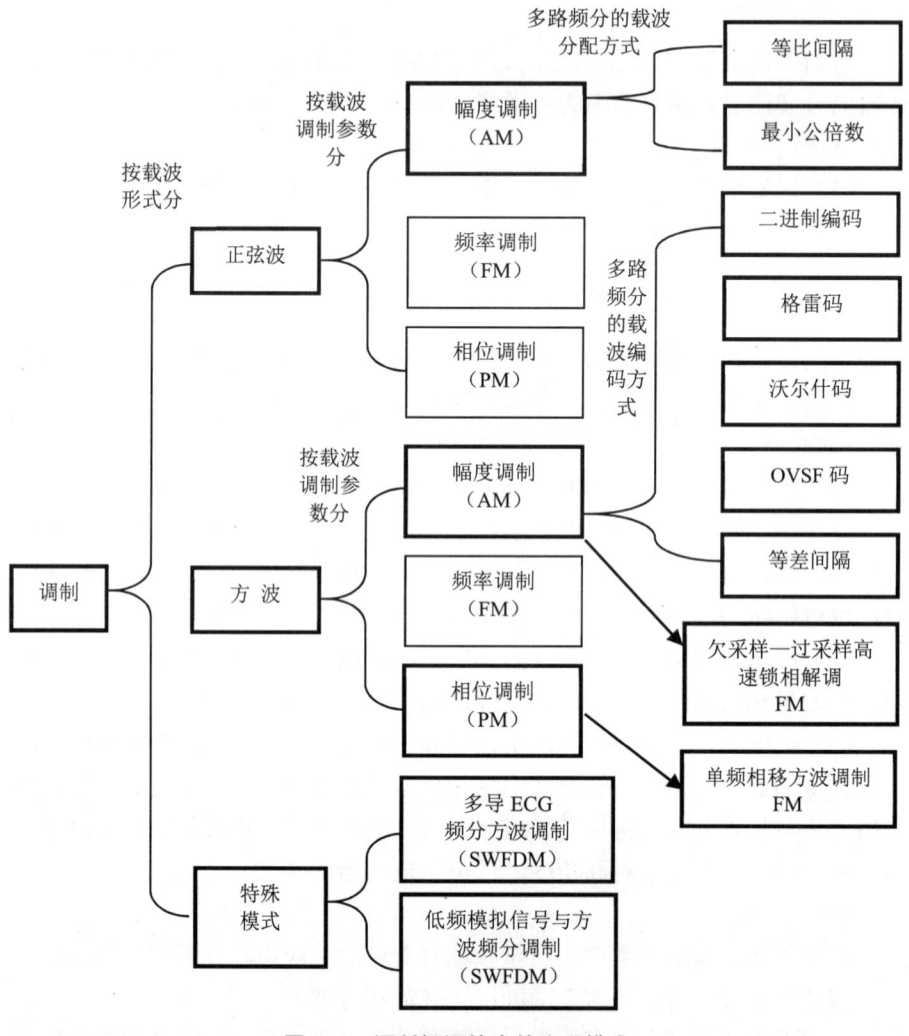

图 5-1 调制解调技术的实现模式

笔者在此领域的贡献在图 5-1 中用粗框表示本章将结合测量和精度分析对它们进行详细解说。

5.2 正弦波幅度调制与解调

在广播、通信领域，正弦波的幅度调制（Amplitude Modulation，AM）与解调（demodulation）具有悠久的历史和完善的理论框架，但在测量领域，特别在计算机技术高速发展的今天，正弦波的幅度调制与解调技术也获得新的生命。虽然在通信领域有完善的信噪比、噪声等的分析、测量理论和方法，但不能完全等同和移植到测量领域。如通信领域关注的"误码率"，在测量领域基本不会考虑。而解调后的信号幅值精度，却是最重要的指标。

5.2.1 正弦波调制与解调的基本理论

正弦波幅度调制过程中，正弦载波信号的幅值随调制信号的强弱而变化，而其频率不变。幅度调制分为标准调幅（AM）、双边带抑制载波调幅（DSB—SC—AM，DSB）、单边带抑制载波调幅（SSB—SC—AM，SSB）和残留边带调幅（VSB—SC－AM，VSB）。本节只讨论标准调幅（AM）。

5.2.1.1 标准调幅（AM）

调幅过程中的示意图如图 5-2 所示。为简单起见，先假设调制信号为余弦波，其幅值为 v_Ω，即

$$v_\Omega = V_\Omega \cos \Omega t = V_\Omega \cos 2\pi F t \tag{5-1}$$

式中，V_Ω、F 和 Ω 分别为调制信号的振幅、频率和角频率。

若令载波的初相位 $\theta_0 = 0$，则调幅波可以表示成

$$\begin{aligned} v &= V_{cm}(t) \sin \omega_c t = (V_{cm} + \Delta V_C \cos \Omega t) \sin \omega_c t \\ &= V_{cm}(1 + \frac{\Delta V_C}{V_{cm}} \cos \Omega t) \sin \omega_c t = V_{cm}(1 + m_A \cos \Omega t) \sin \omega_c t \end{aligned}$$

$$\tag{5-2}$$

式（5-2）中，ΔV_C 为幅值变化的最大值，它与调制信号的振幅 V_Ω 成正比，调幅波 v 的振幅在最大值 $V_{\max} = V_{cm} + \Delta V_c$ 和最小值 $V_{\min} = V_{cm} - \Delta V_c$ 之间摆动。式（5-2）中 m_A 为

$$m_A = \frac{\Delta V_c}{V_{cm}} \qquad (5\text{-}3)$$

m_A 用来表示调幅波的深度,称为调幅系数(或称调幅度),m_A 越大,表示调幅的深度越深。$m_A=1$ 时,则是 100%的调幅。若 $m_A>1$,则意味着 $\Delta V_c > V_{cm}$,会出现过量调幅,如图 5-3 所示,调幅波的包络线已不同于调制信号,在振幅波解调时,便不能恢复原始调制信号,将会引起很大的信号失真。所以振幅调制时,一般应使 $m_A \leqslant 1$。

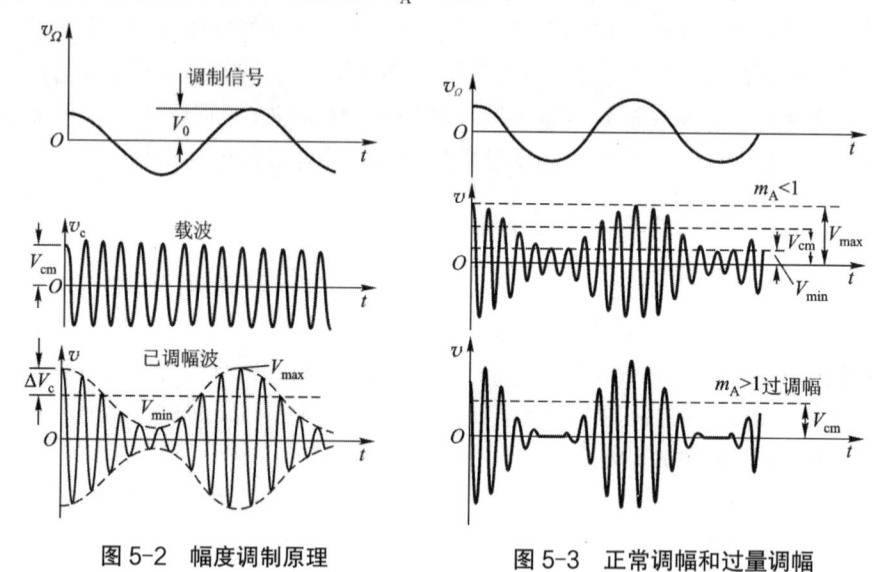

图 5-2　幅度调制原理　　　　图 5-3　正常调幅和过量调幅

将调幅信号利用简单的三角变换展开,可以发现采用单一频率的正弦波调制正弦载波时,调幅波的频谱是由载波($\omega=\omega_c$)、上边频($\omega=\omega_c+\Omega$)和下边频($\omega=\omega_c-\Omega$)组成,如图 5-4 所示。若调制信号是含多种频率的复合信号,则调幅波的频谱图中将有上、下边带分立于载波左右,图中 $\Omega_{\max}$ 表示调制信号中的最高频率分量。所以,传输调幅波的系统的带宽应为调制信号最高频率的两倍,即 $B=2F_{\max}$。

由调幅波的表达式和频谱图(图 5-4 和图 5-5)可以看出,载波分量不携带信息,上边带和下边带携带的信息相同,因此,可以用载波抑制的方法节约功率或用单边带传输的方法压缩频带宽度。但在测量领域,精度才是最关键的,而频带、发送功率通常是很次要的问题,因此,不会增加复杂性、成本并可能降低精度的"载波抑制"和"单边带传输"的方法。

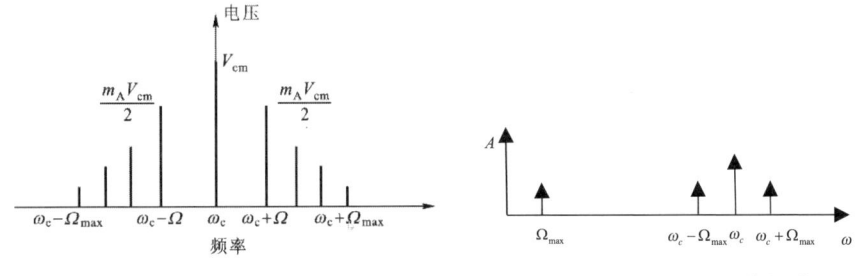

图 5-4 调幅波的频谱　　　　　图 5-5 单频调制信号的频谱

5.2.1.2 调幅信号的解调

调幅信号的解调方法分为两大类（图 5-6）：模拟解调和数字解调。所谓数字解调方法是先将模拟调幅信号量化成数字信号，再对数字调幅信号进行解调。今后，模拟解调基本上用于学习解调原理而不是实际应用，由于现代仪器和测量系统无一例外需要计算机，一方面，输入到计算机必须是数字信号；另一方面，计算机中进行数字信号处理具有精度高、稳定性和可靠性高等一系列模拟信号处理不可比拟的优势。数字解调方法成为基本的应用形式，特别是"高速锁相解调算法"的出现，基本上摆脱对微控制器的算力和速度的依赖。

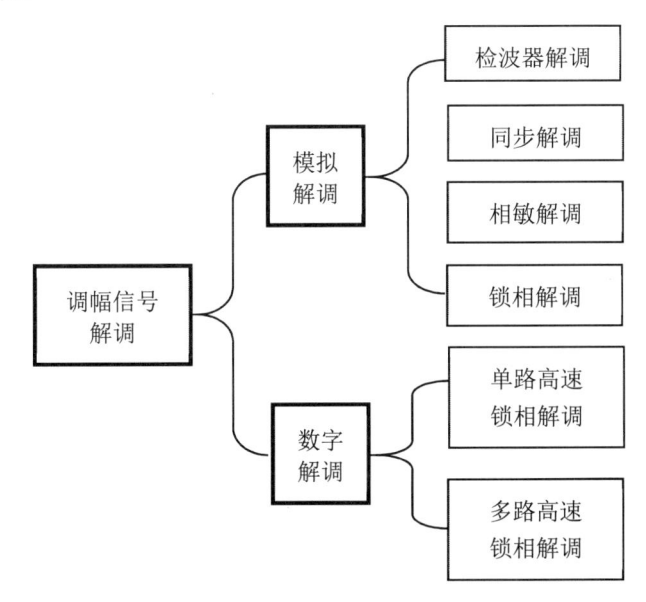

图 5-6 调幅信号的解调方法

本小节主要介绍模拟调幅信号解调方法，从调幅信号解调运算是一种

"运算",数字调幅信号的解调也是基于同样的"运算",两者的基本原理和参数设置、效果评价都是完全相同的,只有很少的区别。

一般而言,方波的调幅信号解调方法完全可以用模拟的解调方法。但由于方波载波适用于一些较为特殊的条件:精度要求不高而成本敏感,接收器件具有积分特性,载波频率较低,等等。

鉴于数字解调方法,特别是多通道调幅信号的解调方法(算法)丰富多彩,只能在后文中根据多通道信号的载波编码方法的不同对应地说明其解调方法(算法)。

(1) 检波器解调

与调制过程相反,在接收端,需有从已调波中恢复出调制信号的过程,这一过程称为解调。调幅波的解调装置通常称为幅度检波器,简称检波器。解调必须与调制方式相对应。若已调波是一般调幅信号,则检波器可采用检波的方式,图 5-7 所示为一个二极管包络检波器的原理电路,以及检波过程。当检波器输入端加入已调幅信号 v_i 后,只要 v_i 高于负载(电容器 C)两端的电压(检波器的输出电压)v_o,则检波二极管导通,v_i 通过二极管的正向电阻 r_i 快速向电容 C 充电(充电时间常数为 r_iC),使电容两端电压 v_o 在很短的时间内就接近已调幅信号的峰值,当已调幅信号 v_i 的瞬时电压低于电容器两端的电压 v_o 后,二极管便截止,电容器 C 通过负载电阻 R_L 放电,由于放电的时间常数 R_LC 远大于 r_iC,且远大于载波周期,所以放电很慢。当电容上的电压 v_o 下降不多,且已调波的下一周的电压 v_i 又超过 v_o 时,二极管又导通,v_i 再一次向电容 C 充电,并使 v_o 迅速接近已调波的峰值。这样不断反复循环,就可得到图 5-7(b)中所示的输出电压波形,其波形与已调波的包络相似,从而恢复出原始调制信号。检波器电路的放电时间常数 R_LC 必须合理选择,增大 R_LC 有利于提高检波器的电压传输系数(检波效率),但时间常数 R_LC 过大,将会出现惰性失真。这是由于在这种情况下,电容 C 的放电速度很慢,当输入电压 v_i 下降时,输出电压 v_o 跟不上输入信号的振幅变化,使二极管始终处于截止状态,输出电压只是由放电时间常数 R_LC 决定,而与输入信号无关,如图 5-7(b)中虚线所示,只有当输入信号重新超过输出电压时,二极管才重新导电。这种失真是由于电容 C 的惰性而引起的,故称惰性失真。可以证明,要不产生惰性失真,只有满足下列条件:

$$R_LC\Omega_{max} \frac{m_A}{\sqrt{1-m_A^2}} < 1 \qquad (5-4)$$

式中，$\Omega_{\max}$ 是最高调制信号角频率。

再者，从幅度调制与解调的频率来看：

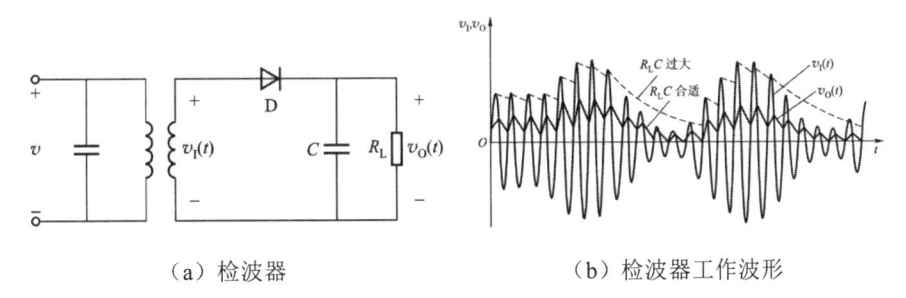

（a）检波器　　　　　　　　（b）检波器工作波形

图 5-7　二极管包络检波

（2）同步解调

包络检波器只能用来作为普通调幅波的解调器。而载波抑制的双边带调幅信号和单边带调制信号的解调必须采用所谓同步检波器。图 5-8 是同步检波器的原理方框图。同步检波器中必须有一个与输入载波同频同相的同步信号（或称相干信号）$v_1 = V_{1m}\cos\omega_c t$，已调信号 v_I（假定为载波抑制的双边带信号）和相干信号 v_1 相乘后的输出为 v'_o，即

$$v'_o = v_I v_1 = (V_{im}\cos\Omega t \cos\omega_c t)V_{1m}\cos\omega_c t$$
$$= \frac{1}{2}V_{im}V_{1m}\cos\Omega t + \frac{1}{4}V_{im}V_{1m}\cos(2\omega_c+\Omega)t + \frac{1}{4}V_{im}V_{1m}\cos(2\omega_c-\Omega)t$$

（5-5）

式（5-5）表明 v'_o 中包含 Ω、$(2\omega_c+\Omega)$ 和 $(2\omega_c-\Omega)$ 三个频率成分（图 5-9），因此只要采用低通滤波器滤去高频分量（$2\omega_c \pm \Omega$），就可解调出原始调制信号 $\frac{1}{2}V_{im}V_{1m}\cos\Omega t$。同步检波器中的相乘过程，可采用二极管电路或模拟乘法器来实现，集成模拟乘法器现在已屡见不鲜。

$v_{I1}=v_{I1m}\cos(\Omega t)\cos(\omega_c t)$

$v_{I2}=V_{I2m}\cos(\omega_c t)$

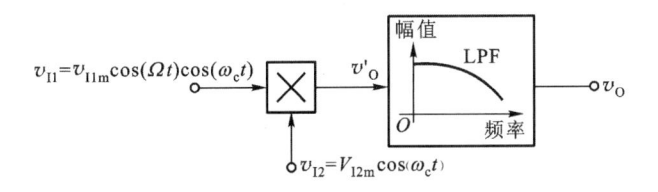

图 5-8　同步检波

其实，不管何种解调方式,不管哪一种解调方式（模拟电路或数字算法），

都是由"乘法(器)+低通滤波器"构成。

图 5-9 还隐藏着重要的事实：分离调制信号与载波信号依靠低通滤波器，而低通滤波器的衰减速率是每阶每十倍频衰减 20dB（衰减到十分之一），一般说来载波的幅值比调制信号大得多（保证不过调），而若要保证把载波信号抑制到千分之一以下，需要设置载波频率比调制信号高 1000 倍以上。

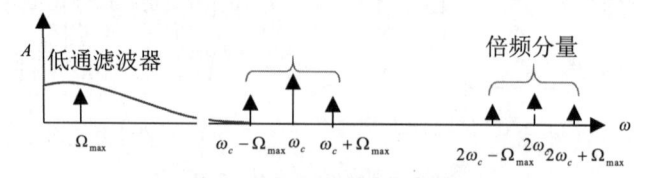

图 5-9 已调信号解调后的频谱

由此可以得到一个设计系统时的重要原则：载波频率 ω_c 要远远大于调制信号频率 Ω_{max}，而且越高越好。

（3）正交锁相解调

检波器解调和同步解调均不能恢复和分离相位信息，这将在以下几种情况中出现问题：

①激励信号与解调电路不是同一个系统中，同步信号 $v_1 = V_{1m}\cos\omega_c t$ 无法确保与输入载波同频同相。

②即使激励信号与解调电路在同一个系统内，在工作频率比较高的情况下，解调电路前的接收电路可能导致载波信号的相移及其不确定性。

③被测信号的相位携带重要的信息，如测量生物阻抗及其成像时。

一般而言，我们可以把载波信号表达为具有相位信息的表达式：

$$v'_o = V_{om}\cos\Omega t \cos(\omega_c t + \theta) \tag{5-6}$$

为讨论简便起见，令

$$v_{om} = V_{om}\cos\Omega t \tag{5-7}$$

则

$$v'_o = v_{om}\cos(\omega_c t + \theta) \tag{5-8}$$

可以改写

$$v'_o = v_{om}\cos(\omega_c t + \theta) = v_{om}\cos\omega_c t\cos\theta - v_{om}\sin\omega_c t\sin\theta$$
$$= v_{oc}\cos\omega_c t - v_{os}\sin\omega_c t \tag{5-9}$$

其中：

$$v_{oc} = v_{om}\cos\theta$$
$$v_{os} = v_{om}\sin\theta \tag{5-10}$$

和：

$$v_{om} = \sqrt{v_{oc}^2 + v_{os}^2}$$
$$tg^{-1} = \frac{v_{os}}{v_{oc}} \tag{5-11}$$

用 2 个幅值相同且恒定（假定为"1"）的正交信号 $\sin\omega_c t$ 和 $\cos\omega_c t$ 分别乘以已调制信号并进行积分：

$$\int (v_{oc}\cos\omega_c t\cos\theta - v_{os}\sin\omega_c t\sin\theta)\cos\omega_c t dt$$
$$= \int v_{oc}\cos\omega_c t\cos\theta\cos\omega_c t dt = v_{oc}\cos\theta \tag{5-12}$$

和

$$\int (v_{oc}\cos\omega_c t\cos\theta - v_{os}\sin\omega_c t\sin\theta)\sin\omega_c t dt$$
$$= \int -v_{os}\sin\omega_c t\sin\theta\sin\omega_c t dt = v_{os}\sin\theta \tag{5-13}$$

由式（5-12）和式（5-13）的结果，可以根据式（5-11）计算调制信号的幅值和相位。

实现正交解调电路的方框图如图 5-10 所示。

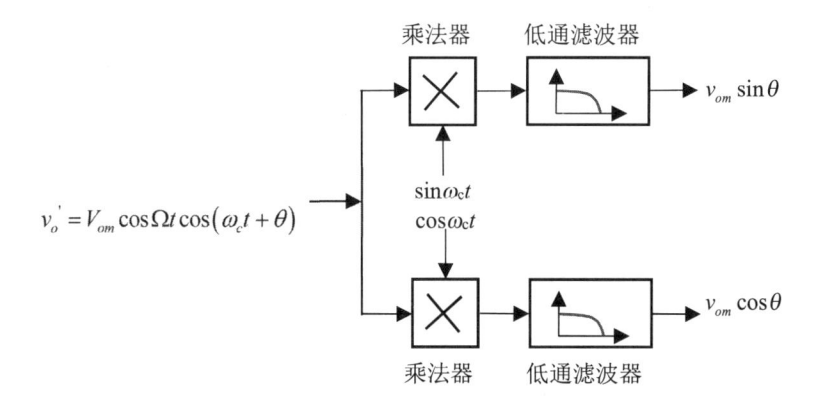

图 5-10 正交解调电路的方框图

正交解调电路不是两个同步解调电路简单的叠加，其核心是两个正交同步信号：$\sin\omega_c t$ 和 $\cos\omega_c t$。其初学者容易忽略的意义在于：

- 如果同步信号 $\sin\omega_c t$ 和 $\cos\omega_c t$ 中的一个与激励信号 $\cos\omega_c t$ 严格地同频同相或恒定相位差，则可以准确地测量幅值和相位，这在很多测量中是必需且至关重要的。
- 如果同步信号不能保证与激励信号 $\cos\omega_c t$ 严格地同相或恒定相位差（但必须同频），正交解调方法只能测量出幅值。其潜在的优点是相位及其变动会带来误差。

5.2.2 高速数字相解调算法

现在中、高速 ADC 已经变成常规的器件，而现代测量系统和仪器无一例外配置微处理器，数字锁相解调算法就成为标配，应用数字锁相解调算法可以获得远远高于模拟解调方法的性能和精度。

针对数字锁相解调算法的计算复杂且计算量大，需要浮点数运算等问题，李刚教授提出了一种快速的数字锁相算法，降低了运算量和存储量，极大地提高了数字锁相算法的速度，克服了算法实现对微处理器的性能依赖性。本小节在此基础上介绍了一种基于数字锁相相关计算结构的高速算法并结合过采样技术进行优化。理论及实验分析表明该优化算法基本去除了过采样和锁相算法中的乘法运算，显著地减少了加减运算，既提高了运算的速度又提高了信号检测的精度，使得信号检测系统的综合性能大幅度提高。

（1）数字锁相算法

①数字锁相算法理论基础

数字锁相放大器（DLIA）的工作原理与模拟锁相放大器（ALIA）类似，都是利用信号与噪声互不相关这一特点，采用互相关检测原理来实现信号的检测。而数字锁相放大通过模数转换器采样，在微处理器中实现乘法器和低通滤波器，达到鉴幅和鉴相的目的。

假设信号离散时间序列为 $X[n]$，如式（5-14）所示，其中 DC 为直流分量，A 为信号幅值，φ 为信号初相位，采样频率 $f_s=Nf$（$N \geqslant 3$ 且为整数）。

$$X[n] = DC + A\cos\left(\frac{2\pi fn}{f_s} + \varphi\right), n = 0,1,2\cdots \quad (5-14)$$

由微处理器产生同步采样正弦、余弦参考序列 $C[n]$、$S[n]$，如式（5-15）和式（5-16）。

$$C[n] = \cos\left(\frac{2\pi fn}{f_s}\right), n = 0,1,2\cdots \quad (5-15)$$

$$S[n] = \sin\left(\frac{2\pi fn}{f_s}\right), n = 0,1,2\cdots \tag{5-16}$$

信号分别与正交参考序列相乘实现相敏检波的功能，相关信号中的直流分量仅与原始信号的幅值和初相位有关，因此通过数字低通滤波器取出直流分量。最常采用的低通滤波器为 M 点平均滤波器，M 通常为整周期采样点数即对应着低通滤波器的时间常数。正交相关运算和低通滤波的过程如式（5-17）、式（5-18）所示。

$$I[n] = \frac{1}{M}\sum_{n=1}^{M} X(n) \cdot C(n) \approx \frac{A}{2}\cos\varphi \tag{5-17}$$

$$Q[n] = \frac{1}{M}\sum_{n=1}^{M} X(n) \cdot S(n) \approx \frac{A}{2}\sin\varphi \tag{5-18}$$

信号的幅值和相位通过式（5-19）和式（5-20）计算。

$$A = 2\sqrt{(I[n])^2 + (Q[n])^2} \tag{5-19}$$

$$\varphi = \arctan\left(\frac{Q[n]}{I[n]}\right) \tag{5-20}$$

②快速数字锁相算法

根据上述经典的数字锁相算法计算结构，做出如下推导。当采样频率 $f_s=4f$ 时，即 $N=4$，一个周期正弦、余弦参考信号序列分别为 $S=\{0, 1, 0, -1\}$、$C=\{1, 0, -1, 0\}$，设积分时间常数为一个周期，即 $M=4$，对应的低通滤波后的互相关信号为

$$I = \frac{1}{4}[X[0]\cdot 1 + X[1]\cdot 0 + X[2]\cdot(-1) + X[3]\cdot 0] = \frac{1}{4}[X[0]-X[2]] \tag{5-21}$$

$$Q = \frac{1}{4}[X[0]\cdot 0 + X[1]\cdot 1 + X[2]\cdot 0 + X[3]\cdot(-1)] = \frac{1}{4}[X[1]-X[3]] \tag{5-22}$$

则计算出的幅值和相位分别为

$$A = 2\sqrt{(I[n])^2 + (Q[n])^2} \tag{5-23}$$

$$\varphi = \arctan\left(\frac{Q[n]}{I[n]}\right) \tag{5-24}$$

从式（5-21）、式（5-22）可以看出，采样频率为信号频率 4 倍时，正交互相关计算中的乘法运算全部消除，只由采样信号的减法运算就能够实现互

相关运算，计算量大大降低。对于相同采样频率（$f_s=4f$, $N=4$）的经典数字锁相算法，若 $M=4q$，正交互相关运算中乘法运算次数为 $8q$，加法运算次数为 $8q-2$；而快速算法中乘法运算次数为 0，加减法次数为 $4q-2$。同采样率下两种方法相比，快速算法一个周期减少了 8 次乘法运算和 4 次加法，而 q 个周期则相应地减少 $8q$ 次乘法运算和 $4q$ 次加法运算。对于一般采样率下（$f_s=N\cdot f$, $N\geqslant 3$）经典数字锁相算法中，若 $M=Nq$，正交互相关运算中的乘法运算次数为 $2Nq$，加法次数为 $2Nq-2$，快速算法与之相比，减少了 $2Nq$ 次乘法运算及 $(2N-4)q$（$N\geqslant 3$）次加法运算，因此快速算法随着 N、q 值的增大，其优势越能够充分地体现出来。

（2）快速数字锁相算法性能优化

然而，对于单一频率的信号，若要提高基于 4 倍采样率的数字锁相算法的精度，方法上受到一定的局限。若在相同的采样间隔 t_s（相位为 $\pi/2$）内，由采集 1 点变为 K 点，再以这 K 个采样值的均值 $X'[n]$ 代替原来的单一的采样值 $X[n]$（n 表示第 n 个采样间隔），当 K 足够大时，$X'[n]$ 为该采样间隔内信号序列的数学期望的无偏估计。因此，若要用一个常数来代替一个采样间隔内采样值，求和平均的方法更合理。另一方面，在采集过程中引入的量化噪声、外界干扰及系统产生的热噪声等大多为白噪声，其均值的近似为 0，所以求和平均的方法具有极强的去噪效果，可以使信噪比得到显著提高，进而折合为 ADC 有效位数的增加。此种方法采用的就是"过采样"技术，以实际所需要采样频率 f_s 的 K 倍（K 为过采样率），即 Kf_s 进行采样，再通过平均下抽样使等效转换速率仍还原为 f_s 的一种方法，过采样实质是用速度换取系统精度的提高。对 K 个采样值进行平均，对于线性函数而言均值为中间点的函数值，不会带来原理性误差。而正弦、余弦函数属于非线性函数，下抽样后得到的幅度均值并不是原始信号在同一相位的理论采样值。为了找到他们之间的关系，通过改变 K 值和信号的原始相位及幅值，得到下抽样后的均值与同相位实际值的比例关系，如表 5-1 所示（表中数据保留 5 位有效数字），表中列出 10 种 K 值下的比例关系。对于相同的 K，不论原始信号相位和幅值如何改变，用简单平均下抽样得到的正弦信号幅值与在同一相位位置的原始信号实际值的比例系数关系是相同的，表 5-1 中没有将不同相位及幅值的比例关系再重复列出。

在实际数字锁相算法应用过程中可以根据 K 的不同，将比例关系直接引入最终幅值的修正即可计算出准确的幅值。由于下抽样后能够将等效采样频率还原为 f_s，而且相位本身也是通过比值关系计算获得，如式（5-24）所示，所以相位不需修正。文中将此比例系数关系简称为修正因子 c。修正因子的引入保证了采用下抽样后的均值来计算幅值不带来任何理论上的误差,符合过采样技术运用到数字锁相中所需要的条件,发挥了过采样与数字锁相放大两者的精度优势,还保持了算法的高速性。若采样率 $f_s=4Kf(N=4K)$,采集 q 个周期,对于经典的数字锁相算法正交相关运算中的乘法次数为 $8Kq$,加法次数为 $8Kq-2$;而快速算法的乘法次数为0,加减法次数为 $4Kq-2$。与已有优化算法相比,其性能仍有较大的提高,该快速算法减少了 $8K$ 次的乘法运算及 $4K$ 次的加法运算。因此基于数字锁相计算结构的高速算法能够大幅度减少计算量,提高运算效率,且结合过采样对其性能优化提高了算法精度并保持算法的高速性。

表 5-1 下抽样后均值与同相位实际值的比例关系

K	幅值比例系数	K	幅值比例系数
1	1.0000	6	0.90289
2	0.92388	7	0.90221
3	0.91068	8	0.90176
4	0.90613	9	0.90146
5	0.90403	10	0.90124

(3)修正因子的理论分析

修正因子 c 根据 K 值的变化而变化,理论上 c 是以 K 为变量的函数。根据下抽样技术的原理,以 $K=2$ 为例进行分析,即采样频率为信号频率的 8 倍进行采样。则每两个点下抽为一点,相邻两点的相位差为 $\pi/4$。设任意两点采样值为 $\sin\alpha$、$\sin(\alpha+\pi/4)$(α 为任意值),则下抽样后的相位为 $\alpha+\pi/8$。下抽样后的均值与同相位实际值的比例关系式及化简式为

$$\frac{(1/2)\left[\sin\alpha+\sin(\alpha+\pi/4)\right]}{\sin(\alpha+\pi/8)}=\cos(\pi/8)\approx 0.92388 \qquad (5-25)$$

式(5-25)可以化简为常量,计算出结果与仿真实验的结果吻合。从式(5-28)可以看出 $K=2$ 时下抽样后的值与同相位实际信号值成比例关系,与信号幅值和相位没有关系。理论分析的结果验证了仿真实验的结果。

当 $K=3$ 时,每 3 个点下抽为一点,相邻点之间的相位差为 $\pi/6$。设任意 3 点采样值为 $\sin\alpha$、$\sin(\alpha+\pi/6)$、$\sin(\alpha+\pi/3)$(α 为任意值),则下抽样后的相位为 $\alpha+\pi/6$。则下抽样后的均值与同相位实际值的比例关系式及化简式为

$$\frac{\frac{1}{3}\left[\sin\alpha+\sin(\alpha+\pi/6)+\sin(\alpha+\pi/3)\right]}{\sin(\alpha+\pi/6)}=\frac{1}{3}\left[2\cos\frac{\pi}{6}+1\right]\approx 0.91068 \quad (5\text{-}26)$$

当 K=4 时，如式（5-27）所示。

$$\frac{\frac{1}{4}\left[\sin\alpha+\sin\left(\alpha+\frac{\pi}{8}\right)+\sin\left(\alpha+\frac{\pi}{4}\right)+\sin\left(\alpha+\frac{3\pi}{8}\right)\right]}{\sin\left(\alpha+\frac{3\pi}{16}\right)}$$

$$=\frac{1}{2}\left(\cos\frac{3\pi}{16}+\cos\frac{\pi}{16}\right)\approx 0.90613 \quad (5\text{-}27)$$

依次类推，归纳得出修正因子 c 与 K 的关系式，如式（5-28）所示。

$$c=\frac{\frac{1}{K}\sum_{n=0}^{K-1}\sin\left(\alpha+\frac{2\pi}{4K}n\right)}{\sin\left(\alpha+\frac{2\pi(K-1)}{8K}\right)},\ \text{其中}\alpha\text{为任意值} \quad (5\text{-}28)$$

当 K 为任意正整数时都可以推导计算出一个常数值，且此值与仿真实验计算值完全吻合，从而验证了修正因子 c 理论上的正确性。在实际应用中根据修正因子 c 与 K 的关系式（5-28）计算出修正因子 c 并对幅值进行修正。

（4）仿真实验

①算法有效性验证实验

为了验证这种高精度高速数字锁相算法的有效性，利用 MATLAB 仿真采样和快速算法，通过改变幅值与过采样率，比较真实值与计算出的幅值和相位。

验证计算幅值的有效性：仿真产生一系列频率为 1kHz，初始相位为 0，直流分量为 1，不同幅值的正弦信号。通过参考电压为 2.5V，8 位的 ADC 以不同的采样频率采样，采用该方法计算的幅值如表 5-2 所示（保留小数点后 6 位）。

验证下抽样后相位的有效性：产生一个频率为 1kHz、幅值为 1、直流分量为 1、相位为 0 的正弦信号。参考电压为 2.5V，8 位 ADC 设置不同采样频率进行采样，采用该方法计算的相位如表 5-2 所示（保留小数点后 5 位）。

从表 5-2、表 5-3 可以看出，采用这种优化的算法测得的幅值和相位只存在由于 ADC 量化而造成的误差，随着过采样率 K 的提高，所计算的幅值精确度越来越高。因此将过采样运用到这种快速锁相算法中提高了算法的精度，优化了算法的性能。

表 5-2　不同幅值不同过采样率测试结果

实际幅值(V)	计算幅值(V)		
	K=4	K=8	K=16
1.000000	1.003585	1.000993	0.999224
0.500000	0.502449	0.501769	0.499767
0.010000	0.100342	0.099862	0.097968
0.050000	0.048026	0.048815	0.049397
0.010000	0.009072	0.010192	0.009889

表 5-3　不同下抽样后相位测试结果

过采样率 K	实际下抽后的相位(rad)	计算出的相位(rad)
2	0.39270	0.39266
3	0.52360	0.52364
4	0.58905	0.58903
5	0.62832	0.62832
6	0.65450	0.65453

②算法性能验证实验

为了验证低信噪比下该算法的有效性，利用 MATLAB 产生不同信噪比的信号，分别采用经典的数字锁相算法与本教材中提出的算法提取待测信号幅值，并通过比较来验证算法的性能。

假设待测正弦信号淹没在强高斯白噪声中，信号的表达式为 $x[n]=s[n]+u[n]$，其中，$s[n]$ 为待测正弦信号，$u[n]$ 为均值为 0 的高斯白噪声。信噪比定义为

$$SNR = 10\lg\frac{power\_s}{power\_n} \tag{5-29}$$

MATLAB 产生频率为 1kHz、幅值为 1、相位任意的正弦信号。采样率设置为 64kHz，采样点数为 64000。根据信号的功率，分别产生信噪比为 10dB、0dB、-10dB、-20dB、-30dB、-40dB 的噪声叠加到信号上，通过两种方法分别提取信号的幅值，如表 5-4 所示（测量幅值保留小数点后 4 位）。

表 5-4 不同信噪比下经典数字锁相算法与快速算法提取信号幅值的比较

SNR (dB)	经典的数字锁相算法 测量幅值	相对误差(%)	快速数字锁相算法 测量幅值	相对误差(%)
10	1.0008	0.08	1.0003	0.03
0	1.0024	0.24	1.0008	0.08
-10	1.0078	0.78	1.0028	0.28
-20	1.0265	2.65	1.0108	1.08
-30	1.0990	9.90	1.0525	5.25
-40	1.4285	42.85	1.3135	31.35

从表 5-4 中可以看出，随着信噪比的降低，两种方法所测得的幅值误差越来越大。由于噪声随机产生，实验结果表明两种方法对信号的耐受程度相当，在仿真实验中所设置的采样频率及采样点数下该算法能够检测-30dB 信噪比下的信号。提高采样率和积分时间后，该算法能够检测到信噪比更低的信号。

（5）小结

过采样和数字锁相技术都是微弱信号检测的有效手段，但结合过采样和数字锁相算法带来大量复杂的运算，对微处理器的性能提出很高的要求。本小节介绍一种高精度高速的数字锁相算法，与传统数字锁相相比，去除了几乎所有的乘法运算和大量的加法运算。并通过修正因子对计算获得的幅值修正，改善由于下抽样而带来的误差。实验结果表明，这种全新的数字锁相算法没有任何理论误差，实际信号仿真也只有很小的误差，能够检测到较低信噪比的信号。在保证不带来原理误差的同时，该算法还极大地提高了运算速度，使得基于数字锁相算法的微弱信号检测可以在普通微处理器上实现。更重要的是该方法还可以推广到多频率信号的检测中。

在基于调制解调技术的测量系统中，主要影响测量精度的因素有两个：邻道干扰和随机噪声。

除非有特定的高幅值窄带的干扰，邻道载波的干扰在幅值上远超其他的干扰，因此是主要的干扰因素，而随机噪声，主要是电路热噪声，具有白噪声的性质——在全频带内均匀分布，也就只有在带通滤波器的通带以里的部分，因而幅值较小。

5.3 方波的编码调制与数字解调

5.3.1 方波幅度调制信号（时域）

有些传感器是积分方式采样，如相机（视频）和光谱仪等，采用方波作为载波可以得到更高的灵敏度。对应方波的调制方式的调幅信号，其解调有两种，频域的傅里叶变换方式和时域的代数运算方式。

采用方波的幅度调制主要用于光电测量系统中，其突出的优点是：
①激励信号容易产生。
②可以消除光电传感器中最常见的暗电流。
③可以有效抑制测量环境中经常存在的环境光干扰，或者采用遮蔽环境光的方式代价太大而更显其优势。

因多路频分方波的调制解调的内容很丰富，为清晰起见，把多路频分方波的调制解调的内容放在下一节介绍，本节只介绍两路方波调制解调的内容。本章前面已经涉及方波幅度调制（斩波调制），因此，本节主要介绍方波幅度调制信号的数字解调（时域），并以血氧饱和度的测量为例。

图 5-11 所示方波激励 LED 的血氧饱和度测量电路。其技术方案是：采用不同频率的方波驱动两种或两种以上的 LED，LED 发出的光经过被测手指后由光敏器件接收转换成电信号，电信号经过后续电路放大成一定幅值的电压信号，电压信号经过 A/DC 转换成数字信号送入 MCU（微处理器），在 MCU 完成如下的处理（图 5-12）。

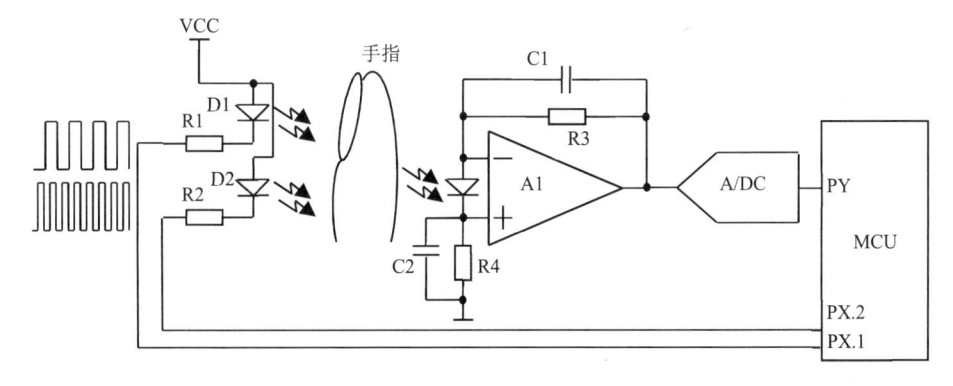

图 5-11 方波激励 LED 的血氧饱和度测量电路

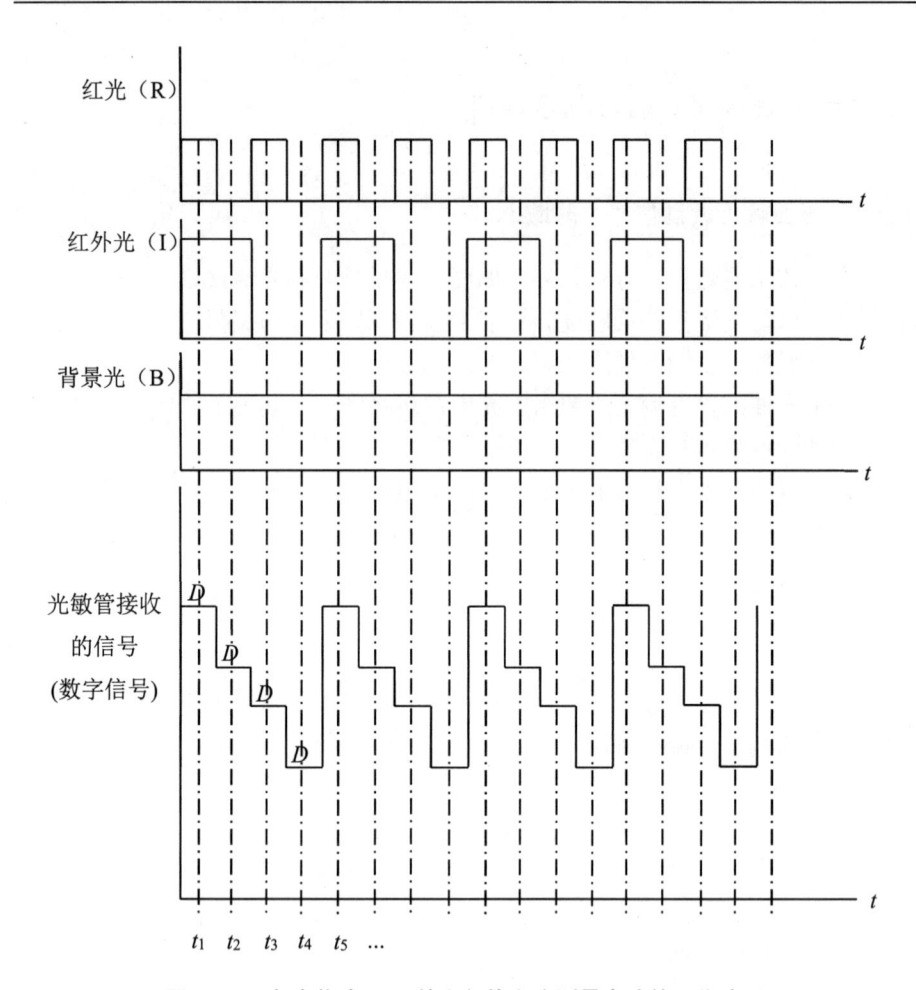

图 5-12 方波激励 LED 的血氧饱和度测量电路的工作波形

A. 以两个波长 LED 为例，假定在红光 LED 的驱动方波频率为 f_R，红外 LED 的驱动方波频率为 f_I，且 $f_R=2f_I$。

B. 假定 A/DC 的采样频率为 f_S，且 $f_S=2f_R$，并保证在的高、低电平中间采样。

C. 数字信号序列 D_i 可以表示为：

$$D_i = D_i^R + D_i^I + D_i^B \tag{5-30}$$

式中，D_i^R 为红光信号，D_i^I 为红外光信号，D_i^B 为背景光和光敏器件的暗电流、放大器的失调电压的总和信号（简称背景信号）。

假定采样频率远高于 PPG（脉搏波）的频率，即有

$$D_1^R = D_3^R = D_A^R \quad D_2^R = D_4^R = 0$$
$$D_1^I = D_2^I = D_A^I \quad D_3^I = D_4^I = 0 \tag{5-31}$$
$$D_1^B = D_2^B = D_3^B = D_4^B = D_A^B$$

式中，D_A^R、D_A^I 和 D_A^B 分别为红光 PPG 信号、红外光 PPG 信号和背景信号的幅值。

以顺序每 4 个数字信号为一组进行运算：

$$D_{4n+1} - D_{4n+2} + D_{4n+3} - D_{4n+4} = 2D_{An}^R$$
$$D_{4n+1} + D_{4n+2} - D_{4n+3} - D_{4n+4} = 2D_{An}^I \tag{5-32}$$
$$n = 0, 1, 2 \cdots$$

即分别得到红光 PPG 信号 D_{An}^R 和红外光 PPG 信号 D_{An}^I，而且完全消除了背景信号 D_i^B 的影响。

④分别计算 PPG 信号 D_{An}^R 和 D_{An}^I 的谷、峰值 $I_{\min\lambda 1}$ 和 $I_{\max\lambda 1}$、$I_{\min\lambda 2}$ 和 $I_{\max\lambda 2}$。

⑤利用式（5-33）计算 Q 值：

$$Q = \frac{\Delta A_{\lambda 1}}{\Delta A_{\lambda 2}} = \frac{\lg \frac{I_{\max\lambda 1}}{I_{\min\lambda 1}}}{\lg \frac{I_{\max\lambda 2}}{I_{\min\lambda 2}}} = \frac{\lg I_{\max\lambda 1} - \lg I_{\min\lambda 1}}{\lg I_{\max\lambda 2} - \lg I_{\min\lambda 2}} \tag{5-33}$$

其中，$I_{\max\lambda 1}$、$I_{\min\lambda 1}$、$I_{\max\lambda 2}$、和 $I_{\min\lambda 2}$ 分别为波长和的 PPG 信号的峰值和谷值。

⑥利用式（5-34）可计算血氧饱和度值值：

$$SaO_2 = \frac{c_1}{c} = \frac{a_2 Q - b_2}{(a_2 - a_1)Q - (b_1 - b_2)} \tag{5-34}$$

其中，c_1 和 c 分别为 HbO_2 和总 Hb 的浓度；b_1、b_2 为 λ_1 和 Hb 对 λ_2 波长光的吸光系数；a_1、a_2 为 HbO_2 和 Hb 在波长 λ_1 处的吸光系数。

Q 值与血氧饱和度的关系也可以通过大样本统计得到，这样可以避免需要准确得到中的各个吸光度系数的值。

5.3.2 多路方波频分调制的数字编码载波与数字解调（时域）

无疑，对于积分采样的传感器，主要是 CCD 或 CMOS 图像器件，在测量系统中采用方波作为载波信号无疑是最佳选择，但方波作为载波的缺点也是显而易见的：对激励电路和接收电路的速度与频带要求高很多。

单通道的方波频分调制解调技术与"斩波调制（解调）"技术一样，主要用于消除环境光、暗电流，或放大器的失调电压。但多路方波频分调制技术有了不一样的情况：

优势：满足多通道信号同时采集的要求。

更多、更高的要求：抑制邻道干扰和振铃（吉布斯现象）干扰。

振铃（吉布斯现象）是具有快速跳变的信号常常出现的现象，振铃的幅值与信号跳变的速度成正比，但又具有一定的不确定性，因此，出现振铃现象必将影响测量的精度，甚至导致测量系统完全不可用。

总而言之，对多路方波频分调制测量系统有如下几个关键问题：

① 避免和降低振铃现象；

② 占用频带的大小；

③ 解调算法要高速且简单，也就是最好只用"加、减"计算。

与正弦波类似，载波频率要远远高于调制信号频率。因方波调制可以用"时域"分析更清晰、简单，换成时域描述的语言：每一路载波的相邻波峰或波谷的信号幅值可以忽略不计（如小于 ADC 的最小量化电平），这样，在解调时不会带来明显的误差。

测量系统使用方波复用的方式均为 AM 调制，即仅在幅值上均分各路调制信号信息。这意味着随着调制信号数量的增多，在复用时均分给各路调制信号的幅值范围将会减少，这导致各路信号的信噪比降低。

5.3.3 码分多址 CDMA 多路复用

码分多址通过对不同调制信号进行正交编码从而实现信号的多路复用。CDMA 可实现所有时刻所有调制信号利用所有频带进行信号传输，这极大地提高了信号传输速率。图 5-13 展示了 3 路 CDMA 流程图。

我们将单位数据传输时间划分为 n 个时间槽，每个时间槽对应一个二进制编码值，称之为码片。对于数字信号，单位数据传输时间为传输 1bit 所用时间，对于模拟信号，单位数据传输时间可定义为模拟信号值近似相等的时间段。

我们首先将调制信号 $X_1(t)$、$X_2(t)$、$X_3(t)$ 按照单位数据传输时间划分为离散信号 $X_1[k]$、$X_2[k]$、$X_3[k]$，我们将每个离散信号值 $X[k]$ 与三路正交的码片相乘求和得到 $O_s[n]$。

$$O_s[n] = X_1[k]*O_1[n] + X_2[k]*O_2[n] + X_3[k]*O_3[n]$$
$$= -X_1[k] - X_2[k] - X_3[k], X_1[k] + X_2[k] - X_3[k], -X_1[k]$$
$$+ X_2[k] + X_3[k], X_1[k] - X_2[k] + X_3[k] \quad (5-35)$$

在解调端，我们将 $O_s[n]$ 分别与调制的码片相乘并求平均，便可得到 $X_1[k]$、$X_2[k]$、$X_3[k]$ 的值。

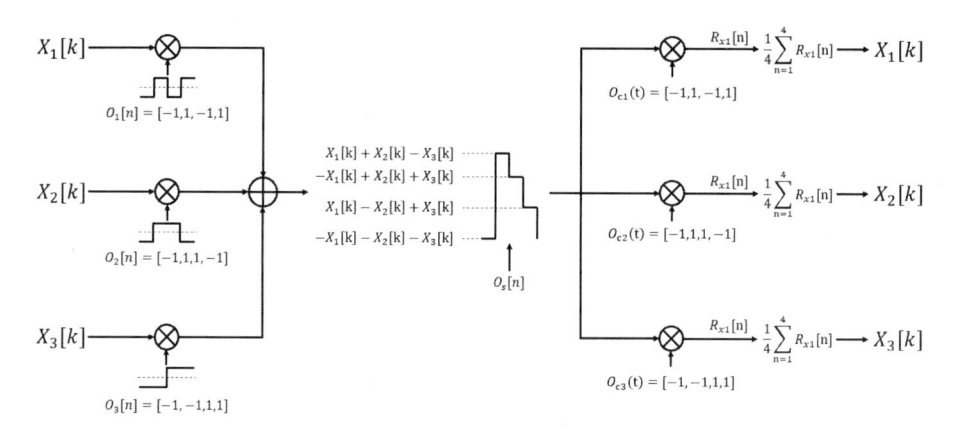

图 5-13 路双极 CDMA 流程图

此外还可以采用单极 CDMA 方式，其流程如图 5-14 所示。

CDMA 具有以下特点：

①CDMA 以方波的形式实现了调制解调，这意味着所有调制信号均占用系统全部的带宽进行信号传输（方波的频谱是全频的）。且 CDMA 在时域上也是连续的，这意味着该方法在时频域上实现了信号的复用，这极大地提高了信号的传输速率。

②CDMA 要求调制系统时钟和解调系统时钟保持完全一致，即调制码片和解调码片在时间轴上要保证完全对齐，否则会出现解调错误。

③CDMA 属于 AM 调制，即仅在系统提供的幅值量上进行复用，并没有对相位量进行复用（由于各路信号占用全部信号带宽所以无法实现频率复用）。随着调制信号数目的增加分配给各调制信号的幅值范围将会缩小，这降低了各路调制信号的信噪比。

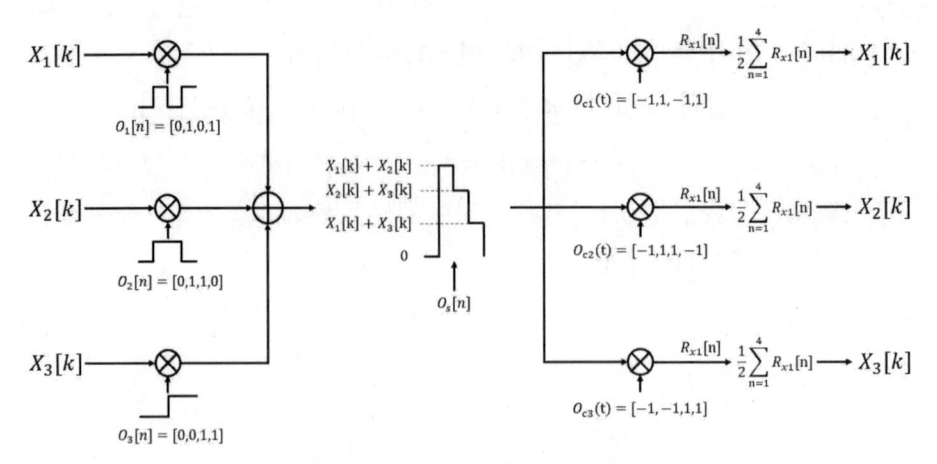

图 5-14　3 路单极 CDMA 流程图

5.3.3.1　基于方波调制的快速数字锁相解调

基于方波调制的快速数字锁相解调是采用 CDMA 方法对模拟信号进行调制解调的过程。首先将模拟调制信号 $X_1(t)$、$X_2(t)$、$X_3(t)$ 按照单位数据传输时间 T 划分为离散信号 $X_1[k]$、$X_2[k]$、$X_3[k]$，我们认为 T 时间内各个模拟调制信号的值近似相等

$$X(t) \sim X(t+T) \approx X[k] \tag{5-36}$$

系统的采样频率 f_s 和码片长度有关，设码片长度为 L。那么系统采样率为 $f_s = N \cdot L \cdot \dfrac{1}{T}(N \geqslant 1)$。其余调制解调流程与前所述一致。

5.3.3.2　正交编码系

正交编码系的选取对 CDMA 至关重要，最显而易见的是码片长度直接影响系统最低采样率。常见的编码系包括有权 BCD 码（如 8421 码）、无权 BCD 码（如格雷码）、最小公倍数编码、walsh 码、OVSF 码。其中 OVSF 码和 walsh 码具有相同的编码系但是编码系排列顺序不同。

（1）二进制码

二进制码是最常见的有权码，其编码具有正交性。表 5-5 列出了 3 组正交编码结果。

表 5-5　二进制码

$O_1[n]$	1	1	1	1	0	0	0	0
$O_2[n]$	1	1	0	0	1	1	0	0
$O_3[n]$	1	0	1	0	1	0	1	0

对于 z 路调制信号，以该编码形式进行正交编码，最小码片长度 L 的计算公式为 $L = 2^z$。

随着调制信号数量的增加，码片长度呈指数增长，系统最低采样率 f_s 也呈指数增长，这在多路信号调制中极大地增大了系统负担，使得该编码方式不适用于多路调制信号复用系统。

（2）格雷码

格雷码属于一种无权 BCD 码，其编码不仅满足正交性，在相邻编码转换时只有一位产生变化，这避免了电路在调制过程中产生很大的尖峰电流脉冲，防止由振铃现象影响了解码结果。格雷码形式有多种，表 5-6 列出了典型格雷码的 3 组正交编码。

表 5-6　典型格雷码的 3 组正交编码

$O_1[n]$	1	1	1	1	0	0	0	0
$O_2[n]$	0	0	1	1	1	1	0	0
$O_3[n]$	0	1	1	0	0	1	1	0

可知采用格雷码进行 CDMA 系统电平变化最大值为 MAX($X_1[k]$、$X_2[k]$、$X_3[k]$)，而 8421 码电平变化最大值为 $X_1[k] + X_2[k] + X_3[k]$。

然而对于 z 路调制信号，格雷码最小码片长度 L 与 8421 码一致，均为 $L = 2^z$。这使得格雷码也不适用于多路调制信号复用系统。

（3）walsh 码和 OVSF 码

由于该两种编码形式产生的编码系完全相同仅排序不同，此处同时介绍该编码形式的优势。walsh 码最大限度地利用了码片长度用于生成正交码，表 5-7 列出了 walsh 码的 3 组正交编码。

表 5-7　walsh 码的 3 组正交编码

$O_1[n]$	0	1	1
$O_2[n]$	1	1	0
$O_3[n]$	1	0	1

采用 walsh 码进行 CDMA 系统电平变化最大值为 MAX(abs$(X_1[k] - X_2[k])$、abs$(X_2[k] - X_3[k])$、abs$(X_1[k] - X_3[k])$)，较 8421 编码有明显改善，较格雷码需要根据各调制信号幅值变化量判断电平变化值。

对于 z 路调制信号，采用单极调制的 walsh 码码片长度 L 仅为（⌈ ⌉为向上取整）

$$L = 2^{\lceil \log_2(z+1) \rceil} - 1 \tag{5-37}$$

其编码长度甚至小于调制信号个数，在多路调制信号复用系统中极大地降低了系统对采样率的需求，较其余正交编码方式更适用于调制信号较多的复用系统。

（4）非正交编码调制解调

非正交编码也可用于信号的多路复用技术。Fan Meiling 提出了一种相移方波调制编码（简称"相移编码"）采用非正交编码实现了调制信号的多路复用。以8通道为例介绍该复用技术的流程，其中编码系如图5-15所示。

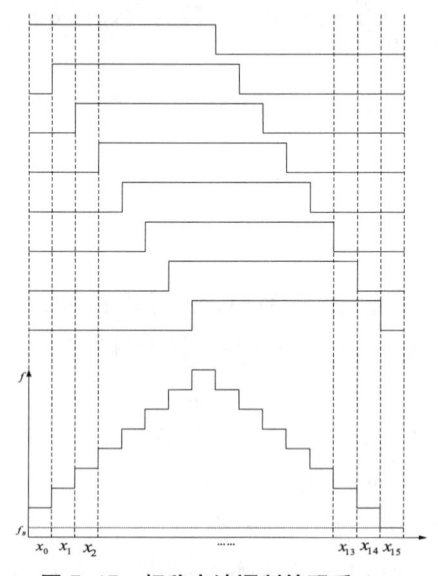

图 5-15 相移方波调制编码系

算得多路复用信号S为

$$\begin{cases} x_0 = f_1 + f_B \\ x_1 = f_1 + f_2 + f_B \\ x_2 = f_1 + f_2 + f_3 + f_B \\ x_3 = f_1 + f_2 + f_3 + f_4 + f_B \\ x_4 = f_1 + f_2 + f_3 + f_4 + f_5 + f_B \\ x_5 = f_1 + f_2 + f_3 + f_4 + f_5 + f_6 + f_B \\ x_6 = f_1 + f_2 + f_3 + f_4 + f_5 + f_6 + f_7 + f_B \\ x_7 = f_1 + f_2 + f_3 + f_4 + f_5 + f_6 + f_7 + f_8 + f_B \end{cases} \begin{cases} x_8 = f_2 + f_3 + f_4 + f_5 + f_6 + f_7 + f_8 + f_B \\ x_9 = f_3 + f_4 + f_5 + f_6 + f_7 + f_8 + f_B \\ x_{10} = f_4 + f_5 + f_6 + f_7 + f_8 + f_B \\ x_{11} = f_5 + f_6 + f_7 + f_8 + f_B \\ x_{12} = f_6 + f_7 + f_8 + f_B \\ x_{13} = f_7 + f_8 + f_B \\ x_{14} = f_8 + f_B \\ x_{15} = f_B \end{cases}$$

$$\tag{5-38}$$

$$s = \sum_{i=0}^{15} x_i \tag{5-39}$$

并按照以下解调公式可算得各路调制信号为：

$$\begin{cases} 8f_1 = s - 8x_{15} - 8x_8 \\ 8f_2 = s - 8x_0 - 8x_9 \\ 8f_3 = s - 8x_1 - 8x_{10} \\ 8f_4 = s - 8x_2 - 8x_{11} \\ 8f_5 = s - 8x_3 - 8x_{12} \\ 8f_6 = s - 8x_4 - 8x_{13} \\ 8f_7 = s - 8x_5 - 8x_{14} \\ 8f_8 = s - 8x_6 - 8x_{15} \end{cases} \tag{5-40}$$

该复用方式在相邻编码转换时只有一位产生变化，具有和采用格雷码复用方式相同优势，且该复用方式的码片长度 L=2·z，更适用于调制信号较多的复用系统，但该方式在码片长度较长时抑制随机噪声的能力不如正交编码方式。我们设调制信号个数为 z，各个信道随机噪声功率相同，则

正交编码方式对随机噪声增益的变化量为

$$\Delta \text{SNR} = 10 log_{10} \frac{L}{4 \cdot Z} \tag{5-41}$$

相移方波编码方式随机噪声增益的变化量约为

$$\Delta \text{SNR} \approx 10 log_{10} \frac{1}{Z} \tag{5-42}$$

同样可以看出，随着调制信号个数的增加各信道信噪比将会降低。

5.3.4 小结与讨论

在方波幅度调制解调系统中，不变之处依然是"追求高精度"，也就体现在抑制各种干扰和噪声：

①有的抑制噪声的优势是该技术所特有的，如抑制"直流与低频"噪声，某些特定频率或频带的噪声，如工频 50Hz 干扰。

②有的噪声是该技术所"引进"的，如方波边沿快速跳变所引起的振铃现象。

③还有一些潜在的干扰和噪声，如不能保证同相位采样，甚至相位差在波动、漂移。又如信号路数的增加导致接收电路的动态范围大幅度下降（需

要避免信号幅值超出动态范围）。

在设计方波幅度调制解调系统时，①的优势需要充分发挥，②需要设计时去抑制，③需要考虑充分、深入，必须确保系统的精度满足要求。

5.3.4.1 码制的性能对比

本章讨论的编码方式有二进制码、格雷码、walsh 码和 OVSF 码、相移编码等，它们的主要性能对比列于表 5-8 中。

表 5-8 方波调幅编码方式（z 为信号通道数）

编码方式	振铃幅值	频带宽	动态范围	码片长度	白噪声增益
二进制码	最大时，$\propto z$	2^z	$<1/z$	2^z	2^{-z}
格雷码	$1/z$	2^z	$<1/z$	2^z	2^{-z}
walsh 码和 OVSF 码	$1/z$	2^z	$<1/z$	2^z	2^{-z}
相移编码	$1/z$	$z+1$	$<1/z$	$2z$	1

对表 5-8 中的参数说明如下：

（1）振铃幅值

一般而言，电路的参数是基本不变的，当信号的压摆率基本不变时，振铃的幅值与电压或电流的幅值成正比（线性电路），因此二进制编码最多时有 z 路方波同时出现上升沿或下降沿，而其他编码只有 1 路出现上升沿或下降沿，所以二进制编码可能出现 z 倍于其他编码方式。

（2）频带宽

方波肯定有高频谐波，方波频率越高，其谐波频率（能够影响电路性能和带来噪声的分量）也就越高。除相移编码为 z 外，其他都是按 2^z 增加。

因此，相移编码占用频带最小。

（3）动态范围

所有的编码方式均有各路信号同时叠加出现的情况，因此，信道（放大器、ADC 输入）的动态范围要同时容纳各通道"已调制信号"的最大幅值的叠加，也包括各路的载波信号在内，不能使信道进入非线性。

（4）码片长度

码片长度是所有的编码只出现一次的时间段。显然，相位编码具有最短的码片，很容易理解，相位编码具有最短的码片，而其他 3 种具有相同的最长码片。

(5) 白噪声增益

这里指解调后信号的噪声比已调制信号降低的理论值（比例）。显然，每路已调制信号在信号相位编码中只出现 2 次，而其他 3 种编码均出现 2^z 次，看似相位编码的噪声增益不如其他编码方式，但考虑相位编码提高已调制信号的频率或提高采样到同样的水平，这 4 种编码方式的噪声增益差异不大。

5.3.4.2 系统的顶层设计与创新

在方波幅度调制信号的测量系统中，首先要考虑跳变沿及其振铃的干扰，抑制这种干扰的主要有下述的一些方法。

(1) 外触发同步，避开跳变沿采样

将相机、光谱仪等的积分时间设置为载波周期的一半以内，并使用外触发确保采样与已调制信号同步，如图 5-16 所示。

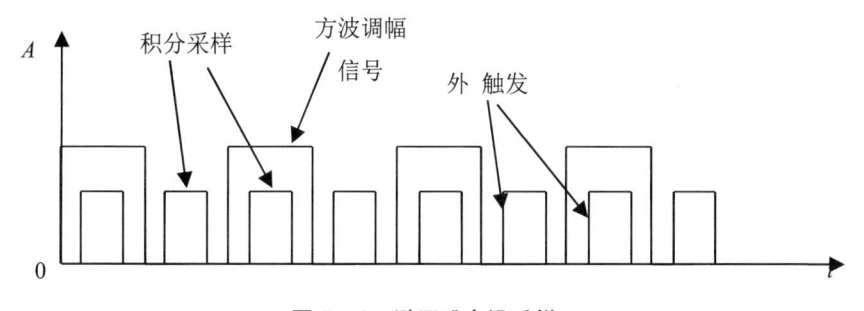

图 5-16 避开跳变沿采样

(2) 合适设计电路的阻尼

在电路中加适当阻尼和减少压摆率，可以有效地消减信号的振铃现象。

如图 5-17 所示，图（a）是最理想的输出，但很遗憾的是"理想"的电路几乎做不到。图（b）为欠阻尼的情况，波形必定出现振铃现象，是必须避免的状况。图（c）也不是那么理想的情况，阻尼过大会影响测量精度。有适当的过阻尼既保证精度又能增加可靠性，受前、后沿的影响还可以通过设置 ADC 采样（或积分起始和终止时间）来完善。

如图 5-18 所示，在恒流驱动 LD 的电路中，增加一只电容就可以起到这种作用，但要得到好的效果却很不容易：电容过大，电路呈现过阻尼，前、后沿的压摆率太小，一样影响精度；电容过小则可能起不到作用，甚至增强振铃。但这又难以"理论计算"或计算得不到最佳电容值，最多得到一个参考值，对这个参考值要再进行调整——这是一个很重要的"事实"：模拟的电路一般只能得到 10% 左右的精度，再高的精度就需要在理论指导下进行"调试"。

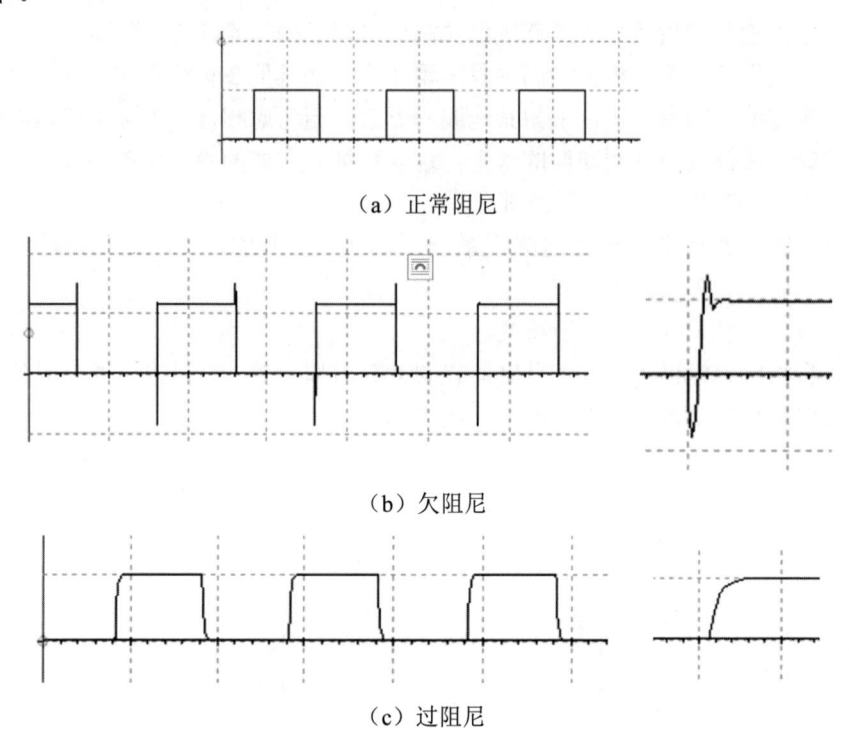

(a) 正常阻尼

(b) 欠阻尼

(c) 过阻尼

图 5-17 输出三种阻尼情况的方波

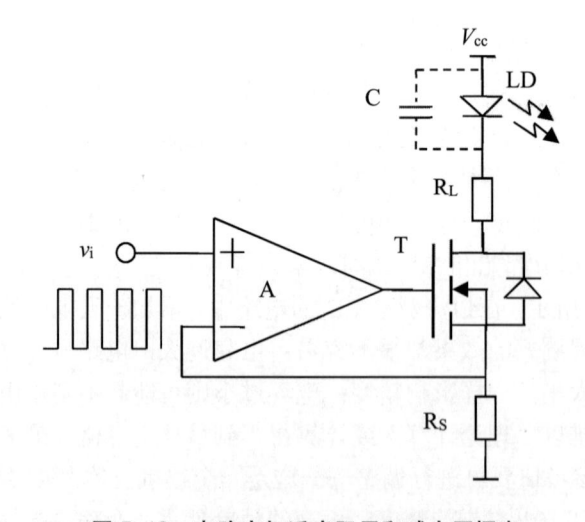

图 5-18 电路中加适当阻尼和减少压摆率

虽然对接收电路要保证其高压摆率［从器件到电路形式（设计）］，但不能矫枉过正，使系统处于震荡状态或其边沿。

（3）双电平调制

在电路本底噪声一定时，信号幅值越高，信噪比就越高，因此，把方波的载波信号从"10（有无）"改成"高低"，可以显著改善对随机噪声的信噪比（图5-19）。

A. 0电平只是没有信号，但本底噪声依然存在，且很难保证其符合"白噪声"的特性，也就不一定能够与有信号时段的噪声有"抵消"的特性。

B. 双电平意味两个电平期间都携带信息。可以这样理解：这种调制方法是用一个方波和一个直流电平同时被调制，相当于所有周期均携带了信息。

C. 不管是激励电路还是接收电路，都避免了从"无"到"有"或从"有"到"无"的跳变，减少了对电路和电源的冲击。甚至可以适当设置"电平（电流）"使得"信号"处于线性良好的"小信号"范围。

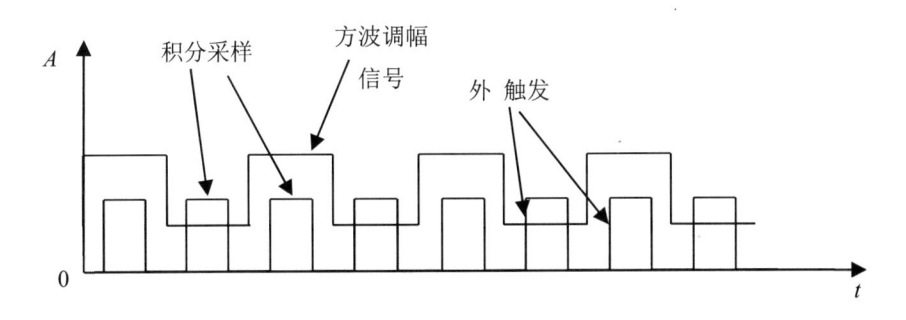

图5-19 方波双电平调制

（4）时分+频分模式

对于正交编码，其最高频率与通道数成指数增加。系统难以承受这种宽带的方波信号放大和处理：以8个通道信号为例，其最高频率为$f_{max}=2^z f_{min}=256 f_{min}$。这个数据很"恐怖"，须知，假设$f_{min}>>\Omega_{max}$，比如=100 Hz，这种情况下$f_{max}$要高达2~3 MHz以上。

如果采用分时模式，4个通道一组，此时f_{max}只要160 kHz。这样大大降低电路设计和制作的难度，同时各路的信息只损失3dB，这完全可以从电路大幅度降低速度和带宽找回来。

（5）多种方法的组合

前面所介绍的各个方法，相互之间并无根本的冲突，可以酌情组合起来使用，以达到最佳效果。

5.4 传感与传感器中的调制与解调

传感与传感器中的调制有三种实现类型。

（1）传感器中的调制方式之一

如图 5-20 所示，在这种方式中，激励信号施加在传感器上，被测对象通过传感器对激励信号进行调制，常见的是幅度调制，如常见的电阻、电容和电感（互感或涡流）传感器。偶尔也有相角或频率调制方式。这里主要讨论幅度调制方式。

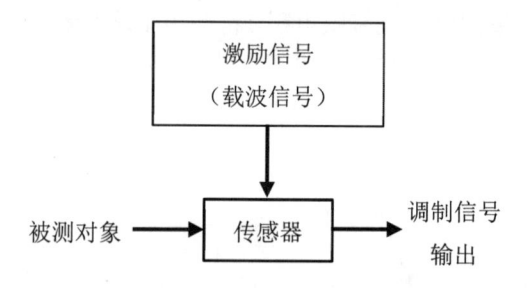

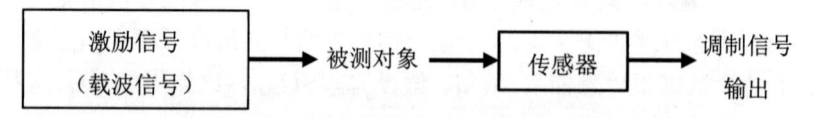

图 5-20 传感与传感器中的调制方式之一

（2）传感与传感器中的调制方式之二

如图 5-21 所示，在这种方式中，激励信号施加在被测对象上，被测对象对激励信号进行调制，再由传感器检出调制信号转换成电信号输出。这类调制方式最常见的是光电（包括光电图像）信号的检测。如交流激励（载波）信号控制 LED 或 LD 的输出光束，透过溶液之后被光敏传感器接收后转换成光电（电流或电压）信号输出，光电信号是被（已）调制信号。

图 5-21 传感与传感器中的调制方式之二

（3）传感与传感器中的调制方式之三

如图 5-22 所示，在这种方式中，被测对象通过传感器得到电信号，这个信号和恒幅载波信号同时施加在乘法器的输入端，乘法器的输出是由被测量调幅后的信号。

在这种方法中，最典型的是热电偶的接口电路。热电偶的灵敏度很低，前面两种模式均不合适，只能采用这种方法进行调制，调制后的信号是频率较高的交流信号，可以采用交流放大器进行高倍放大，避免直流放大器自身难以避免的直流误差，如失调电压及其温漂等，以得到高精度的温度检测。

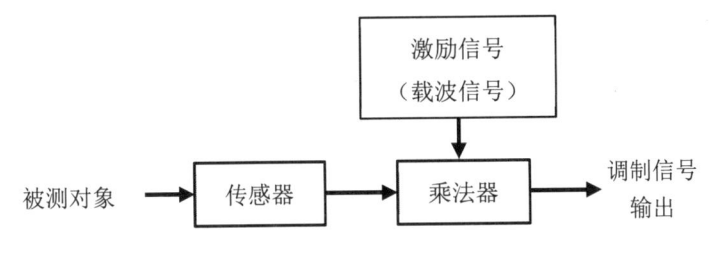

图 5-22　传感与传感器中的调制方式之三

5.4.1　被测对象的调制

在这种方式中，被测对象（信息）直接对载波信号的幅值进行调制，或者被测信息（信号）直接加载在载波的幅值上面。下面举例说明这种调制方式。

（1）PPG（photo plethysmo graphic，光电容积脉搏波描记法）测量电路

PPG 波形的形成原理如图 5-23 所示，通常在手指上、下两侧分别放置 LED（光源）和光敏二极管，毛细血管的膨胀和收缩导致血液容积的变化，进而导致对组织中传导光的吸收变化，在光敏二极管中能够得到这种交流变化的波形，称之为光电容积脉搏波描记法（PPG）信号。在临床上，PPG 信号常用于心率、血氧饱和度和其他一些有关心血管系统的检测。

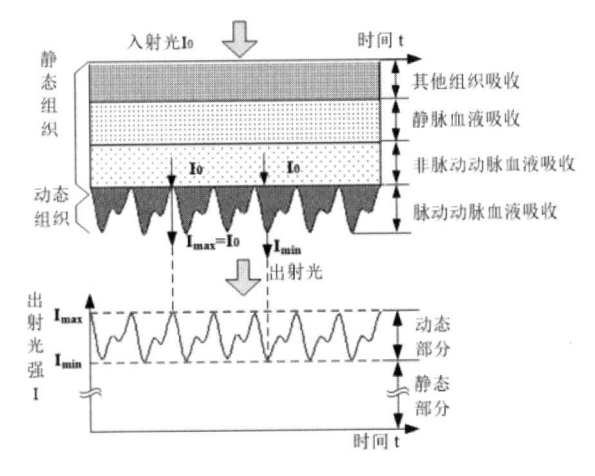

图 5-23　光电容积脉搏波的形成原理

如图 5-24 所示，PPG 测量电路采用方波驱动 LED D1，LED 发出的光透过手指后被光敏二极管接收，得到的光电流信号由运算放大器 A1 等组成的跨阻放大器转换成电压输出。

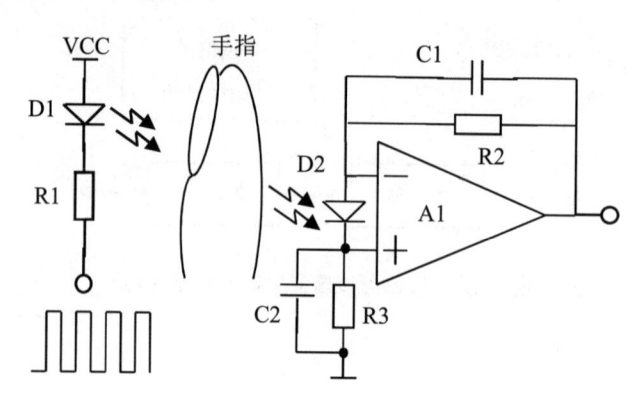

图 5-24　PPG 测量电路中的调制

（2）POCT（point-of-care testing，即时检验）中的调制

POCT，即时检验（point-of-care testing），指在病人旁边进行的临床检测及床边检测（bedside testing），通常不一定是临床检验师来进行，是在采样现场即刻进行分析，省去标本在实验室检验时的复杂处理程序，快速得到检验结果的一类新方法。现场快速检验（point-of-care testing, POCT）由中国医学装备协会 POCT 装备技术专业委员会在多次专家论证基础上统一命名，并将其定义为：在采样现场进行的、利用便携式分析仪器及配套试剂快速得到检测结果的一种检测方式。POCT 含义可从两方面进行理解：空间上，在患者身边进行的检验，即"床旁检验"；时间上，可进行"即时检验"。

POCT 最常见的类别是对某些溶液（体液或尿液）进行快速检测，由于采用调制解调技术，图 5-25 所示的电路可以得到远高于常规直流方式的精度和可靠性。其工作原理很容易理解，在此不再赘述。

（3）多光谱图像的采集

多光谱成像技术可以在不同颜色的光谱下进行成像，从而看到肉眼及普通的相机所看不到的细节。光谱分析作为自然科学分析的重要手段，光谱技术常常用来检测物体的物理结构、化学成分等指标。这种技术应用在历史学家、文物鉴定及文献保护等领域来说是十分方便的，可以在不接触、不污染的前提下对所研究事物进行分析，从而达到探索目的。多光谱技术（Multispectral）是指能同时获取多个光学频谱波段（通常大于等于 3 个），并在可见光的基础上向红外光和紫外光两个方向扩展的光谱探测技术。常见实现方法是通过各种滤光片或分光器与多种感光胶片的组合，使其在同一时刻分别接收同一目标在不同窄光谱波段范围内辐射或反射的光信号，得到目标在几张不同光谱带的照片。

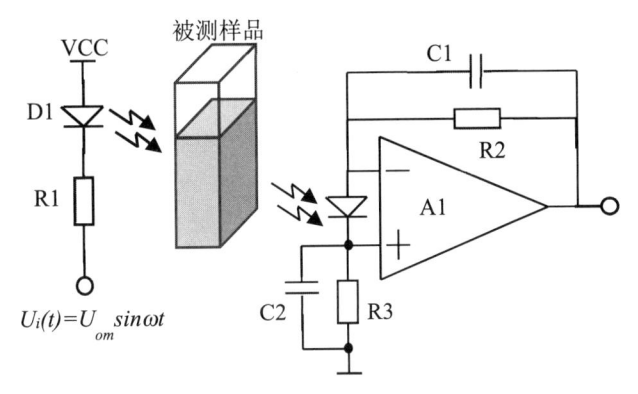

图 5-25 POCT 中的调制

图 5-26 所示为获得一种多光谱图的原理，即 LEDMSI（LED multi-spectral imaging，LED 多光谱图成像）。

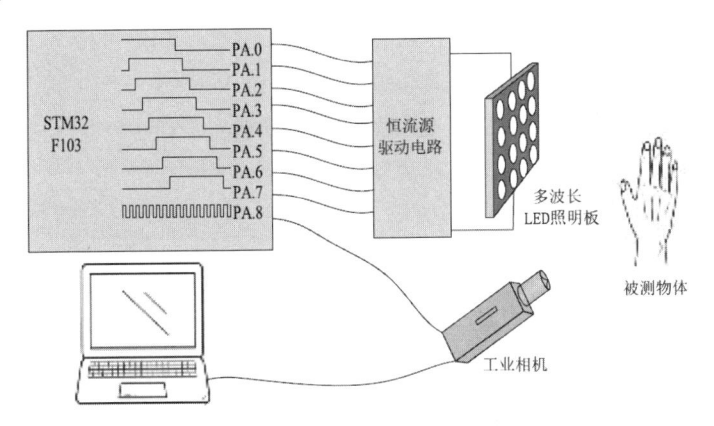

图 5-26 LEDMSI 系统

按照一定编码方式的多路激励信号，经过恒流源驱动电路驱动多个不同波长的 LED 对被测物体照明，由工业相机采集得到的视频存入计算机，经过一定的解调和分离算法，可以得到被测物体的多光谱图——被测物体表面对不同波长反射率的空间分布。

5.4.2 传感器的调制

用传感器本身实现调制是最常见的方式，除了电阻传感器可以采用直流激励（实质上也是调制）外，电容和电感传感器必须采用交流调制。如图5-27所示的三种类型的调制电路。

（1）单元件电阻传感器

电阻传感器是种类繁多、应用极其广泛的一类传感器，如热电阻、热敏电阻、光敏电阻、气敏电阻、压敏电阻、湿敏电阻、磁敏电阻等，它们的阻值受被测物理量的控制而发生变化。如图5-27（a）所示，采用"伏安法"测量，对传感器施加固定幅值的电流，测传感器两端的电压；或对传感器两端施加固定幅值的电压，测传感器中的电流。通常情况，前者的方式得到更广泛的应用。

（a）交流激励电阻传感器

（b）交流激励电容传感器　　　　（b）交流激励互感传感器

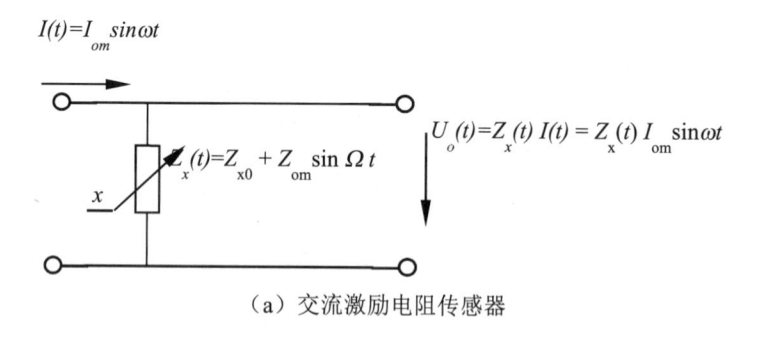

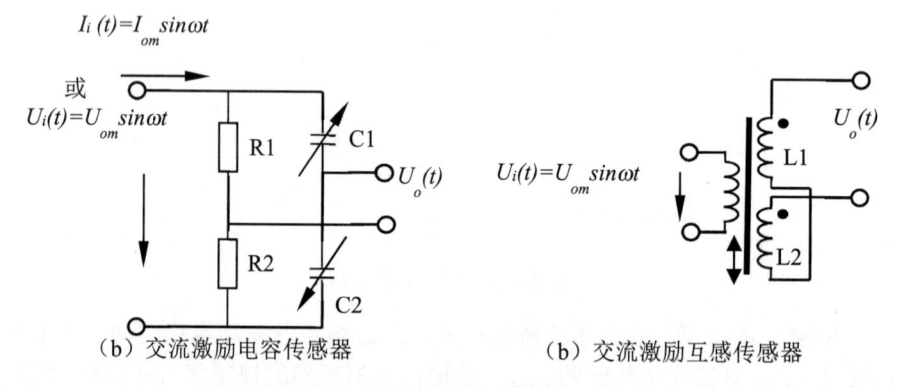

图 5-27　传感与传感器中的调制方式之三

采用交流激励（调制）方式可以得到更高的精度和可靠性，这点在后面有关解调内容中将进行重点和详细的说明。

(2) 差动电容传感器

电容传感器具有结构简单，但在某些特殊的场合是最佳的选择。利用差动结构可以大幅度提高线性范围、抗干扰性能，从而大幅度提高测量精度。

如图 5-27（b）所示的电路也可以说是（半）桥式电路：电路桥的一个臂由差动电容传感器（C1 和 C2）构成，一个臂有电阻（R1 和 R2），桥式电路可以得到更高的精度和可靠性。

(3) 互感（电感）传感器

互感（电感）传感器是一种传统的传感器，其可靠性较高，至今仍然在很多生产线上得到应用。

图 5-27（c）交流激励互感传感器电路结构简单，可靠耐用。

(4) 桥式传感器

桥式传感器通常由 4 枚敏感元件以图 5-28 所示的形式连接而成，具有线性度好、精度高等优点。

压阻传感器是一种压力传感器，其中的压敏元件是可以做成图 2-18 所示的完全桥式差动形式。假设各个臂的电阻阻值为

$$\begin{aligned} R_{S1} &= R_{S0} + R_S \\ R_{S2} &= R_{S0} - R_S \\ R_{S3} &= R_{S0} - R_S \\ R_{S4} &= R_{S0} + R_S \end{aligned} \quad (5\text{-}43)$$

式中，R_{S0} 为没有被测物理量作用时的敏感元件的阻值，又称为平衡时的阻值；ΔR_S 为受被测物理量作用时的敏感元件阻值的变化值。

不难得出图 2-18 电路输出（交流电压激励方式）

$$U_o(t) = \frac{U_i(t)}{R_S} R_S \quad (5\text{-}44)$$

表明该电路既有良好的线性，又有较高的灵敏度。

如果采用恒流源 $2I_f$ 替代恒压源 U_f 驱动电桥，依然取 $R_f = R_{S0}$，每个传感器臂中的电流相同均为 I_f：

$$U_o = 4I_f R_S \quad (5\text{-}45)$$

表明该电路既有良好的线性，又有很高的灵敏度。

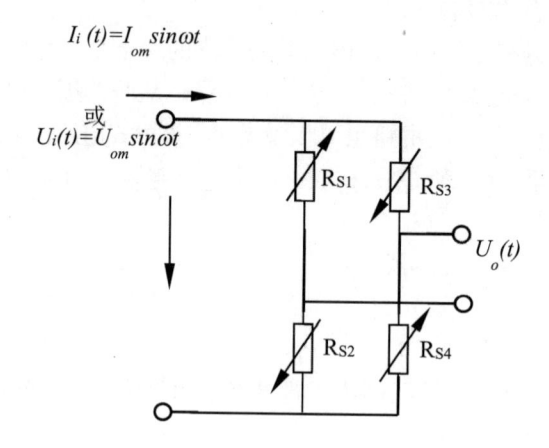

图 5-28　桥式传感器的交流激励

5.5　锁相解调中的精度问题

按照误差理论，测量（数据）中存在随机误差和系统（规律性）误差。从频域来看：前者是无限带宽，后者是特定频率或频段，除与信号频段重叠外，可以用线性滤波或非线性进行抑制（不是消除）。

锁相检测在信号处理的角度是某一频率的傅里叶变换，或者说是带通滤波器：

$$H(z) = \frac{2}{MN} \sum_{k=0}^{MN-1} \cos(\frac{2\pi f}{f_s}k) z^k \qquad (5-46)$$

其中，f 为待检测信号频率，f_s 为采样频率，MN 为数据点数，$N = f_s/f$。根据其传递函数，所得其频谱特性曲线如图 5-29 所示。

$$Q = \frac{f}{B} = \frac{M}{0.886} \qquad (5-47)$$

由式（5-47）可知当 M 越大，则滤波器 Q 值越高。

综上所述，我们可以得到如下的几点认识：

①相互等价。某次谐波的傅里叶变换↔锁相算法（计算）↔选频（窄带）滤波器。

②数字信号。数据点数（时域长度）越长，Q 值越高，SNR（信噪比）越高。

③噪声。Q 值越高，对带外（其他频率）的（稳定频率和幅值）噪声抑制越好。Q 值越高，带宽越窄，对随机噪声的抑制越好。

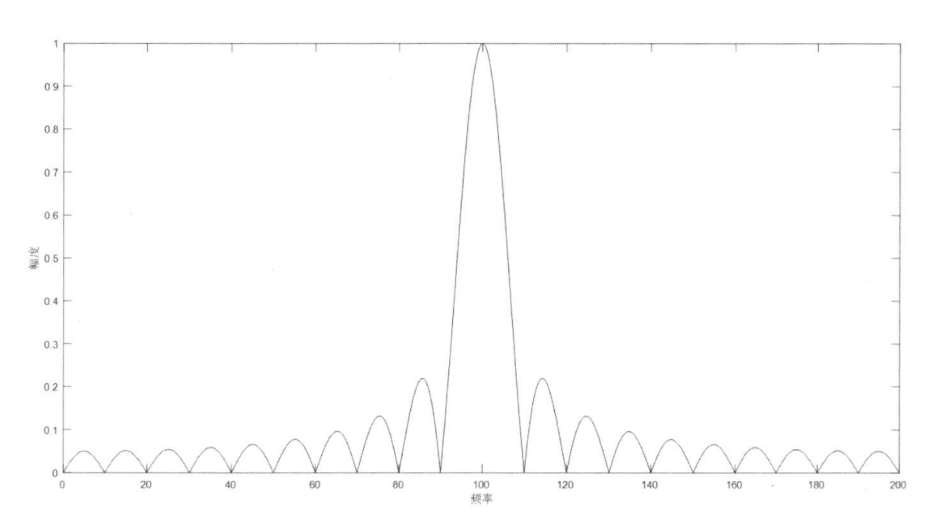

（a）f 为 100，f_s 为 400，M 为 10 时的特性曲线

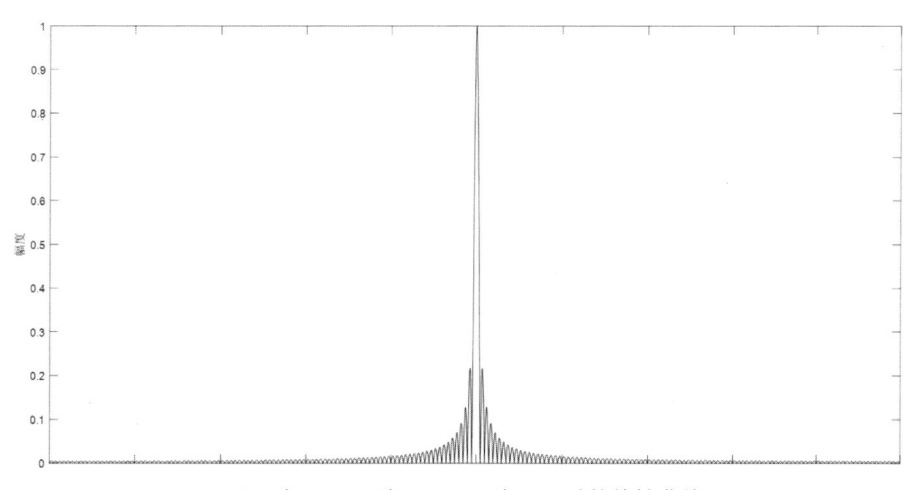

（b）f 为 100，f_s 为 100，M 为 400 时的特性曲线

图 5-29　锁相检测的幅频特性曲线

关于课程思政的思考：

人民健康是社会主义现代化的重要标志，守护人民健康离不开科技支撑。党的十八大以来，以习近平同志为核心的党中央把保障人民健康放在优先发展的战略位置，加快推进健康中国建设，明确要求要"面向人民生命健康"加快科技创新。习近平总书记高度重视生物医药产业发展，指出"生物医药产业是关系国计民生和国家安全的战略性新兴产业"，强调"要加强基础研究和科技创新能力建设，把生物医药产业发展的命脉牢牢掌握在我们自己手中"。

第6章 电阻（阻抗）

6.1 欧姆定律

关于阻抗（电阻）最基本的定律是欧姆定律（只考虑电阻）：

$$I = V / R \tag{6-1}$$

式中，I 为电阻 R 中流过的电流；V 为电阻 R 两端的电压。

将电阻 R 换成阻抗 Z，直流 I、V 换成交流 $\dot{I}$、$\dot{V}$，式（6-1）可以改写为

$$\dot{I} = \dot{V} / Z \tag{6-2}$$

这是复阻抗的欧姆定律。复阻抗包括电阻、容抗（电容）和感抗（电感）三种性质元件及其各种组合，复阻抗的欧姆定律是更一般的表达，且与欧姆定律并无二致，因此，除非特别需要，本章中把阻抗与电阻等同起来使用。

欧姆定律是电路中的一个最基本的关系，稍加推广，如图 6-1（a）所示，放大器的开路输出电压 V_i、内阻 r_o、负载电阻 R_L 和输出电流 I_o 之间的关系：

$$I_o = \frac{V_o}{r_o + R_L} \tag{6-3}$$

这就是"全电路欧姆定律"。在图 6-1（b），我们也可以得到：

$$I_o = \frac{V_o}{r_o + r_i} \tag{6-4}$$

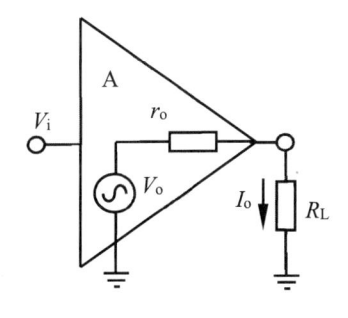

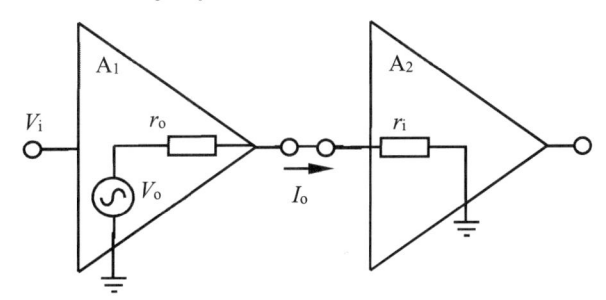

（a）输出电阻与负载电阻　　　　　　（b）输出电阻与输入电阻

图 6-1　全电路欧姆定律

不管是图 6-1（a）还是图 6-1（b），只有当 $r_\text{o} \to 0$ 时才有 $V_\text{o}' = V_\text{o}$。说明输出电压的放大器、滤波器等内阻越小越好，这样放大器的内部"损耗"小，电压基本上可以加载负载上：

①放大器的内部损耗小；

②对信号而言，也是信号幅值损失小，更准确。

图 6-1（b）实际上表现前后级电路之间的关系当前级 $r_\text{o} \to 0$ 或后级 $r_\text{i}' \to \infty$，或者后级 $r_\text{i}' \gg$ 前级 r_o，前级的输出电压 $V_\text{o}' = V_\text{o}$ 就可最大限度上传递到后级的输入端 V_i。这就是运算放大器的电路比三极管电路性能好得多的重要原因之一。

6.2 正负反馈电路的阻抗变换

一支具有一定阻值的电阻，在电路中可以表现不一样的"阻值"，这是电路的一个奇妙的地方。

对于一些只由 R、L、C 等基础元件组成的无源电路通常使用全电路欧姆定律就可以计算出阻抗。但是对于一些有源器件，例如晶体管、运算放大器等，通常会引入反馈电路来改善电路性能，导致电路工作时的阻抗发生变化。

6.2.1 负反馈电路

深度负反馈是模拟电路设计和分析中的一个极为重要的概念。

（1）串联负反馈

串联负反馈是电路在输入端的反馈形式，如图 6-2（a）所示的同相放大器，其突出特点是（电路的）高输入电阻：

$$r_\text{i}' = r_\text{i}(1 + AF) \tag{6-5}$$

式中，r_i 为运算放大器的开环输入电阻；r_i' 为运算放大器的闭环输入电阻，也即同相放大器的输入电阻；A 为运算放大器的开环增益，通常在 10^4 或以上；F 为放大器的反馈系数，通常在几十分之一到一之间。

(a)同相放大器

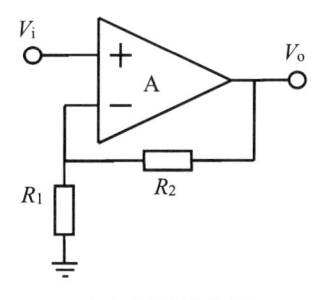

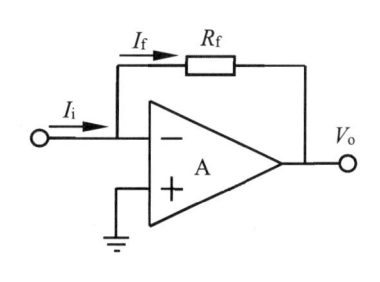

(b)跨阻放大器（电流/电压转换电路）

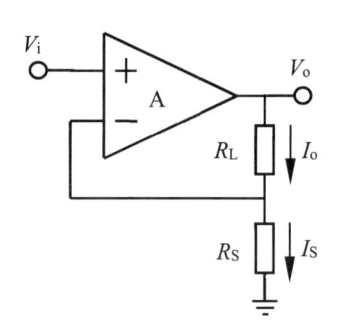

(c)恒流源电路（电压/电流转换电路）
（同相式）

(d)恒流源电路（电压/电流转换电路）
（反相式）

图 6-2　4 种负反馈电路

运算放大器的输入电阻大致在 $10^6 \sim 10^8 \Omega$（双极性三极管）、$10^9 \sim 10^{11} \Omega$（单极性场效应管）、$10^{12} \Omega$ 或以上（MOS 晶体管）。通过串联负反馈，将输入电阻提高 10^3 以上。

图 6-2（a）的同相放大器通过和的分压电路，把输出的电压反馈到输入端，运算放大器输入端的电压和反馈电压具有"串联"关系，因而大幅度提高了输入电阻。

提高了放大器输入电阻的好处：

①吸取前级电路的能量小了；

②获得前级电路信号（电压）的占比提高了。

（2）并联负反馈

并联负反馈也是电路在输入端的反馈形式，如图 6-2（b）所示的跨阻放大器（电流/电压转换电路），其突出特点是（电路的）极低输入电阻：

$$r_i' = r_i / (1 + AF) \tag{6-6}$$

与串联负反馈相反,并联负反馈把输入电阻降低到 1/(1+AF),可以保证在前级(或传感器)输出电流信号时:

①基本不会影响前级输出的状态,前级输出电流不会在电路的输入端产生压降;

②跨阻放大器吸收的能量 $P = I_i^2 r_i' \to 0$。

(3)电压负反馈

电压负反馈表现在电路的输出端:把电路的输出电压反馈到输入端,其逻辑是"稳定输出电压的幅值,不受负载的影响(除非短路或超出电路的驱动能力)",表现为恒压源的特性,具有极小的输出阻抗。因此,这是一种减小电路输出阻抗的反馈。

$$r_o' = r_o / (1 + AF) \qquad (6\text{-}7)$$

式中,r_o 为运算放大器的开环输出电阻;r_o' 为电路的闭环输出电阻。

由式(6-7)可以看出:电路的闭环输出电阻 r_o' 只有运算放大器的开环输出电阻 r_o 的 1/(1+AF)。一般说来:运算放大器的开环输出电阻为几十到几百欧姆,开环增益在 10^4 以上,F 在 $1\sim10^2$,所以 r_o' 只有 mΩ 量级大小。

图 6-2(a)和(b)的电路都是"电压负反馈"的应用形式。

(4)电流负反馈

电流负反馈是把输出电流的信号反馈到输入端[图 6-2(d)],也可以通过取样电阻把电流信号转变成电压信号反馈到输入端,如图 6-2(c)所示电路中的 R_S。

电流负反馈作用是把电路的开环输出电阻 r_o 提升到(1+AF)倍:

$$r_o' = r_o(1 + AF) \qquad (6\text{-}8)$$

所谓"恒流源"就是所驱动负载上的电流不受负载(阻值)的影响,按照诺顿定律(等效电路)就是内阻(输出电阻)越大越好。

在"电路理论"里,这两种电路分别称为"电压控制电流源"和"电流控制电流源"(去掉图中的输入电阻)。

6.2.2 正反馈电路

正反馈信号与输入信号极性相同,使放大电路净输入信号有所增强,但容易产生自激振荡,多用于振荡电路。然而,使用正反馈实现放大电路的阻抗"改变"可以发挥意想不到的特殊效果，下面举例予以说明。

（1）保护环

在微弱信号检测中，经常需要极高输入阻抗电路，现在的器件可以做到高达 $10^{15}\Omega$ 的输入电阻，但一般的电路版的基材则显著低于电路能够达到的输入电阻（阻抗）。为了避免通过电路板的基材"漏电"，一个常用的方法是在电路板上围绕放大器输入端设置一个"保护环"（图 6-3），保护环实际上是围绕输入端（包括电路板上引线）的走线，保护环与运算放大器的负输入端相连，因 $v_- \approx v_i$，即输入端与保护环之间没有压降，依据式（6-1），输入端与保护环之间没有电流通过，好像输入端与保护环之间的漏电电阻和分布电容容抗无穷大（等效电容为0）一样。

（2）自举电路

自举电路是利用正反馈使输入电阻的两端近似为等电位，减小向输入回路索取电流，从而提高输入阻抗。高输入阻抗常应用于传感器的输出阻抗很高的测量放大电路中，如电容式、压电式传感器。另外，当偏置电路的电阻较小，降低电路性能可以采用自举电路，提高输入阻抗。如图 6-4 所示，场效应管的偏置电路中的电阻大幅度降低了电路的输入电阻。

为解决这个问题，可以采用如图 6-4 所示的场效应管自举偏置电路：对交流信号而言，$v_b = v_s \approx v_g = v_i$，因而 R3 两端的电压相等，其中无（信号）电流，相当于开路，说明偏置电路不影响（降低）放大器的输入电阻。

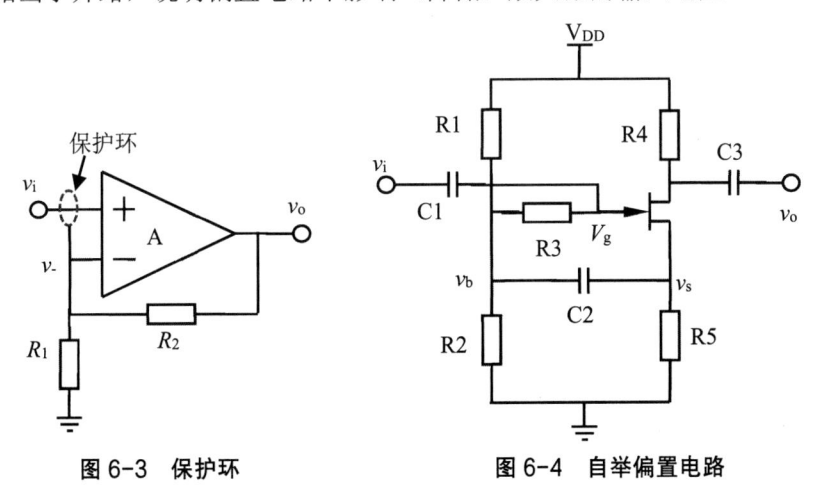

图 6-3 保护环

图 6-4 自举偏置电路

（3）屏蔽电缆的驱动

屏蔽是为了保证在有电磁干扰环境下信号的传输性能，这里的抗干扰性应包括两个方面,即抵御外来电磁干扰的能力及系统本身向外辐射电磁干扰的能力。理论上讲,在线缆和连接件外表包上一层金属材料屏蔽层,可以有效地滤除不必要的电磁波(这也是绝大多数屏蔽系统采用的方法)。然而,对于屏蔽系统而言,单单有了一层金属屏蔽层是不够的,更重要的是必须将屏蔽层完全良好地接地[图6-5(a)],这样才能把干扰电流有效地导入系统地。

特别是在微弱信号的传输上是必不可少。然而,屏蔽电缆中的传导信号芯线与外层的屏蔽层不可避免地存在分布电阻和电容[图6-5(b)],在前级为高内阻信号源时形成分压和低通电路,会极大地影响信号的质量与精度。

如图6-5(c)所示,将屏蔽电缆的屏蔽层由接地改为接到跟随器的输出,使得屏蔽层与芯线的信号一致,也就"消除"了屏蔽电缆信号芯线与外层的屏蔽层存在分布电阻和电容的影响,降低了寄生的阻抗。

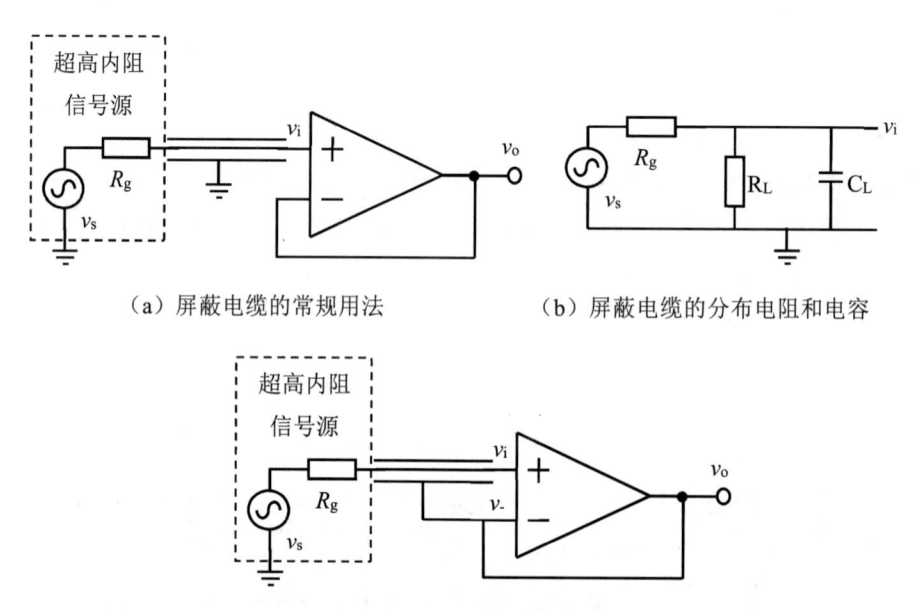

(a)屏蔽电缆的常规用法　　(b)屏蔽电缆的分布电阻和电容

(c)驱动屏蔽电缆的屏蔽层

图6-5　屏蔽电缆驱动电路

(4)共模驱动电路

仪器放大器是一种最常用的双端差动输入测量放大器,具有高输入阻抗、高共模抑制比的特点。现在已有型号繁多、性能优异的集成仪器放大器,但在有些场合,采用分立运算放大器构成的仪器放大器——三运放电路依然有它的价值。

为了保证仪器放大器工作在尽可能高的增益，可以采用无源低通滤波器或/和高通滤波器抑制带外大幅值噪声。但无源低通滤波器或高通滤波器中器件参数的匹配精度将大幅度影响前置放大器的共模抑制比。一般而言，无源低通滤波器或高通滤波器中器件参数的匹配精度决定了前置放大器的总共模抑制比：

$$\frac{1}{CMR_{total}} = \frac{1}{CMR_{filter}} + \frac{1}{CMR_{IA}} \quad (6-9)$$

或

$$CMR_{total} = \frac{CMR_{filter}CMR_{IA}}{CMR_{filter} + CMR_{IA}} \quad (6-10)$$

式中，CMR_{total} 为前置放大器的总共模抑制比；CMR_{filter} 为前置无源滤波器的共模抑制比；CMR_{IA} 为仪器放大器的共模抑制比。而前置无源滤波器的共模抑制比等于滤波器中阻容元件的匹配精度：小于 2 支电阻阻值或 2 支电容匹配精度的最低者，如其中电阻或电容的匹配精度为 1%，则 CMR_{filter}＜100（40 dB），电阻或电容的匹配精度为 1‰，则 CMR_{filter}＜1000（60 dB），而电阻或电容的匹配精度为 1‰是几乎不可能的，或者要付出几千或几万倍的成本代价。

但 CMR_{IA} 可以轻而易举地达到 10^{10} 以上。因此，加入无源前置滤波器可能抑制了带外噪声，改善仪器放大器的工作条件和可以增加仪器放大器的差模增益，进而提高共模抑制比，但提高共模抑制比的效益不仅保持不了，整个前置放大器的共模抑制比限制在无源前置滤波器的共模抑制比以内！

加入共模驱动电路可以呈数量级地提高无源前置滤波器及整个前置放大器的共模抑制比。

前置（仪器）放大器两个输入端的输入信号 V_{i1}、V_{i2} 与共模信号 V_{ic} 和差模信号 V_{id} 的关系为（图 6-6）：

$$V_{iC} = \frac{1}{2}(V_{i1} + V_{i2})$$
$$V_{id} = V_{i1} - V_{i2} \quad (6-11)$$

或

$$V_{i1} = V_{iC} + \frac{1}{2}V_{id}$$
$$V_{i2} = V_{iC} - \frac{1}{2}V_{id} \quad (6-12)$$

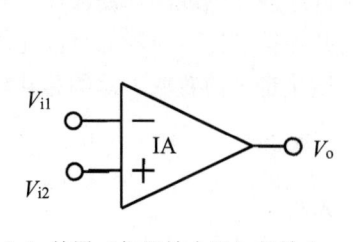

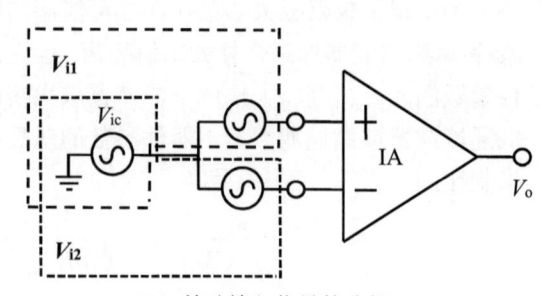

(a) 前置（仪器放大器）的输入　　　　　　(b) 差动输入信号的分解

图 6-6　共模信号和差模信号与输入信号的关系

在图 6-7（a）中，当

$$V_{i1} = V_{i2} = V_{iC} \qquad (6-13)$$

有

$$V_{i1-} = V_{i1} = V_{i2} = V_{iC} \qquad V_{i2-} = V_{i2} = V_{iC} \qquad (6-14)$$

可以推断 R_w 中的电流为 0，进而 R_1 和 R_2 中的电流也为 0，可得

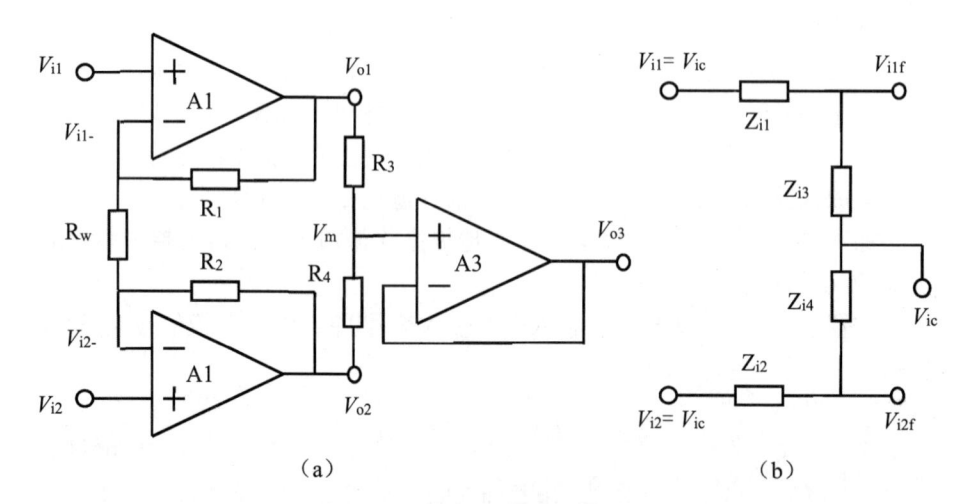

$$V_{o1} = V_{iC} \qquad V_{o2} = V_{iC} \qquad (6-15)$$

(a)　　　　　　　　　　　　　　　(b)

图 6-7　共模信号取样电路与驱动

同样，R_3 和 R_4 支路两端的电压相等，而 A3 构成的跟随器具有极高的输入电阻，其输入电流也可以忽略不计，可得

$$V_m = V_{iC} \qquad (6-16)$$

或

$$V_{o3} = V_{iC} \tag{6-17}$$

至此，可知 A3 的输出为输入的共模信号。

在图 6-7（b）中，Z_{i3} 和 Z_{i4} 的连接处由共模信号 V_{ic} 驱动。在 Z_{i1} 和 Z_{i3} 的支路中，接到仪器放大器（同相放大器 A1）的输入端，A1 构成的同相放大器具有极高的输入电阻，其输入电流也可以忽略不计，可知，对共模信号 V_{ic} 而言，在 Z_{i1} 和 Z_{i3} 的支路中没有电流，因而，Z_{i1} 和 Z_{i3} 对共模信号 V_{ic} 没有分压作用，即 Z_{i1} 和 Z_{i3} 的任意值（排除极端值）都不会对共模抑制比产生任何影响。同理，在 Z_{i2} 和 Z_{i4} 支路也是一样的。

这里给出了 3 种共模驱动应用电路。

①驱动前置无源低通滤波器

在生物电前置放大器中，经常使用前置无源低通滤波器以抑制输入的高频噪声，保证前置放大器不会因高频噪声进入非线性区。但前置无源低通滤波器中的电阻、电容很难做到高精度匹配，但采用共模驱动电路，则可以完全避免这一苛刻要求，电阻、电容的匹配精度对前置放大器共模抑制比几乎毫无影响，将电阻、电容的匹配精度低至 50% 进行实验，未能测量出明显共模抑制比的值（图 6-8）。

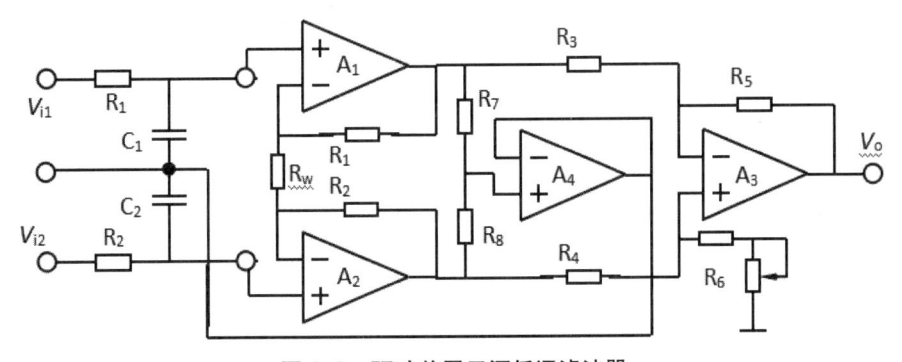

图 6-8　驱动前置无源低通滤波器

②驱动前置无源高通滤波器

在生物电前置放大器中，高达几十毫伏，甚至几百毫伏的极化电压是一种最重要的直流和极低频噪声，使用前置无源高通滤波器可以有效地抑制极化电压及其他极低频噪声。同样，采用共模驱动电路可以大幅度降低对前置无源高通滤波器中电阻、电容的匹配精度的要求（图 6-9）。

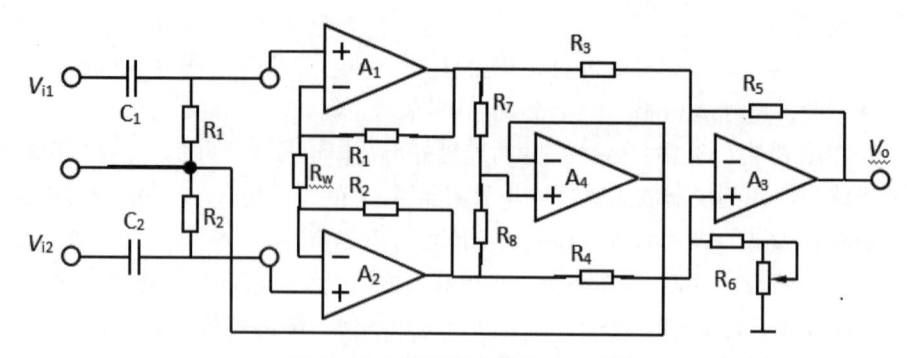

图 6-9 驱动前置无源高通滤波器

③驱动前置二极管保护电路

在生物电前置放大器的应用中,难以避免静电或其他高幅值的出现对放大器造成的损坏,甚至因此发生人身安全事故。图 6-10 给出一种使用二极管的保护电路。同样,4 支二极管很难保证性能参数的一致性,同样也会影响前置放大器的共模抑制比,但采用共模驱动电路,则完全无此忧虑。

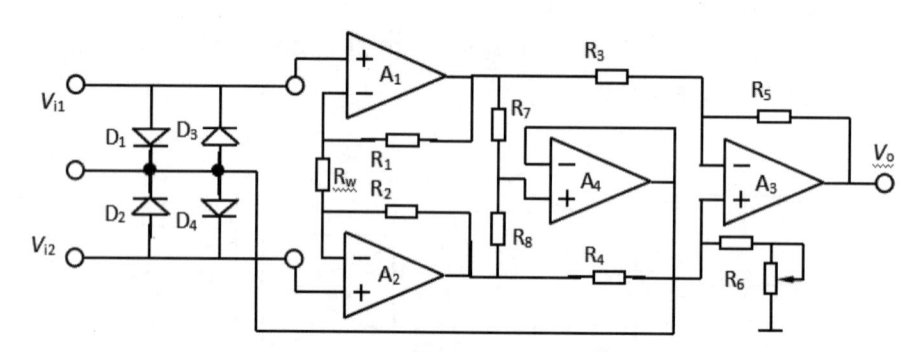

图 6-10 驱动前置二极管保护电路

6.3 密勒定律的等效阻抗

在图 6-11 所示的电路中,放大器具有极高的输入电阻,其输入电流可以忽略不计,其增益为 k。

如果 V_i、I_i 和 V_o 在两个电路中对应相等,则可以说这两个电路相互等效。这就是密勒定律。

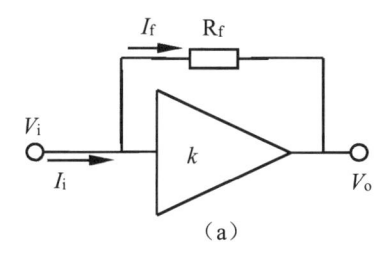

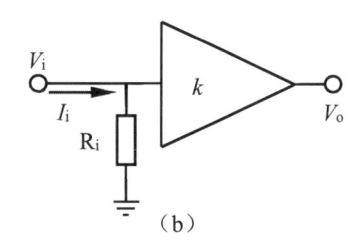

图 6-11 密勒定律及其等效电路

根据电路理论，由图 6-11（a）不难得到以下关系式：

$$I_i = I_f = \frac{V_i - V_o}{R_f} \tag{6-18}$$

$$V_o = kV_i \tag{6-19}$$

由图 6-11（b）可得：

$$I_i = \frac{V_i}{R_i} \tag{6-20}$$

联立式（6-18）、式（6-19）和式（6-20）可得：

$$R_i = \frac{R_f}{1-k} \tag{6-21}$$

或

$$R_f = (1-k)R_i \tag{6-22}$$

6.3.1 阻抗值大小互变

当 $k<0$ 时，式（6-21）或（6-22）表示 R_i 与 R_f 相互成为 $(1-k)$ 倍或 $1/(1-k)$ 的关系。

6.3.1.1 微弱电流的测量

如图 6-12（a）所示，用电流表测量支路的电流，影响测量精度及被测支路状态的关键是电流表的内阻，因此，一般要求电流表的内阻越小越好。

对于电流动态测量或十分微弱的电流测量，很难采用电流放大器，通常需要将电流信号转换为电压信号。图 6-12（b）所示为工业上常用的电路，采用 250 Ω 或 500 Ω 的电流取样电阻，然后经过 k 倍的放大器输出电压信号：

$$V_o = -kI_x R_i \tag{6-23}$$

250Ω或 500Ω的阻值不是一个小数目，显然会对被测支路的状态产生影响。好在工业应用的精度要求不是很高。

图 6-12（c）所示为科研上常用的精密电流测量电路，根据密勒定律，取 $R_i=（1-k）R_f$ 可得到与图 6-12（b）所示电路同样的输出（和灵敏度）。

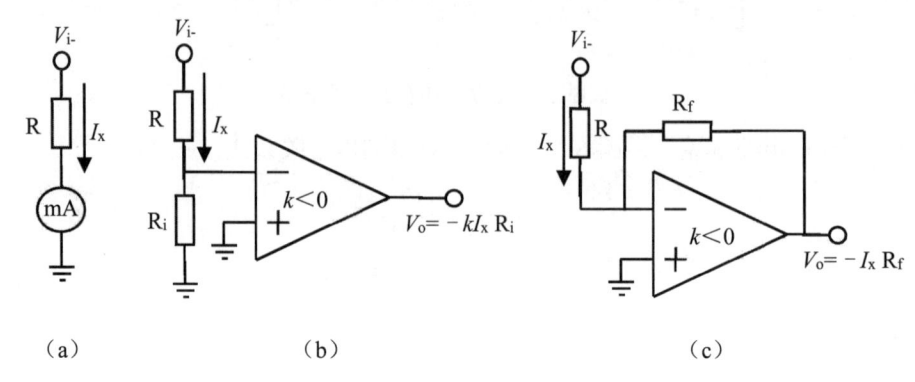

图 6-12 利用密勒定律测量电流

6.3.1.2 高性能滤波器

工频干扰一直是工业、生物医学和科学实验等领域的测量中最常见的干扰，对信号质量的影响很大。目前，大多采用 LC 陷波器用于一些噪声和干扰的抑制。

图 6-13 展示了传统的 LC 陷波器结构，其中，R、L、C 三阻抗串联，V_o 为 L、C 上的压降，已知：

$$V_o = \frac{1-\omega^2 LC}{1-\omega^2 LC + j\omega RC} V_i \quad （6-24）$$

令 $V_o = 0$，则有

$$\omega^2 = \frac{1}{LC} \quad （6-25）$$

图 6-14 是带通滤波器，L、C 并联，为并联两端的压降，可知：

$$V_o = \frac{j\omega L}{R(1-\omega^2 LC) + j\omega L} V_i \quad （6-26）$$

当 $1-\omega^2 LC=0$ 时，V_o 取最大值 V_i，此时

$$\omega^2 = \frac{1}{LC} \quad （6-27）$$

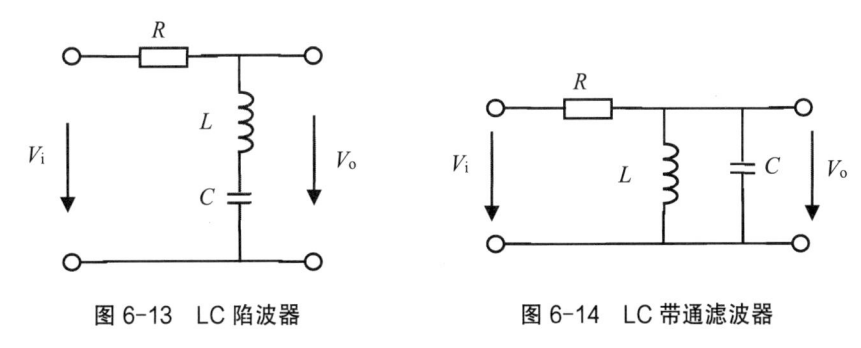

图 6-13　LC 陷波器　　　　　图 6-14　LC 带通滤波器

上述分析可知，LC 滤波器应用于低频时，电容值和电感值会很大。电容值太大，能量损耗会很大，Q 值会大大降低；电感值太大，体积就会很庞大，而且电感串联电阻也会很大，也会使 Q 值大大降低，此外大电感的价格也很昂贵。因此 LC 滤波器一般不用于低频，它的频率范围近似限于几百赫兹到 300 MHz。

另外，目前常使用还有双 T、桥 T 等有源滤波器，利用了正反馈特性，虽然较无源双 T、桥 T 电路的 Q 值提高了很多，但随着正反馈系数的增高，电路将出现不稳定，甚至产生自激，因此实际上 Q 值达到 10 以上已很困难。而且双 T、桥 T 有源滤波器参数敏感性高，阻抗调整困难，所以陷波频率调整难以实现，要想实现较好的陷波，只能依靠对元器件要求的提高，这项成本也就会随之大幅度提高。

下面介绍的高性能滤波器，利用密勒定律，将 LC 滤波器和运算放大器结合起来，具有 Q 值高、截止频率可调、电路结构简单等优点，而且易于做成通用性很强的集成滤波器，可以提高测量系统精度和抗干扰能力，具有较高的实用价值。

高性能陷波器可采用图 6-15 所示电路。反相分压反馈型放大器可实现增益 k 值可调。这样不仅可以连续调节陷波中心频率，而且可以弥补由于电容、电感实际值和标称值的偏差带来的与理论陷波中心频率的偏差。实际应用时，可适当选择电路中控制增益的电位器，以得到恰当的 k 值范围。综合稳定性和精度等因素，k 值应取在 50 以下。

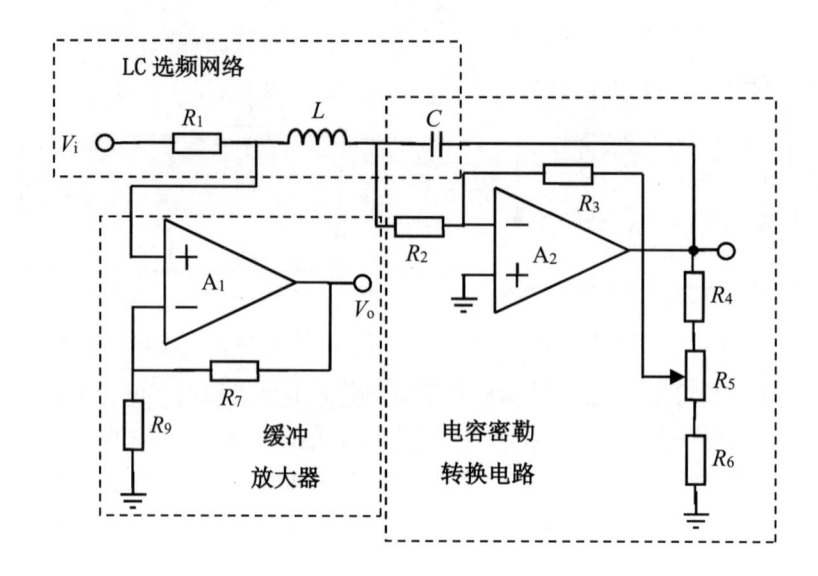

图 6-15 高性能陷波器实际电路

另外也可以用集成的仪用放大器来简化电路，如采用高性能的仪用放大器 AD620 将电路简化，电路如图 6-16 所示。

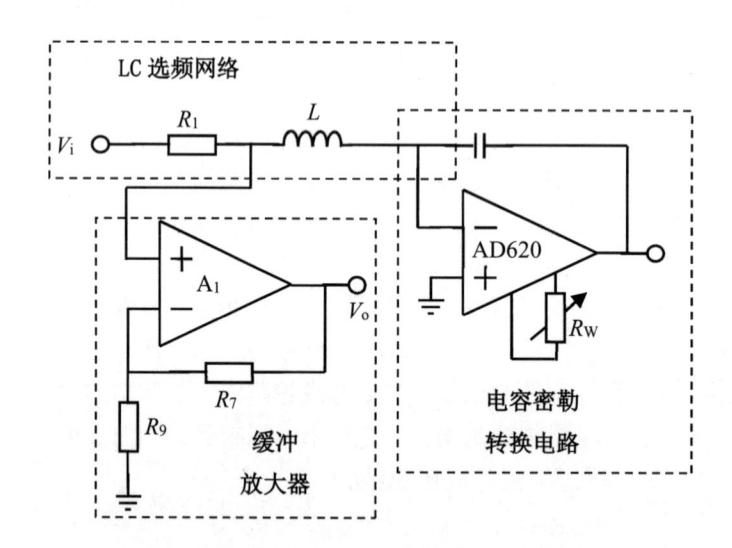

图 6-16 采用 AD620 的高性能陷波器电路

同样的，可以根据密勒定理构建高性能点通选频网络（带通滤波器）电路，如图 6-17 所示，它具有和高性能陷波器同样的优点。

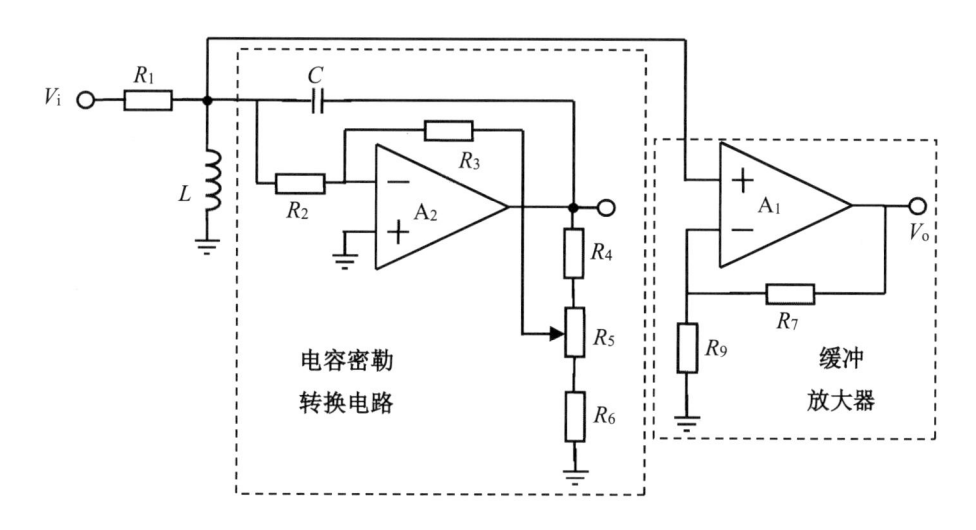

图 6-17 高性能点通选频网络（带通滤波器）电路

6.3.1.3 新型右腿驱动电路

在生物医学信号检测技术中，由于大多数生理信号是极其微弱的（uV 级或 mV 级），相对被测信号而言，环境干扰，尤其是工频干扰往往要大好几个数量级。以心电图记录为例，由于人体分布电容和电极引线环路，很容易受工频电场、磁场的很强的 50Hz 干扰，在通常的情况下，等效在仪器输出端有几十伏甚至上百伏的干扰电压信号。干扰信号要比心电信号大 4 至 5 个数量级。因此，在生物医学信号检测技术中，如何抑制 50Hz 工频干扰是重要的问题之一。右腿驱动是目前广泛应用的一个方法，但它的频带较宽，易满足自激的相位条件和幅值条件而引入额外的噪声。若将高性能点通选频网络的中心频率调节为 50Hz，同时将其输出接到人的右腿上，则可构成新型右腿驱动电路，如图 6-18 所示。该电路对工频信号有极强的负反馈作用，而对其他信号反馈较弱，这样在很强的工频反馈作用（即增益很大）时，反馈放大器不会饱和，因此很好地抑制了工频干扰。抑制干扰和噪声一直是设计测量系统的关键，尤其是工频干扰更是阻碍了测量精度的提高。实验表明，高性能滤波器的优良品质可以很好地改变这一状况。它利用密勒定律将 CL 滤波器中的电容值大大减小，从而克服了无源网络应用于低频时体积大的缺点。同时该滤波器还具有 Q 值高、截止频率可调、电路结构简单、可靠性好、成本低等优点，因此具有很强的实用价值。利用微电子技术，该电路易于做成通用性很强的集成滤波器，必将得到更为广泛的应用。

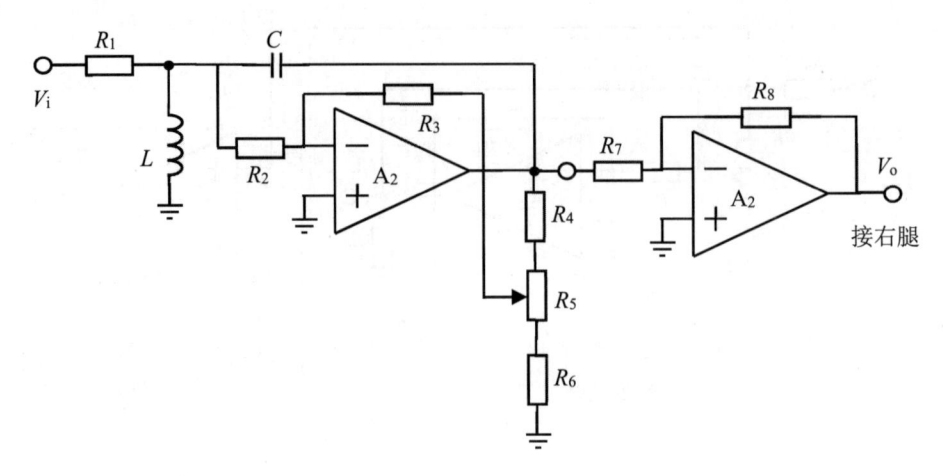

图 6-18　新型右腿驱动电路

6.3.2　阻抗值正负互变

膜片钳技术是当前研究细胞膜电流及离子通道的最重要的技术。从技术层面来解释的话，膜片钳技术（patch clamp）是指利用钳制电压或者电流的方法（通常为钳制电压）来记录细胞膜离子通道电活动的微电极技术。

膜片钳技术的原理［图 6-19（a）］为：使用一个一头尖一头粗的锥状玻璃管，管中设有微电极，管的尖端直径约 1.5~3.0μm，通过负压吸引使尖端口与细胞膜形成千兆欧姆级的阻抗封接，尖端口内的细胞膜区域与周围其他区域形成了电学分隔，然后人工钳制此片区域细胞膜的电位，即可达到对膜片上离子通道电流的监测与记录。

然而，细胞内部可以等效为一个极微弱的信号源和一个极高内阻的戴维南电路，而电极不可避免地存在对地分布电容 C_S 和电阻 R_S［图 6-19（b）］，不像屏蔽电缆电缆的分布电容和电阻，可以简单地消除它们的影响。

当 $k>0$ 时，式（6-21）或式（6-22）表示 R_i 与 R_f 相互成为正、负的关系。例如，当 R_f 为一个常规的电阻，此时 R_i 就成为一个"负"的电阻；同样，当 R_f 为一个常规的电容（容抗），此时 R_i 就成为一个"负"的电容（容抗）。利用密勒定律的这样的"特性"就可消除电极及其引线的分布电容 C_S 和电阻 R_S［图 6-19（b）］。

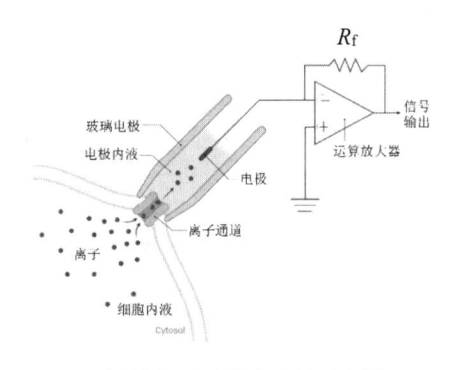

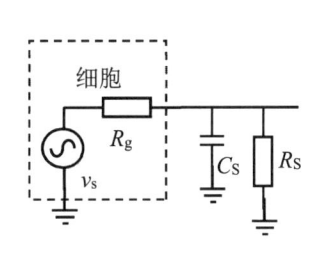

(a)测量离子通道电流的示意图　　　　（b）微电极的分布电容和电阻

图 6-19　利用膜片钳放大器测量细胞的离子通道电流

如图 6-20 所示，利用密勒定律可以把（a）图等效到（b）图中。选择 R_f 为电阻或电容，调整 k 满足

$$R_S = \frac{R_f}{1-k} \quad (6-28)$$

或

$$C_S = (1-k)C_f \quad (6-29)$$

则可以消除电极及其引线的分布电容 C_S 和电阻 R_S。

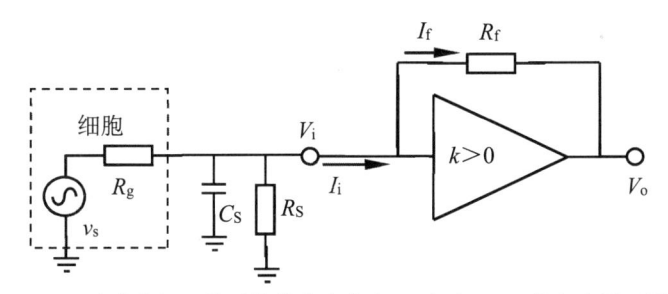

(a) 消除电极及其引线的分布电容 C_S 和电阻 R_S 的电路原理图

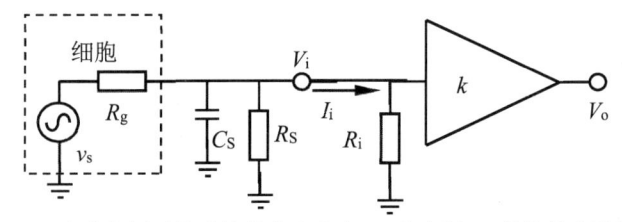

(b) 消除电极及其引线的分布电容 C_S 和电阻 R_S 的等效电路图

图 6-20　利用密勒定律消除电极及其引线的分布电容 C_S 和电阻 R_S

6.4 回转器的等效阻抗

回转器是一种新型的二端口元件（图 6-21），是现代网络理论中使用的一种双口电阻元件。能把一个端口的输入电流回转成另一个端口的输出电压，或相反的过程。利用这种性质，可把一个电容元件等效地模拟成电感元件，反之亦然。

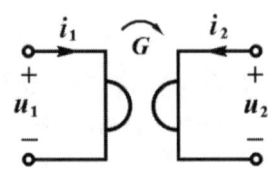

图 6-21 回转器符号

（理想）回转器的电压电流关系如下所示

$$u_1 = -ri_2$$
$$u_2 = ri_1 \qquad (6\text{-}30)$$

或写成

$$i_1 = Gu_2$$
$$i_2 = -Gu_1 \qquad (6\text{-}31)$$

式中，常数 r 和 G 分别为回转电阻（单位：Ω）和回转电导（单位：S），统称为回转常数，并且 $r = 1/G$。

以上两式写成矩阵形式为

$$\begin{bmatrix} u_1 \\ u_2 \end{bmatrix} = \begin{bmatrix} 0 & -r \\ r & 0 \end{bmatrix} \begin{bmatrix} i_1 \\ i_2 \end{bmatrix}$$
$$\begin{bmatrix} i_1 \\ i_2 \end{bmatrix} = \begin{bmatrix} 0 & G \\ -G & 0 \end{bmatrix} \begin{bmatrix} u_1 \\ u_2 \end{bmatrix} \qquad (6\text{-}32)$$

回转器可以用含运算放大器的电路实现（图 6-22）。

由回转器电压与电流关系式可知，输出电压与输入电压分别是输入电流和输出电流的线性函数，这里 r 和 G 是与时间无关的常数。因此回转器是一种线性时不变电阻原件。

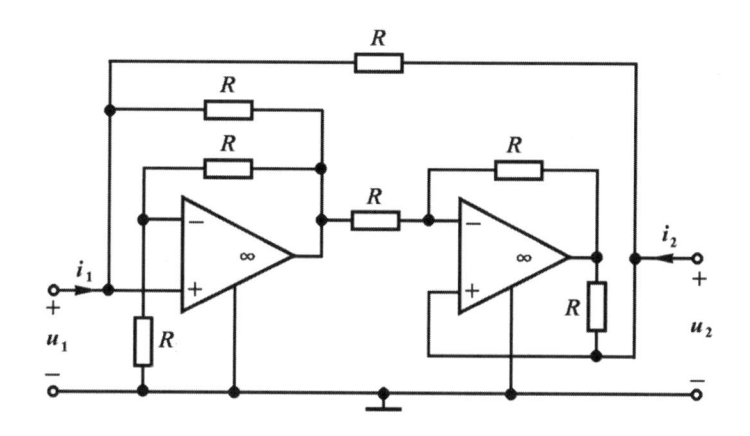

图 6-22 回转器的实现

在回转器的次级端接一个电阻时（如图 6-23 所示），其初级的等效电阻为一个电导。

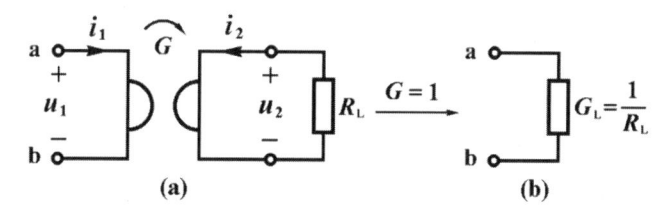

图 6-23 回转器次级端接电阻的情况

在回转器的次级端接一个电容时（如图 6-24 所示），其初级的等效阻抗为一个电感。

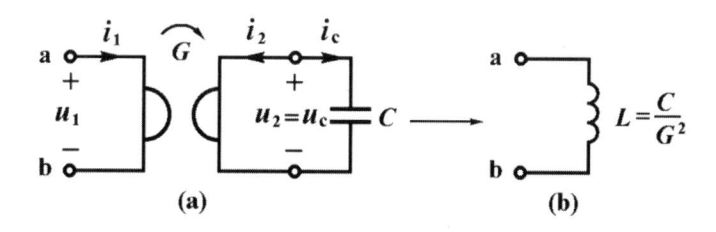

图 6-24 回转器次级端接电容的情况

在微电子电路或对体积、重量要求很苛刻的电路中，由于制造一个电感器要有铁芯和线圈，所占体积较大，制造电容器比制造电感器容易得多。而回转器有容感倒逆的特性，因此常用回转器与电容作为等效电感使用。

6.5 同相放大器输入电阻的测量

放大器的输入电阻也是前级电路,如传感器等的"负载电阻",放大器得到的信号幅值实际上是放大器输入电阻与前级电路内阻(输出电阻)的分压,如图 6-25 所示。

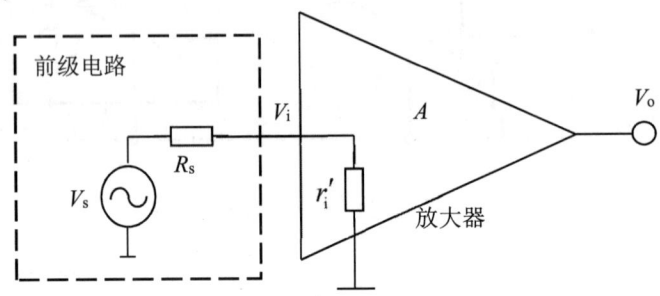

图 6-25 放大器输入电阻 r_i' 与前级电路内阻(输出电阻)R_s 的分压 V_i

在图 6-25 中,前级电路为"戴维南等效电路",由"基尔霍夫电压定律""全电路欧姆定律"或电阻的"分压"可得:

$$V_i = \frac{r_i'}{r_i' + R_s} V_s \tag{6-33}$$

式(6-33)说明,放大器实际得到的电压 V_i 为放大器输入电阻 r_i' 与前级电路内阻(输出电阻)R_s 的分压。为了有效地利用前级电路输出的信号幅值,希望放大器的输入电阻 r_i' 越大越好,而前级电路内阻(输出电阻)R_s 越小越好。

由运算放大器构成的同相放大器具有高输入电阻,因:
双极性运算放大器的开环输入电阻 r_i 为 $10^8 \, \Omega$ 以上;
单极性运算放大器的开环输入电阻 r_i 为 $10^{10} \, \Omega$ 以上;
CMOS 运算放大器的开环输入电阻 r_i 为 $10^{15} \, \Omega$ 以上。
而现时运算放大器的开环增益为 10^5 或以上(100 dB 或以上)。
根据串联电压深度负反馈放大器的闭环输入电阻 r_i' 的计算公式:

$$r_i' = r_i (1 + AF) \tag{6-34}$$

式中,A 为运算放大器的开环增益;F 为放大器的反馈系数;对跟随取最大值"1"。

取 $A=10^5$，$F=1$ 时：

双极性运算放大器构成的跟随器的闭环输入电阻 r_i' 为 $10^{12}\,\Omega$ 或以上；

单极性运算放大器构成的跟随器的闭环输入电阻 r_i' 为 $10^{14}\,\Omega$ 或以上；

CMOS 运算放大器构成的跟随器的闭环输入电阻 r_i' 为 $10^{19}\,\Omega$ 或以上。

但同时三种工艺的运算放大器的输入偏置电流 I_{IB} 分别为：$10\,nA\sim1\,\mu A$、$1\,nA\sim100\,pA$ 和 $10\,pA\sim1\,fA$。

6.5.1 经典的放大器输入电阻测量方法

常规的放大器输入电阻的测量方法如图 6-26 所示，选择合适幅值的信号 V_s 和方式阻值的电阻 R_s，当 S_1 分别处于 1 和 2 时可得：

$$V_{o1} = kV_s \tag{6-35}$$

$$V_{o2} = \frac{r_i'}{r_i' + R_s} kV_s \tag{6-36}$$

分别测量 V_{o1} 和 V_{o2}，联立方程式（6-35）和式（6-36）可以得到 r_i'。

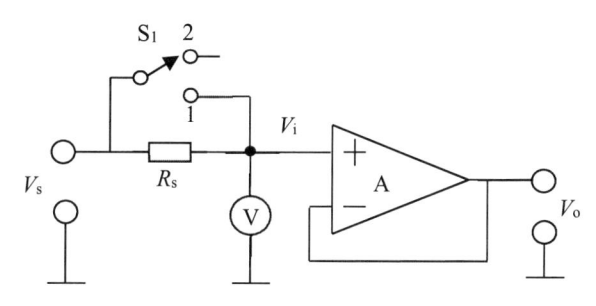

图 6-26 经典的放大器输入电阻 r_i' 测量方法

实际上，上述方法只适合于一般的放大器输入电阻测量，对于运算放大器构成的同相放大器存在以下困难：

（1）万用表的最大读数值为 1999（3 位半），通常说其"动态范围"为 2000，即被测值或其变化值至少要在 1/2000 以上，有意义（精度）的被测值或其变化值至少要在 1/200 以上。

（2）由上一条，被测同相放大器输入电阻 $10^{12}\,\Omega$ 或以上，则 R_s 的值要在

$10^9\Omega=1G\Omega$ 或以上，才有可能从电压表中读出有意义的值。

（3）万用表电压档的内阻仅为 $10\,M\Omega$，可被测同相放大器输入电阻 $10^{12}\,\Omega$ 或以上，两者并联值基本上等于万用表电压档的内阻，完全不能反映被测同相放大器输入电阻。

6.5.2 高输入电阻测量方法

针对经典测量放大器输入电阻的方法不能适应跟随器的高输入电阻 r_i 的问题，可以采用图 6-27 所示的方法：

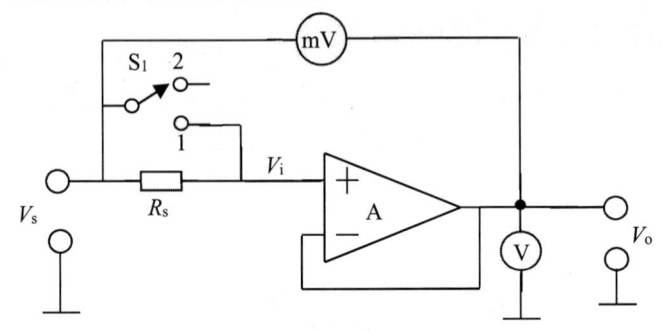

图 6-27 跟随器的高输入电阻 r_i' 的测量方法

（1）借力打力——利用跟随器本身缓冲特性，测量其输出端电压替代输入端电压，避免了电压表内阻不够高的问题。

（2）以微知著——利用"微差（差动）法"大幅度扩展测量的动态范围和灵敏度。

当 S_1 处于 1 时可得：

$$V_{o1} = kV_s, \quad V_{m1} = V_s - V_{o1} \tag{6-37}$$

式中，k 为放大器的电压增益，对跟随器可以认为 $k=1$。

$$k = (V_s - V_{m1})/V_s \tag{6-38}$$

当 S_1 处于 2 时可得：

$$V_{o2} = kV_s r_i'/(R_s + r_i'), \quad V_{m2} = V_s - V_{o2} \tag{6-39}$$

可得：

$$V_{m2} = V_s - V_{o2} = kV_s r_i'/(R_s + r_i') \tag{6-40}$$

将式（6-39）代入式（6-40）

$$V_{\text{m2}} = V_{\text{s}} - V_{\text{o2}} = V_{\text{s}} - (V_{\text{s}} - V_{\text{m1}})r_{\text{i}}' / (R_{\text{s}} + r_{\text{i}}') \tag{6-41}$$

整理得：

$$r_{\text{i}}' = (V_{\text{s}} - V_{\text{m2}})R_{\text{s}} / (V_{\text{m2}} - V_{\text{m1}}) \tag{6-42}$$

举例说明该方法的可行性：如果 $r_{\text{i}}'=10^9\Omega$，$A=10^5$，$F=1$，取 $V_{\text{s}}=1\text{V}$，$R_{\text{s}}=10^7\Omega$。由式（6-36）可以计算由于跟随器输入电阻 r_{i}' 与 R_{s} 的分压得到电压的改变为 10^{-2}V，用 200mV 电压档可以轻而易举得到足够精确的 r_{i}' 值。即使是 $r_{\text{i}}'=10^{12}\Omega$，采用普通的万用表也不难实现 r_{i}' 值的测量。

6.5.3 考虑偏置电流的影响

普通双极性运算放大器的输入偏置电流大约为 10^{-8}A，在 R_{s}（10 MΩ）上产生的压降大约在 100mV 量级，对测量输入电阻的影响远远大于输入电阻本身！

为消除输入偏置电流的影响，可以采用以下的两种方法。

（1）消除偏置电流影响的方法之一

如图 6-28 所示：

① 当 S_2 打向"1"位置和 S_1 处于"2"位置，这时实际测量的是输入偏置电流在 R_{s} 上的压降并经跟随器放大的电压值：

$$V_{\text{m0}} = V_{\text{o0}} = kI_{\text{iB}}R_{\text{s}} \tag{6-43}$$

② 当 S_2 打向"2"位置，再采用前面已经介绍的步骤进行测量。只是需要注意：在 S_1 处于断开位置的测量方程中需要加入 $I_{\text{ib}}R_{\text{s}}$ 的因素。

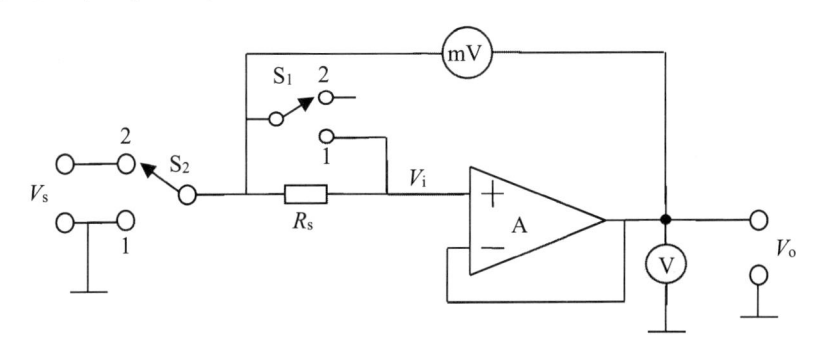

图 6-28 消除偏置电流影响的方法之一

（2）消除偏置电流影响的方法之二

如图 6-29 所示，当采用足够低的频率交流信号（V_s）进行测量时，可以近似地认为所测"阻抗"就是"电阻"且有足够高的精度，不可以不考虑输入偏置电流的影响！

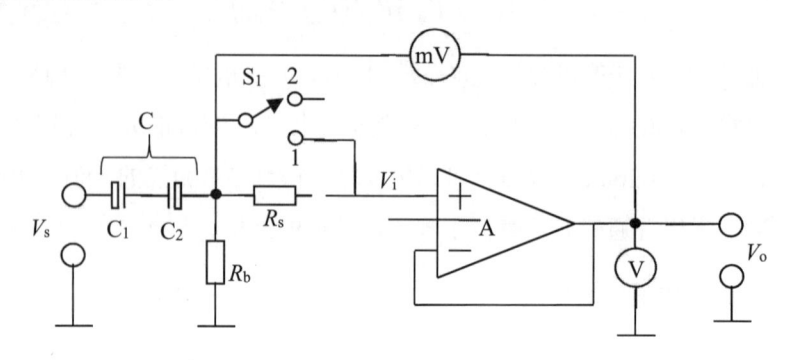

图 6-29　跟随器的高输入电阻 r_i' 的测量方法

注意：

① 交流信号（V_s）的频率足够低，可以避免 R_s 与运算放大器的输入电容构成的低通滤波器产生显著的幅度降低和相移。

② C_1 和 C_2 构成无极性电容 C，可以降低常规电解电容器的漏电，特别是降低常规电解电容器的反向漏电。

③ R_b 有两个作用，即为运算放大器提供偏置电流和与 C 构成高通滤波器。

④ R_b 和 C 构成高通滤波器的截止频率要低于信号 V_s 的频率。

⑤ 信号 V_s 的频率也不能太低，否则会影响毫伏表和电压表稳定读数。

关于课程思政的思考：

习近平总书记强调："要打好科技仪器设备、操作系统和基础软件国产化攻坚战，鼓励科研机构、高校同企业开展联合攻关，提升国产化替代水平和应用规模，争取早日实现用我国自主的研究平台、仪器设备来解决重大基础研究问题。"

第7章　采样、抗混叠滤波器与重建滤波器

7.1　采样定理分析

时域采样定理：若时间连续信号 $f(t)$ 是频带有限的，其频谱上限为 f_m，则 $f(t)$ 可由其等间隔的样值点 $f(nT_s)$ 唯一地表示。而采样间隔 T_s 必须小于 $1/2f_m$，或者说采样频率必须大于 $2f_m$。

在不同教材中，采样定理的具体表述会有些许的差异。但基本点有三个：
（1）被采样信号必须是频带有限的。
（2）采样间隔 T_s 必须小于 $1/2f_m$，或者说采样频率必须大于 $2f_m$。
（3）可以用采样值 $f(nT_s)$ 唯一表示 $f(t)$，或者说可以从满足条件的采样信号恢复原信号。对采样定理的理论解释基本上是将实际的获得采样值 $f(nT_s)$ 抽象成连续信号 $f(t)$ 与周期冲激序列 $\delta_{T_s}(t) = \sum_{n=-\infty}^{\infty} \delta(t-nT_s)$ 相乘得到冲激抽样信号 $f_{s1}(t) = f(t)\delta_{T_s}(t)$，也称为理想抽样信号；或者抽象为连续信号 $f(t)$ 与周期矩形脉冲 $g_{T_s}(t) = \sum_{n=-\infty}^{\infty}\left[\varepsilon\left(t-nT_s+\frac{T_s}{4}\right)-\varepsilon\left(t-nT_s-\frac{T_s}{4}\right)\right]$ 相乘得到矩形抽样信号 $f_{s2}(t) = f(t)g_{T_s}(t)$，也称为自然抽样信号。而无论是理想抽样还是自然抽样，抽样信号 $f_s(t)$ 的频谱 $F_s(\omega)$ 都是原信号 $f(t)$ 频谱 $F(\omega)$ 的周期延拓后的加权叠加 $F_s(\omega) = \sum_{n=-\infty}^{\infty} S_n F(\omega-n\omega_s)$，其中权重 S_n 在理想抽样时是常数 $1/T_s$，而在自然抽样时是周期矩形脉冲信号的傅立叶级数系数。不难理解，只要采样频率 f_s 大于 $2f_m$，则抽样信号 $f_s(t)$ 的频谱 $F_s(\omega)$ 中就不会出现原信号 $f(t)$ 频谱 $F(\omega)$ 混叠的现象，进而将抽样信号 $f_s(t)$ 通过一个理想低通滤波器（重建滤波器）便可以完全恢复原信号 $f(t)$。

7.2 非理想低通滤波器与采样频率

从上一节采样定理分析可知，应用采样定理的前提是被采样信号的频带是有限的，或者说其傅里叶变换存在一个频率上限。然而，在工程实际中许多信号并不存在一个明确的频率上限，如周期方波、三角波等信号。即便对于具有明确频率上限的信号，考虑各种噪声干扰后，其实际频率上限也会增大许多。因此，在实际采样前信号都会经过一个低通滤波器来滤除信号中不需要的谐波成分和干扰噪声，以保证采样后的信号不会出现频谱混叠的现象。采样前的低通滤波器也称为抗混叠滤波器，其截止频率应大于有用信号的频率上限。

但上面的表述依然存在两个"潜在"的大问题：

抗混叠滤波器的截止频率大于有用信号的频率上限，无用信号，或说是噪声的频率会不会超出抗混叠滤波器的截止频率？超出抗混叠滤波器的截止频率会不会产生"频率混叠"？

"理想"的低通滤波器是不存在的，实际的低通滤波器带外衰减是很慢的，而且一阶滤波器"理想（即最大）"的衰减速度只有 20dB/十倍频。

为了更为清晰地叙述，形成具体的印象，假设被采集的信号是一个 100Hz 的方波，从测量（精度或误差）的角度，可以确定需要采集的最高谐波的次数。

对于频率为 f 的占空比 50% 的方波可以分解为：

$$f(t) = \frac{4}{\pi}[\sin(2\pi f t) + \frac{1}{3}\sin(2\pi \cdot 3 f t) + \frac{1}{5}\sin(2\pi \cdot 5 f t) + \frac{1}{7}\sin(2\pi \cdot 7 f t) + ...] \tag{7-1}$$

保留 n 次谐波时，功率的百分比误差为

$$e\% = \sum_{k=n}^{k=\infty} P_k^2 / \sum_{k=0}^{k=\infty} P_k^2 \tag{7-2}$$

式中，P_k^2 为 k 次谐波的功率值。

设各次谐波的幅值为 A_k，则用式（7-2）可以计算预计误差所需要的谐波数 n，进而可以从"时间"上决定对于方波的最低采样频率

$$f_{\text{s-min}} = 2nf \tag{7-3}$$

式中，f 为方波频率；$f_{\text{s-min}}$ 为所需最低采样频率。

按照教材上的说明：采用低通滤波器滤除 nf 频率信号，即可达到预期的目标。

但仔细思考后，可能还存在问题：假定要保留 5 次谐波，滤除 7 次谐波及以上的频率信号，对低通滤波器的要求是什么？

①理想上一阶的滤波器可以衰减 6dB/倍频，区区 7/5=1.4 的倍数，需要多少阶的滤波器才能保留 5 次谐波而滤除 7 次谐波（这里的 7 次谐波不是方波自身的分量，而是代表非方波自身的成分）？

②这里还未考虑截止频率在 5 次谐波时，5 次谐波处（信号）不可避免地存在 3dB 或以上的衰减。

③经常听到采用 4~10 倍采样频率的说法，既没有依据，也不能较确切地预知效果，这样做并不符合工程实践的原则。

7.2.1 解决问题之道

所谓理论与工程实践相结合，是指对工程实践有充分、全面和深入的认知，在理论指导下，对工程设计或实施措施有确定性的预计，或至少知道结果的边界：预计指标不低于某个期望值。

对于本节的问题，可以联系模数转换器（ADC）来讨论。

依据式（7-2）（也即期望信号采集的最大误差）不大于 e，同时由式（7-2）可以计算预计误差所需要的谐波数 n，同时也给出了误差值 e，根据式（7-1）可知方波 m（»n）次谐波的幅值为 $1/m$。而截止频率为 n 的一阶低通滤波器在频率处的（幅度）衰减为 m/n，可得：

方波在 m（»n）次谐波的幅值为

$$A_m = \frac{1}{m}\frac{n}{m} = n/m^2 \tag{7-4}$$

假设采用一枚 12 位的 ADC 来进行采样，其最小量化电平为 $1/2^{12}$，因而，只要

$$A_m = n/m^2 < 1/2^{12} \tag{7-5}$$

即方波中的 m（»n）次谐波的幅值已经小于 ADC 能够分辨的幅值（量化电平），就可以认为既不会产生频率混叠，又可以高精度地采集到低于指定谐波频率的方波信号。

7.2.2 过采样的应用

我们可以增加一个视角——过采样，以多倍于信号带宽 BW 的速率 f_S 对信号进行采样的过程称为"过采样"。

我们定义

处理增益（过采样增益）$=10log_{10}\dfrac{f_s}{2BW}=10log_{10}4^k=10klog_{10}4\approx 6.02k$

(7-6)

式中

$$\dfrac{f_s}{2BW}=4^k \qquad (7-7)$$

4^k 的物理含义是过采样倍数，也即采样频率 f_s 超过奈奎斯特采样频率（$2BW$）的倍数，每过 4 倍的采样率可以等效增加 ADC 的 1 位精度（信噪比）（图 7-1）。

综上所述，过采样不仅解决了频率混叠的问题（图 7-2），还能提高采样信号的精度。

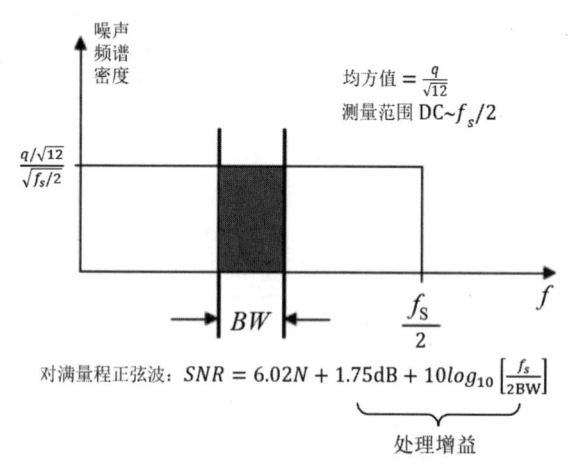

对满量程正弦波：$SNR = 6.02N + 1.75dB + 10log_{10}\left[\dfrac{f_s}{2BW}\right]$

图 7-1 处理增益的量化噪声频谱

至此，更科学地选择采样频率的推理应该为：
①选择采样速度至少能够满足式（7-5）的要求。
②在系统处理速度足够满足下抽样计算的情况下，采样速度越快越好。

实际上，现有低成本的 ADC 的采样速度可在 1 Msps~几十 Msps 或更高，对于数百千赫兹的（方波）信号，足以满足过采样的要求，而现代微处理器（典型的 M 系列 ARM）对于几十 Msps 的数据实现下抽样（累加）运算几乎没有压力。何况很多微处理器的片上 ADC 本身可以有下抽样功能。

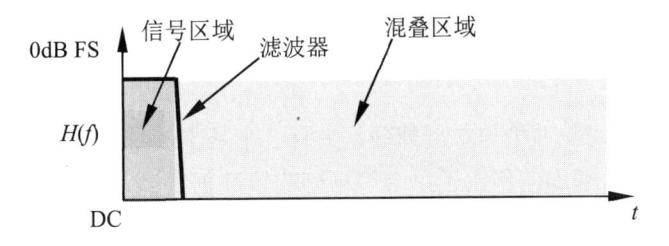

(a) 奈奎斯特定理需要高阶的滤波器才能抑制带外噪声

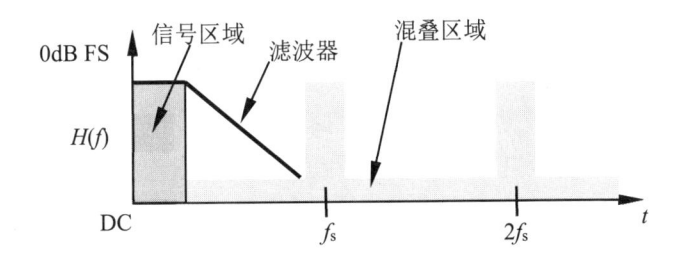

(b) 过采样可以用低阶滤波器滤除带外噪声

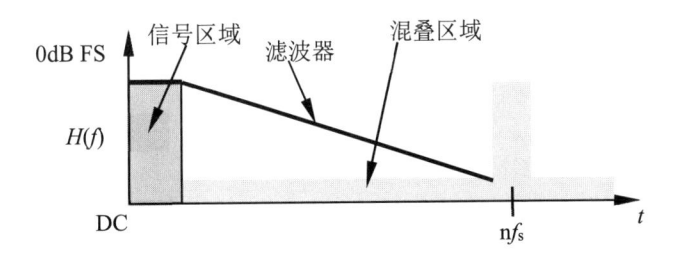

(c) 更高的过采样可以用简单滤波器滤除噪声和提高精度

图 7-2 过采样分布在-3 dB 条件下截止频率与阻带起点之间的过渡带

7.3 过采样与采集数据精度的关系

过采样本身蕴含着下抽样，即把极高采样率的数据通过"下抽样滤波器"降低至满足（2倍）"有用信号"带宽的采样率。实质上"下抽样滤波器"就是"低通滤波器"，最简单的形式就是"平均滤波器"——将 n 个采样点数据累加起来成为一个数据。

可以从"滤波"和"测量"两个角度看待下抽样滤波器的作用。

①滤波。这一点在上一节已经说得很清楚了，通过过采样可以降低抗混叠滤波器的要求，抑制（有用信号）带外的噪声的影响，逼近奈奎斯特采样定律的理想条件。

②测量。《误差理论与数据处理》中有一个基本的观点：n 个等精度测量数据取平均值，平均值相比于单个等精度测量数据提高 $\sqrt{n}$ 倍的精度，因此，n 倍的过采样可以提高 $\sqrt{n}$ 倍的精度。

结论：在一个数据采集系统中，只要硬件条件许可，采样率越高越好。

7.4 抗混叠滤波器的潜在要求

前面讨论抗混叠滤波器的作用仅仅停留在理论层面，还没有与（电路）工程相结合。下面讨论几个与工程（实践）相关的问题。

7.4.1 驱动采样保持器中的采样电容

这里以 ADI 公司的 ADuC84x 系列微转换控制器中的 ADuC841 为例，其中，含有逐次转换式、带有电荷采样的 ADC，其工作原理图如图 7-3 所示。

ADuC841 中 ADC 的工作原理为：它是快速、8 通道、12 位、单电源供电的 ADC 模块。每次模/数转换均分为两个阶段，由图 7-3 中开关的位置来区别。在采样阶段，开关 SW1 和 SW2 处于采样位置，输入采样电容上的电荷正比于模拟输入的电压。而在转换阶段，开关 SW1 和 SW2 处于保持位置，由内部逻辑电路控制数字/模拟转换器（Digital Analog Converter，DAC）的输出，使直到节点 A 的电压为 0。

为整体介绍抗混叠滤波器的设计要求，在这里用一个简图进行说明，如图 7-4 所示。

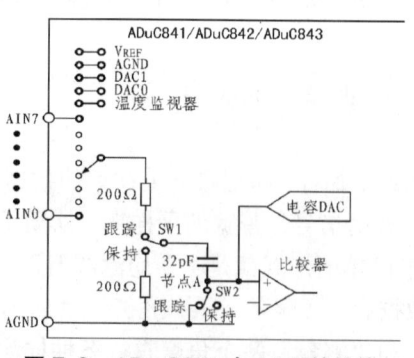

图 7-3 ADuC841 中 ADC 的结构

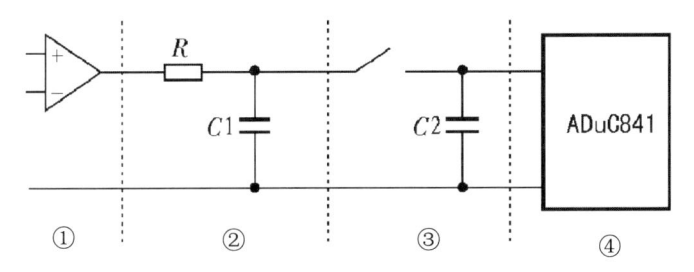

第 7 章　采样、抗混叠滤波器与重建滤波器　·261·

图 7-4　抗混叠滤波电路的电路简图

现在采样/保持电路大部分是集成在 ADC 之中的。目的是减少孔径误差和充分发挥模数转换器的性能。图 7-4 的虚线部分③为采样/保持电路，它与④部分的 ADC 是集成在一起的，这里为了方便说明将它们分开讨论。电容 C2 即是 ADuC841 在图 7-3 中的 32pF 电容。虚线部分②是为了滤除高频分量的低通滤波环节，由电阻 R 和电容 C1 组成。虚线部分①为运算放大器部分接低通滤波环节，直接驱动电路。

针对该电路进行以下几点讨论：

（1）集成在 ADuC841 中的采样/保持电路含图 7-3 ADuC841 中 ADC 的结构有电容值为 32pF 的电容性元件 C2。当采样/保持电路处于采样阶段时，电容 C2 与前面的电路连通，这时电容 C2 进行充电，直到达到电容 C2 要保持的电压值为止。电容 C2 充电的过程是一个暂态的过程，导致电容 C2 上的电压不会马上就达到所要保持的电压大小，而是要经过一定的时间，时间越长 C2 上的电压越接近理想的电压值，但是实际采样时间不可能很长，会受到数据采集精度和速度的影响。要满足电容 C2 上的电压值与理论值之间的差值小于 1LSB（实际上，如前所述，模拟多路选择器的误差、输入放大器的误差、采样/保持电路的误差和 ADC 的误差等多个误差的总和应该小于或等于 ADC 的量化误差），以避免对数据采集的精度造成影响。

（2）在这个电路中，采样/保持电路在采样阶段与低通滤波电路直接相连，这时电容 C1 与电容 C2 就会直接相连而形成一个充放电回路，电容 C1 放电，电容 C2 充电。电容 C2 从 C1 上获得电荷，造成电容 C1 上原本的电压值减小。这样如果采样的时间不够，电容 C1 和 C2 上的电压都不能达到稳定，电容 C2 采样到的电压误差就有可能很大，造成整体电路精度下降。为了尽量减小这种误差，就要增大电容 C1 的容值。当电容 C1 的值增大到一定大小的时候，即使有电荷的重新分配、电容的重新充放电过程，也不会造成太大的影响，不会影响整个电路的精度。因为在电容 C1 很大而电容 C2 相对很小的情况下，电容 C2 在电容 C1 上分得的电荷就会很少，在误差允许的范围内将不会造成很大的电压误差。因此，要求 C1＞212 C2=131072 pF，取 C1 = 0.22 μF，才能保证电容 C1 上的电压变化不大于 1/4096（相当于 12 位 ADC 的最低有效位的电压值）。

（3）要满足奈奎斯特定理的要求和充分利用 ADC 的转换速度，抗混叠滤波器的最大截止频率为 420/2 = 210 kHz。考虑抗混叠滤波器难以做到理想特性和按照工程上的习惯，假定抗混叠滤波器做到 100 kHz（即对 100 kHz 以下的信号进行采样），由 $f = 1/2\pi RC$ 可计算得到 R = 7.2 Ω。电阻 R 的减小，电容 C1 的增大，对前级放大器的驱动能力和稳定性提出了很高的要求。例如，AD8024 是美国模拟公司生产的一款四元组 350 MHz、24 V 放大器，可驱动高容性负载，仅最大只能驱动 1000 pF 的容性负载，远远不能满足本例的要求。因此，在高速信号采集时就对抗混叠滤波器及前级放大器（或称为 ADC 的驱动放大器）提出了很高要求。

（4）反过来，在对低频信号进行采样时，因电容 C1 的电容值保持不变和抗混叠滤波器截止频率的要求，就要增加电阻 R 的阻值。但增加电阻 R 的阻值会提高直流通路的电阻分压，从而造成直流误差。例如，ADuC841 对信号源的内阻要求低于 61 Ω（可以保证其直流误差小于 1 LSB 的 1/10），此时抗混叠滤波器的最低截止频率只能做到 11.860 kHz。这就极大地限制了该 ADC 所能采集的低频信号，除非采用有源滤波器。

7.4.2 抗混叠滤波器的直流输出电阻和 ADC 的直流输入电阻

ADC 的输入阻抗是常常被人忽略的参数，但实际这个参数很重要。比如 18-Bit, 100 kSPS/500 kSPS PulSAR ADC AD7989 的输入阻抗仅仅为 400 Ω。

如图 7-5 所示，可得因前级电路输出电阻导致的输入信号的幅值损失

$$\Delta v_i = v_o - v_i = v_o - \frac{r_i}{r_i + r_o}v_o = \frac{r_o}{r_i + r_o}v_o \tag{7-8}$$

相对损失为

$$\frac{\Delta v_i}{v_o} = \frac{r_o}{r_i + r_o} \approx \frac{r_o}{r_i} \tag{7-9}$$

为了保证 18-Bit 的精度，在 AD7989 的输入阻抗为 400 Ω，需要前级电路（抗混叠滤波器）的输出电阻

$$\frac{r_o}{r_i} < 2^{-18} \tag{7-10}$$

即
$$r_o < 2^{-18} r_i = 2^{-18} \times 400\Omega = 0.0015\Omega = 1.5\text{m}\Omega \quad (7\text{-}11)$$

说明对前级放大器的输出电阻要求比较苛刻，用简单的无源滤波器根本无法满足要求。

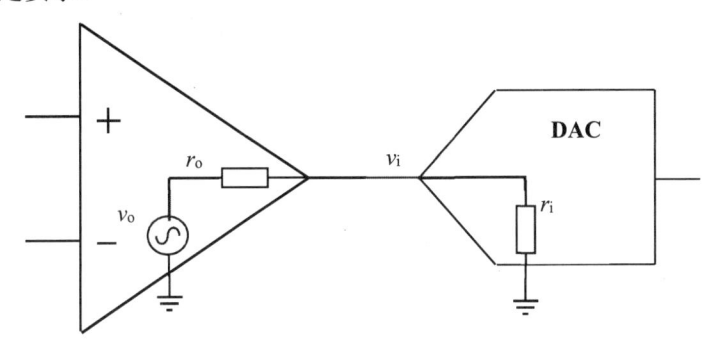

图 7-5 抗混叠滤波器的直流输出电阻和 ADC 的直流输入电阻对 ADC 精度的影响

不同类型的 ADC 具有不同的输入电阻，一般说来，中低采样速率的 ADC 通常具有 500 kΩ 以上的输入电阻，高速的 ADC 的输入电阻在几百欧姆以下，超高速可能只有 50Ω，但超高速 ADC 的精度（位数）很少超过 8-Bit。

7.4.3 有源抗混叠滤波器中运算放大器的性能要求

图 7-6 为有源抗混叠滤波器中的运放驱动 ADC 的简单示意图。有源抗混叠滤波器中的运放作为驱动放大器，必须提供足够的输出电流以驱动 ADC 输入；其带宽应该接近采样频率的两倍；运放建立时间应与 ADC 采样时间相匹配。下面就这几个方面讨论有源抗混叠滤波电路中的驱动放大器与 ADC 的匹配问题。

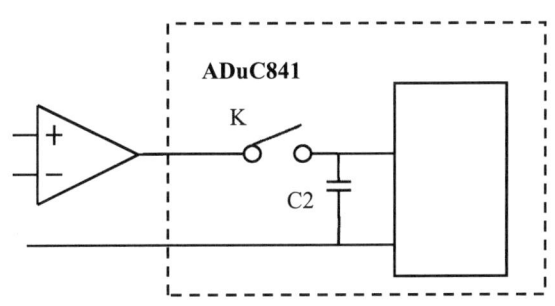

图 7-6 有源滤波器中的放大器驱动 ADC

7.4.3.1 运放的驱动能力

运放的驱动能力主要是指,运放能否满足采样保持电路在采样瞬时对充电电流的要求。当采样保持电路处于采样阶段时,开关 K 闭合,相当于一个阶跃信号通过电阻 R 对电容 C2(当然这里仍存在着 C1 的干扰)进行充电。为了保证可信度,假设前一次采样值与本次采样值之差为最大值,即 5V (ADuC841 的电源电压)。也就是相当于一个 5 V 的阶跃信号给 C2 充电。充电开始时的瞬时充电电流最大,最大值 I_{max}= 5/R。运放应该满足峰值输出电流 $I_{out} \geq I_{max}$ 时的驱动能力要求。ADuC841 中的 R 约 200 Ω,I_{max} = 5/R = 5V/200 Ω= 0.025 A = 25 mA。显然,这个条件不难达到,但仍然有很多低功耗的 CMOS 运算放大器或放大器的驱动能力远低于该要求。

7.4.3.2 运放的单位增益带宽

单位增益带宽是一个很重要的指标,正弦小信号放大时的重要参数。运放的增益越高,带宽越窄,增益带宽积为常数,即 A_VBW=常数。因此运算放大器在给定电压增益下,其最高工作频率受到增益带宽积的限制。放大倍数等于 1 时的带宽称为单位增益带宽。

当运放用作有源抗混叠滤波器时,至少应使其单位增益带宽应高于低通截止频率。但仅仅满足这个要求还不够,运放的放大倍数不为 1 时,由于增益带宽积为常数,放大倍数增加,带宽相应减小,当小于低通滤波器截止频率时就不能正常工作了。所以,考虑运放的放大倍数时,可要求单位增益带宽为 10 倍以上的信号截止频率。

7.4.3.3 运放建立时间和压摆率

内部集成有采样保持电路的 ADC,或者加了简单电容电阻采样保持器的数据采集电路,容易造成较大误差,使 ADC 损失精度。这主要是因为电路在 ADC 每次转换结束时,采样开关进行切换,采样电容切换到输入端开始下一次采样。前后两次采样的模拟量之间存在差值,相当于一个阶跃信号输入到运放的输出端,运放如果不能跟上阶跃信号,就会产生误差,当误差大于 1 LSB 时就会造成 ADC 精度的损失。为避免这种误差,运算放大器应能够在下一次转换启动前,保证输入到 ADC(采样/保持电路)的信号在误差带以内(重新建立)。运放能否快速重建,主要考虑它在大信号处理中的速度参数,比如建立时间和压摆率。为保证测量的可信度,考虑最差的情况:两次采样的模拟量之间相差电源电压 5 V,即假设采样开关切换后,相当于给运放加了一个 5 V 的阶跃信号。

为保证采样的准确性,运放的建立时间与 ADC 的采样时间应匹配,即只有当 ADC 采样输入信号的时间长于最差情况下放大器的建立时间时，才能保证转换结果的精度。对于 12 位的 ADC，为避免误差，假定电压稳定后其误差应小于 1/2 LSB。每两次采样模拟量的差值作为 ADC 的输入，假设为 V_i，满足最低要求的误差为 $V_i \times a \leqslant$ LSB/2=（1/2）×（5/212），V_i 最大为 5 V，所以 $5 \times a \leqslant$（1/2）×（5/212），即 $a \leqslant$ 1/213 = 0.00012 ≈ 0.01%。也就是要充分利用 ADC，满足精度要求，就要求运放的建立时间短于电压稳定在 0.01%以内的时间，并且这个时间 t 应满足，$t \leqslant$ 1/420 kHz ≈ 2.38 μS（ADuC841 的最高采样频率为 420 kHz）。虽然有很多现代的高速运放能够达到上述建立时间的要求，如 OPA211，0.01%的建立时间不足 1 μS，但在设计 ADC 的驱动电路仍然需要给与足够的重视。

对于一个给定的输入信号幅度和放大器压摆率（SR），可以求出一个信号频率最大值。在该频率范围内，信号可以被忠实地重建：其中 V_P 为峰值输出电压。反过来，根据采样速率（f_{max}）和采样模拟量电压变化的幅值（V_P），也可以估算出，ADC 对运放压摆率的要求。取输出电压的峰值为两次采样模拟量的差值（5V），可重建的信号频率最大值取 420 kHz（ADuC841 的最高采样率），经计算得 $SR = 2\pi V_P \cdot f_{max}$ =2π • 5V • 0.42 MHz = 13.19 V/μS。目前高速运放达到上述压摆率也比较容易，如 ADI 公司的 OPA211 达到了 22 V/μS 的压摆率。

7.5 DAC 的采样率与重建滤波器

在工程上，由数字信号变换到模拟信号采用数字/模拟变换器（Digit to Analog Converter，DAC，简称数模转换器）+低通滤波器（重建滤波器）来实现的（如图 7-7 所示）。

由采样定理分析可知，对于一个频带有限的信号来说，无论是冲激采样还是矩形脉冲采样，只要满足采样定理，都可以通过理想低通滤波器来恢复原信号。然而，在工程实际中我们既得不到理想的冲激采样信号也得不到理想的矩形脉冲采样信号，经过采样得到的是一系列离散的样值点 $f_s(kT_s)$。现在的问题是如何利用这些样值点 $f_s(kT_s)$ 来恢复原信号？

首先，在工程上容易根据抽样值 $f_s(kT_s)$ 构成如图 7-8（c）所示信号波形 $f_{s0}(t)$，也称为零阶采样保持波形。为了从如图 7-8（a）所示冲激采样信号 $f_{s1}(t)$ 得到 $f_{s0}(t)$ 的频谱，构作一个线性时不变系统，它具有如图 7-8（b）所示的冲激响应。

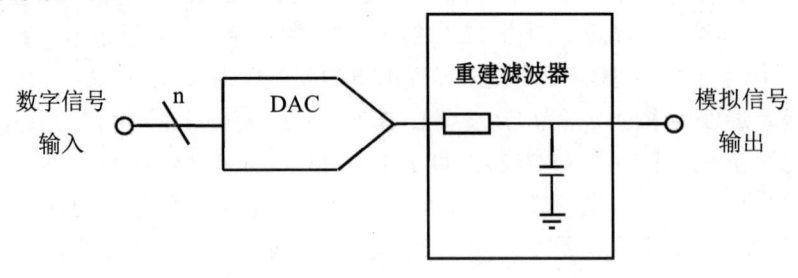

图 7-7 DAC+低通滤波器恢复模拟信号

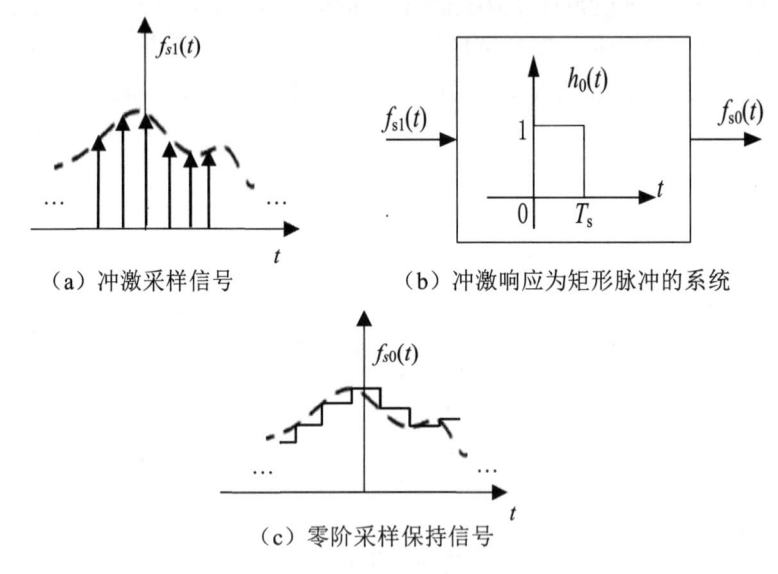

(a) 冲激采样信号

(b) 冲激响应为矩形脉冲的系统

(c) 零阶采样保持信号

图 7-8 对应图 7-7 的信号

显然，冲激采样信号 $f_{s1}(t)$ 通过此系统便可得到如图 7-8（c）所示 $f_{s0}(t)$ 波形。即

$$f_{s0}(t) = f_{s1}(t) \cdot h_0(t) = f_s(t) \cdot g_{T_s}\left(t - \frac{T_2}{2}\right) \quad (7\text{-}12)$$

因为门信号的傅里叶变换为

$$\mathscr{F}\left[g_{T_s}\left(t - \frac{T_s}{2}\right)\right] = T_s Sa\left(\frac{\omega T_s}{2}\right) e^{-j\frac{T_s}{2}\omega} \quad (7\text{-}13)$$

而激采样信号 $f_{s1}(t)$ 的频谱为

$$\mathscr{F}[f_{s1}(t)] = \frac{1}{T_s} \sum_{k=-\infty}^{\infty} F(\omega - k\omega_s) \quad (7\text{-}14)$$

所以，零阶采样保持信号 $f_{s0}(t)$ 的频谱为

$$F_{s0}(\omega) = \sum_{k=-\infty}^{\infty} F(\omega - k\omega_s) Sa\left(\frac{\omega T_s}{2}\right) e^{-j\frac{T_s}{2}\omega} \quad (7\text{-}15)$$

可以看出，零阶采样保持信号 $f_{s0}(t)$ 的频谱的基本特征依然是原信号频谱 $F(\omega)$ 以 ω_s 为周期重复，但是要乘上 $Sa\left(\frac{\omega T_s}{2}\right)$，此外还附加了一个延迟因子 $e^{-j\frac{T_s}{2}\omega}$。此时，在同样满足抽样定理的前提下要恢复原信号频谱 $F(\omega)$，就需要引入如下具有补偿特性的低通滤波器：

$$H_{0r}(j\omega) = \begin{cases} \dfrac{e^{j\frac{T_s}{2}\omega}}{Sa\left(\dfrac{\omega T_s}{2}\right)} & |\omega| \leqslant \omega_s \\ 0 & |\omega| > \omega_s \end{cases} \quad (7\text{-}16)$$

然而，与理想低通滤波器一样，式（7-12）中具有补偿特性的低通滤波器也是物理不可实现的。事实上，当采样频率足够大，抑或要求不很严格的情况下，可以不加补偿，让 $f_{s0}(t)$ 通过一个普通的低通滤波器即可大致恢复原信号 $f(t)$。具体分析如下。

首先，延迟因子 $e^{-j\frac{T_s}{2}\omega}$ 只是说明相对原信号有一个 $\dfrac{T_s}{2}$ 的延时，并不会影响信号的波形。对信号波形产生实质影响的是 $Sa\left(\dfrac{\omega T_s}{2}\right)$。取 $\omega_s = 10\omega_m$，则当 $\omega = \omega_m = 0.1\omega_s$ 时，$Sa\left(\dfrac{\omega T_s}{2}\right) = Sa\left(\dfrac{\pi}{10}\right) = 0.984$。也就是说，在 $|\omega| \leqslant \omega_m$ 内，零阶采样保持信号的频谱 $F_{s0}(\omega)$ 与原信号频谱 $F(\omega)$ 在幅值上最大误差仅为 1.6%（图 7-9）。因此，在采样频率远大于信号最高频率的条件下，让 $f_{s0}(t)$ 直接通过一个普通的低通滤波器即可较好地恢复原信号 $f(t)$。

(a) 原信号频谱

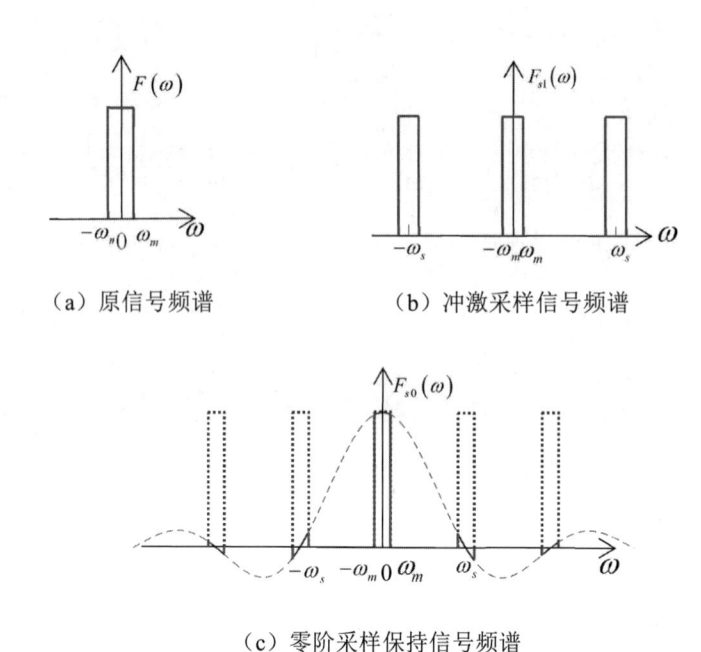

(b) 冲激采样信号频谱

(c) 零阶采样保持信号频谱

图 7-9　冲激采样信号的频谱

7.6　高精度与高速度测量

提高精度是测量及测量系统的永恒目标，在"数字时代"则在很大的程度上体现在提高和使用 ADC 的精度上。同样，ADC 在满足采集信号带宽要求（奈奎斯特采样定律）的同时，采用高速度的 ADC 也有利于提高数据采集精度。

7.6.1　ADC 的选择原则

选择 ADC 时可以参考以下步骤：

7.6.1.1　工作参数

如电源电压、输入范围、输出接口，等等。不满足这些参数的 ADC 器件难以入选，或者将增加电路的复杂性和降低系统的可靠性。

7.6.1.2　速度：采样率或数据输出率

ADC 的速度，即采样率，是保障正确采集信号的前提，前面已经作了较充分的说明。这里要补充说明以下几点：

（1）采样率

单位是 sps（sample per second，每秒采样次数）。但在口语中经常被误称 Hz，这是错误的。

器件手册上通常给出的是可实现的最高采样率，实际使用时应该适当降低一些，以保证 ADC 的精度。

（2）转换周期（时间）

即 ADC 完成一次转换所需要的时间，通常也与 ADC 的工作时钟有关。转换时间与器件的采样率互为倒数。

（3）数据输出速率

普通的 ADC 器件的数据输出速率等于采样率。但对多通道或具备硬件过采样的器件就不一样：

$$数据输出速率 \leqslant \frac{采样率}{通道数}；使用多通道时 \qquad (7-17)$$

$$数据输出速率 \leqslant \frac{采样率}{下抽样率}；使用下抽样时 \qquad (7-18)$$

如前所述，ADC 的精度是由"误差"所定义的，因此，选择 ADC 的精度就从其误差来考虑。而 ADC 的误差又可以分为总误差和各种分项误差，以 16 位的 LTC2311-16 为例，其主要技术参数如下：

- **吞吐速率：5 Msps**
- **保证±0.75 LSB INL（典型值）、±2 LSB INL**
- **保证 14 位、无失码**
- 具有宽输入共模范围的 8 V_{P-P} 差分输入
- **80dB SNR（典型值，f_{IN} = 2.2 MHz）**
- **-90dB THD（典型值，f_{IN} = 2.2 MHz）**
- 保证工作温度范围为-40 ℃至 125 ℃
- 3.3 V 或 5 V 单电源
- **低漂移（最大 20ppm/℃）2.048V 或 4.096V 内部基准电压源，带 1.25V 外部基准电压源输入**
- I/O 电压范围：1.8 V 至 2.5 V
- 兼容 CMOS 或 LVDS SPI 的串行 I/O
- 功耗：50mW（V_{DD} = 5 V，典型值）
- 小型 16 引脚(4mm × 5mm) MSOP 封装
- 符合 AEC-Q100 标准，适用于汽车应用上述中"保证 14 位、无失码"说明其精度在"14 位",这是总精度。简单地选择 ADC 时可以将这样的参数作为依据。

更精细地分析时,可以从各个分项误差着手,如测量系统对"增益误差"不敏感,则 INL(Integral nonlinearity,积分非线性)就不那么重要。

性能参数中黑体字部分均是有关"误差(精度)"的,应该说明的是:只有在额定的工作条件下才能保证误差不超出所列的数字。

7.6.2 ADC 的等效分辨率

7.6.2.1 过采样

根据奈奎斯特定理,采样频率 f_s 应为 2 倍以上所要的输入有用信号频率 f_u,即

$$f_s \geqslant 2f_u \tag{7-19}$$

就能够从采样后的数据中无失真地恢复出原来的信号,而过采样是在奈奎斯特频率的基础上将采样频率提高一个过采样系数,即以采样频率为 kf_s(k 为过采样系数)对连续信号进行采样。ADC 的噪声来源主要是量化噪声,模拟信号的量化带来了量化噪声,理想的最大量化噪声为±0.5 LSB;还可以在频域分心量化噪声,ADC 转换的位数决定信噪比,也就是说提高信噪比可以提高 ADC 转换精度。信噪比 SNR(Signal to Noise Ratio)指信号均方值与其他频率分量(不包括直流和谐波)均方根的比值,信噪比 SINAD(Signal to Noise and Distortion)指信号均方根和其他频率分量(包括谐波但不包括直流)均方根的比值,所以 SINAD 比 SNR 要小。

对于理想的 ADC 和幅度变化缓慢的输入信号,量化噪声不能看作为白噪声,但是为了利用白噪声的理论,在输入信号上叠加一个连续变化的信号,这时利用过采样技术提高信噪比,即过采样后信号和噪声功率不发生改变,但是噪声功率分布频带展宽,通过下抽取滤波后,噪声功率减小,达到提高信噪比的效果,从而提高 ADC 的分辨率。

∑-Δ 型 ADC 实际采用的是过采样技术,以高速抽样率来换取高位量化,即以速度来换取精度的方案。与一般 ADC 不同,∑-Δ 型 ADC 不是根据抽样数据的每一个样值的大小量化编码,而是根据前一个量值与后一量值的差值即所谓的增量来进行量化编码。∑-Δ 型 ADC 由模拟∑-Δ 调制器和数字抽取滤波器组成,∑-Δ 调制器以极高的抽样频率对输入模拟信号进行抽样,并对两个抽样之间的差值进行低位量化,得到用低位数码表示的∑-Δ 码流,然后将这种∑-Δ 码送给数字抽取滤波器进行抽样滤波,从而得到高分辨率的线性

脉冲编码调制的数字信号。

然而，∑-Δ 型 ADC 在原理上，过采样率受到限制，不可无限制提高，从而使得真正达到高分辨率时的采样速率只有几赫兹到几十赫兹，使之只能用于低频信号的测量。

高速中分辨率的 ADC 用过采样产生等效分辨率和∑-Δ 型 ADC 的高分辨率在原理上基本是一样的，因此本教材在归一化条件下提出的 ADC 等效分辨率公式既可以作为评估数字化前端 ADC 的一个通用性能参数，又可作为 ADC 选用的参考依据。

7.6.2.2 ADC 等效分辨率

与输入信号一起，叠加的噪声信号在有用的测量频带内（小于 $f_s/2$ 的频率成分），即带内噪声产生的能量谱密度为

$$E(f) = e_{\text{rms}} \left(\frac{2}{f_s}\right)^{\frac{1}{2}} \tag{7-20}$$

式中，e_{rms} 为平均噪声功率；$E(f)$ 为能量谱密度（ESD）。两个相邻的 ADC 码之间的距离决定量化误差的大小，有相邻 ADC 码之间的距离表达式为：

$$\Delta = \frac{V_{\text{ref}}}{2^N} \tag{7-21}$$

式中，N 为 ADC 的位数；V_{ref} 为基准电压。

量化误差 e_q 为：

$$e_q \leqslant \frac{\Delta}{2} \tag{7-22}$$

设噪声近似为均匀分布的白噪声，则方差为平均噪声功率，表达式为：

$$e_{\text{rms}}^2 = \int_{-\frac{\Delta}{2}}^{\frac{\Delta}{2}} \left(\frac{e_q^2}{\Delta}\right) de = \frac{\Delta^2}{12} \tag{7-23}$$

用过采样比[OSR]表示采样频率与奈奎斯特采样频率之间的关系，其定义为：

$$[OSR] = \frac{f_s}{2f_u} \tag{7-24}$$

如果噪声为白噪声，则低通滤波器输出端的带内噪声功率为：

$$n_0^2 = \int_0^{f_u} E^2(f) df = e_{\text{rms}}^2 \left(\frac{2f_u}{f_s}\right) = \frac{e_{\text{rms}}^2}{[OSR]} \tag{7-25}$$

式中，n_0 为滤波器输出的噪声功率。由式（7-21）、式（7-23）、式（7-25）可推出噪声功率[OSR]和分辨率的函数，表示为：

$$n_0^2 = \frac{1}{12[OSR]}\left(\frac{V_{\text{ref}}}{2^N}\right) = \frac{V_{\text{ref}}^2}{12[OSR]4^N} \qquad (7\text{-}26)$$

为得到最佳的[RSN]，输入信号的动态范围必须与参考电压 V_{ref} 相适应。假设输入信号为一个满幅的正弦波，其有效值为：

$$V_{\text{ref}} = \frac{V_{\text{rms}}}{\sqrt{2}} \qquad (7\text{-}27)$$

根据信噪比的定义，得到信噪比表达式：

$$\frac{S}{N} = \frac{V_{\text{rms}}}{n_0} = \left|\frac{2^N\sqrt{12[OSR]}}{2\sqrt{2}}\right| = \left|2^{N-1}\sqrt{6[OSR]}\right| \qquad (7\text{-}28)$$

$$[R_{SN}] = 20\lg\left|\frac{V_{\text{rms}}}{n_0}\right| = 20\lg\left|\frac{2^N\sqrt{12[OSR]}}{2\sqrt{2}}\right| = 6.02N + 10\lg[OSR] + 1.76 \qquad (7\text{-}29)$$

当[OSR]=1 时，为未进行过采样的信噪比，可见过采样技术增加的信噪比为：

$$[R_{SN}] = 10\lg[OSR] \qquad (7\text{-}30)$$

即可得采样频率每提高 4 倍，带内噪声将减小约 6dB，有效位数增加 1 位。

香农限带高斯白噪声信道的容量公式为：

$$C = W\log_2(1 + S/N) \qquad (7\text{-}31)$$

其中，W 为带宽。

式（7-31）描述了有限带宽、有随机热噪声、信道最大传输速率与信道带宽信号噪声功率比之间的关系，式（7-31）可变为：

$$\frac{C}{W} = \log_2(1 + S/N) \qquad (7\text{-}32)$$

式（7-32）用来描述系统单位带宽的容量，单位为 b/s。将式（7-28）代入式（7-32）中，得：

$$\frac{C}{W} = \log_2\left(1 + 2^{N-1}\sqrt{6[OSR]}\right) \approx (N-1) + \log_4[OSR] + \log_4 6 \approx N + \log_4[OSR] + 0.292$$

(7-33)

式（7-33）可定义成等效分辨率[ENOB]，单位 bit，即

$$[ENOB] = N + \log_4[OSR] + 0.292 \quad (7\text{-}34)$$

若将信号归一化处理，得

$$[ENOB] = N + \log_4\left(\frac{f_s}{2}\right) + 0.292 = N + \log_4(f_s) - 0.208 \,(f_s \geq 2\text{Hz}) \quad (7\text{-}35)$$

其中，f_s 为归一化频率下的采样速率。综上可知，在已知 ADC 归一化采样频率后便可根据等效分辨率式（7-35），得到 ADC 所能提供的最大等效分辨率，以指导正确选择和有效利用 ADC，充分利用其速度换取分辨率，分辨率进一步可以换取信号增益，足够高的分辨率可以代替信号的模拟放大电路，从而简化软件仪器的数字化前端设计，方便仪器功能的软件定义。

7.6.2.3 等效分辨率的应用

（1）ADC 的选择

表 7-1 为 10 款 ADC 的参数和由式（7-35）计算出的等效分辨率。由表 7-1 可知，No.10 的等效分辨率最高，因此，仅从等效分辨率来看 AD7739 是设计数字化前端的最优选择，但考虑其采样速率较低，No.6 和 No.8 也可以作为优选的型号。总而言之，选择 ADC 时主要参考其等效分辨率和采样速率这两个参数，No.6、No.8 和 No.10 均在考虑之列，其中前二者采样速率较高，适用于中、高频信号；后者采样速率较低，只能用于低频信号的测量。

表 7-1 ADC 等效分辨率的比较

编号	参考电压/V	分辨率/bit	采样速率/SPS	等效分辨率/bit	参考型号
No.1	2.5	8	1.5G	18	ADC 08D1500
No.2	2.5	10	300M	19	AD9211-300
No.3	2.5	12	170M	19	AD9430-170
No.4	2.5	12	210M	21	AD9430-210
No.5	2.5	14	150M	21	AD9254
No.6	2.5	14	200M	23	ADS5547
No.7	2.5	16	1M	21	AD7980
No.8	2.5	16	80M	24	AD9460-80
No.9	2.5	18	250k	22	AD7631
No.10	2.5	24	15k	26	AD7739

(2) 数字化前端的设计

所谓"数字化前端"是指直接采用 ADC 连接传感器而省却模拟信号处理电路的设计方法，这样可以大幅度简化系统设计，提高系统可靠性和各项性能。

在设计数字化前端设计时，选择 ADC 不仅要考虑 ADC 的性能，还要兼顾控制器的运算能力问题。对于中、高频信号的测量要选用 ADS5547 和 AD9460-80 型 ADC，其采样速率分别为 200MSPS 和 80MSPS。为了与采样速率相匹配，信号处理核心模块一般选用 FPGA、DSP 或 ARM 等高速微处理器；而对于低频信号并选用 AD7739 型 ADC 时，由于其采样速率只有 15kSPS，因此信号处理核心模块可选用低档单片机。

关于课程思政的思考：

科技是国家强盛之基，创新是民族进步之魂。中华人民共和国自成立以来，中国科技事业取得长足发展，成为世界上具有重要影响力的科技大国。党的十八大以来，以习近平同志为核心的党中央坚持把科技创新摆在国家发展全局的核心位置，中国科技事业取得历史性成就、发生历史性变革，正向着世界科技强国的宏伟目标阔步前进。